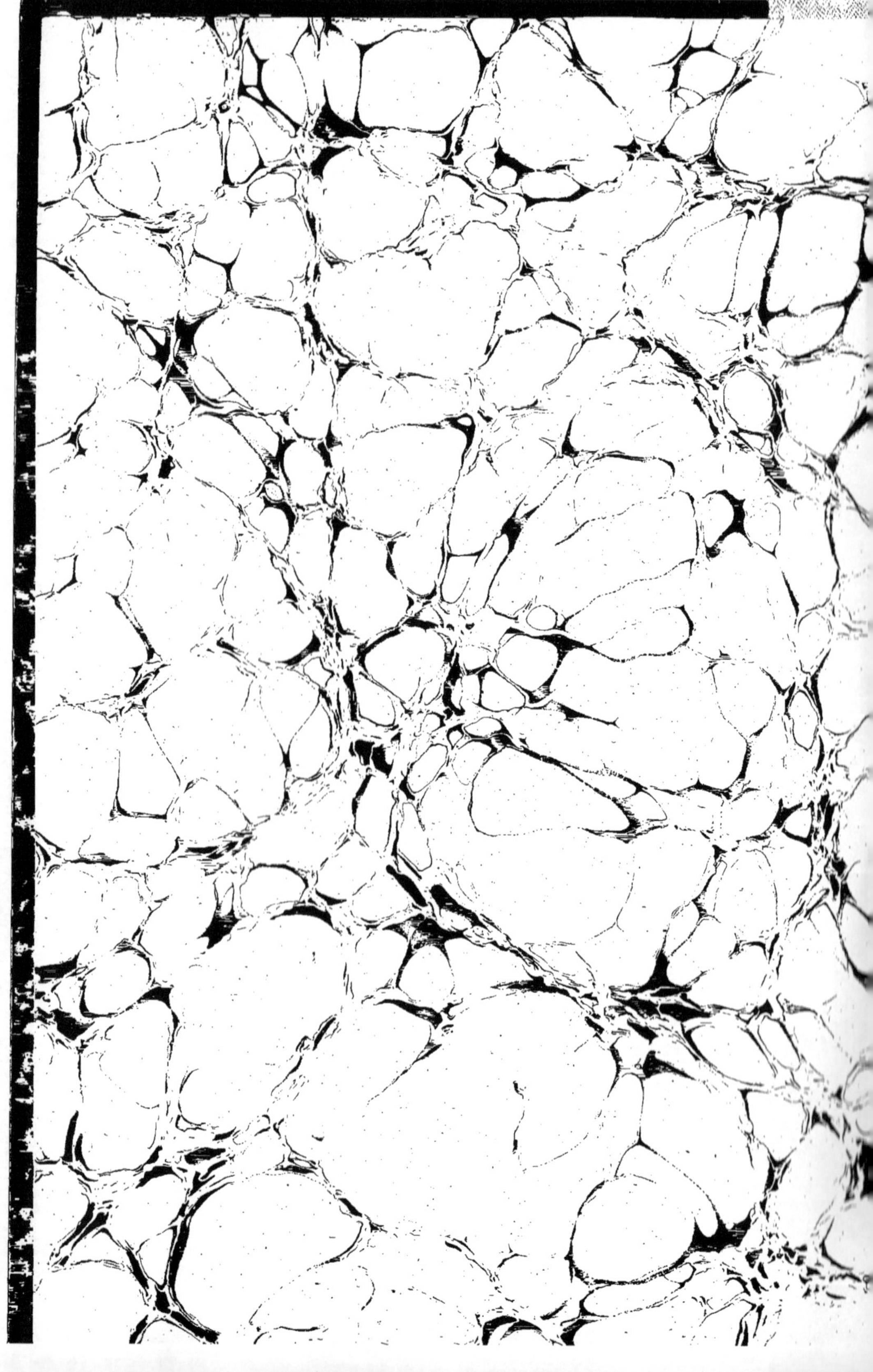

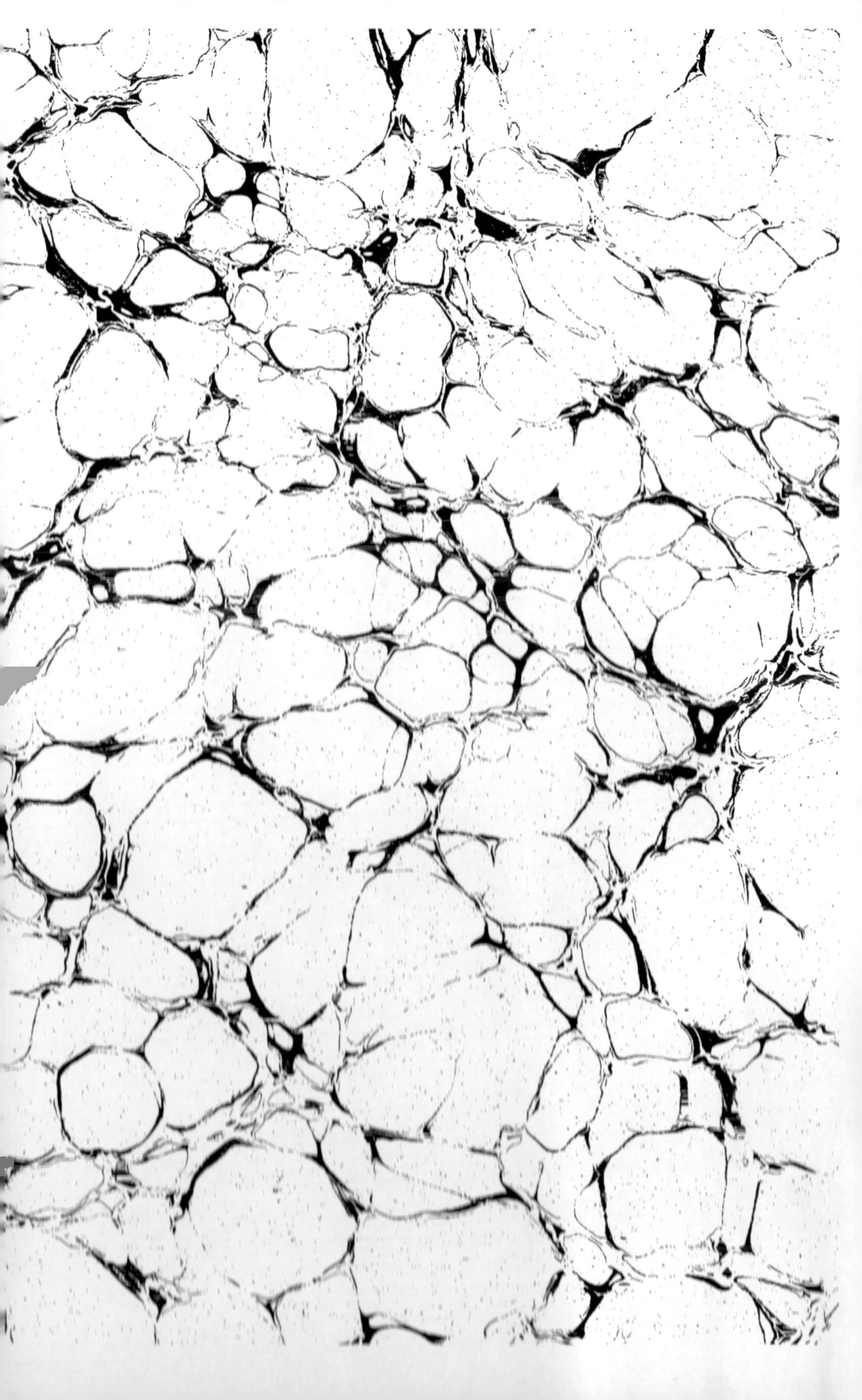

AUTOUR D'UNE VOLIÈRE

PETIT IN-FOLIO

Souvent les quatre jeunes filles se réunissent (page 9)

Autour d'une Volière

Oiseaux de France & Oiseaux exotiques

PAR

A. DUBOIS

Officier d'Académie

lauréat de la Société protectrice des animaux,

de la Société centrale d'apiculture et d'insectologie, de la Société nationale d'encouragement au Bien, etc.

Quarante Gravures et vingt Lettres ornées

LIMOGES

EUGÈNE ARDANT & Cie

ÉDITEURS

DÉDICACE

A Madame A. DUBOIS

A celle qui depuis bientôt trente-cinq ans est la compagne dévouée de ma vie, qui en a partagé les labeurs et les luttes, les peines et les joies, je dédie ce livre sur les oiseaux; et cela, parce qu'en écrivant quelques-unes des scènes champêtres qu'il contient, ma pensée se reportait vers le temps bien éloigné, hélas! où, l'un et l'autre, de l'âge à peu près qu'ont aujourd'hui nos chers petits-enfants, Paul et Yvonne, nous allions par les clairs dimanches d'été, sous l'œil vigilant de nos mères, courir par les sentiers bordés de marjolaine, le long des grands buissons enguirlandés dans lesquels babillaient les fauvettes.

L'Auteur

Limoges, janvier 1896.

Le moqueur polyglotte.

AUTOUR D'UNE VOLIÈRE

CHAPITRE PREMIER

U-DELA de l'immense ceinture de boulevards qui enserre la capitale de la France, c'est encore Paris ; mais un Paris qui diffère absolument d'aspect avec celui dont les lignes d'omnibus marquent la limite. C'est d'abord une zone industrielle dont les hautes cheminées surmontées de noirs panaches de fumée, le bruit des marteaux, le grincement des scies, le va et vient des travailleurs indiquent l'activité. Puis, à mesure qu'on s'éloigne, ce sont des cités ouvrières, des chalets, des maisons bourgeoises, de jolis châteaux, d'élégantes villas où les plus humbles comme les plus fortunés, viennent chercher l'air pur, le repos, la tranquillité, le calme enfin dont ne peuvent jouir ceux que leurs occupations retiennent dans l'intérieur de la grande ville.

Paris est certainement la ville du monde dont les merveilles exercent le plus d'attrait sur les étrangers : les uns veulent la visiter une fois au moins ; les autres y reviennent chaque année à époque fixe ; d'autres enfin, dont la fortune ne limite pas les fantaisies, s'y établissent à demeure. Aussi n'est-il pas étonnant de voir souvent réunis, dans l'intimité des relations journalières, des habitants de tous les pays du monde.

C'est dans une de ces riches habitations de la banlieue, reliée à Paris par une ligne de tramways permettant de franchir la distance en moins d'une heure, que nous allons introduire nos lecteurs. La *Villa des Roses* est la propriété de M. Delmas, ancien négociant en soieries, qui l'habite avec sa fille, la meilleure et la plus charitable des créatures. Renée, âgée maintenant de dix-neuf ans, a depuis longtemps perdu sa mère qu'elle remplace auprès des malheureux, mais que rien ne peut faire oublier à M. Delmas. Le bonheur, ici-bas, n'est jamais parfait; et malgré l'affection profonde qu'il a pour sa fille, l'ancien négociant souffre toujours de la séparation cruelle et prématurée à laquelle rien ne l'avait préparé. Son seul bonheur, aujourd'hui, est de rendre heureux ceux qui l'entourent ; et, dans le but de donner une compagne à Renée, tout en faisant une action noble et généreuse, M. Delmas a adopté une de ses nièces, fille d'un lieutenant-colonel d'infanterie de marine, dont les parents sont morts sans fortune à Saint-Louis du Sénégal. Marguerite, de deux ans plus jeune que sa cousine, a été élevée aux colonies; mais sa santé robuste a affronté les dangers d'un climat trop souvent meurtrier, et son éducation est aussi parfaite que si l'enfant avait toujours vécu dans la mère-patrie.

Les deux jeunes filles, toutes deux très brunes, toujours vêtues de la même façon, ont un air de famille que les fait quelquefois prendre pour les deux sœurs; et il convient d'ajouter qu'une grande similitude de goût pour la vie en plein air, pour les oiseaux et les fleurs, pour les longues promenades dans les sentiers ombreux de la campagne, a contribué encore à resserrer les liens qui déjà les unissaient. Pour les étrangers, Renée et Marguerite sont les deux filles de M. Delmas.

Tout près de la *Villa des Roses*, dans un élégant petit château moderne, caché au fond d'un grand parc, habite pendant six mois de chaque année, une famille américaine. Laura, l'enfant gâtée de M. et Mme Johnson, est depuis longtemps l'amie de Mlle Delmas; elle aussi, a près d'elle une cousine, Jenny, venue à Paris, pour se perfectionner dans l'étude de la langue française, et dont les parents habitent l'Australie. Souvent, les quatre jeunes filles se réunissent; et les deux blondes américaines, du même âge à peu près que Renée et Marguerite, forment avec celles-ci le plus gracieux contraste.

Au moment où nous pénétrons à la *Villa des Roses*, Françaises et Américaines sont assises sur des sièges de bambous, à l'ombre d'un grand platane et à proximité d'une volière admirablement aménagée où s'ébattent, — à côté de quelques-uns de nos oiseaux d'Europe, — de brillants spécimens d'oiseaux étrangers; et Renée raconte à ses amies comment son père, allant au-devant d'un de ces désirs les plus ardents, a fait établir la jolie volière qui fait l'admiration des visiteurs.

— Encore toute petite, dit Renée, j'aimais, comme tous

les enfants, les images et particulièrement les albums coloriés d'histoire naturelle, où l'on trouve à chaque page des animaux enjolivés des teintes les plus vives. Quand il m'était permis de faire, avec ma bonne, quelque grande promenade, rien ne m'était plus agréable qu'une longue visite au Jardin des Plantes ou au Jardin d'Acclimatation. Dans ce dernier établissement, surtout, j'ai passé les meilleures heures de mon enfance. L'éléphant ou la girafe, l'autruche ou le flammant, les singes et les perroquets excitaient vivement mon imagination et m'amenaient à faire, le soir, à mes parents des questions interminables auxquelles ils n'étaient pas toujours préparés à répondre.

« Quand tu seras grande et que nous habiterons la campagne, disait en riant ma pauvre chère mère, ton père te donnera toute une ménagerie. » Hélas! elle devait mourir avant de pouvoir jouir du fruit de son travail et de ses épargnes. Mais mon père s'est souvenu, et il m'a fait aménager cette jolie volière à laquelle ne manquent ni l'eau claire, ni la verdure : mes jolis pensionnaires ont des arbustes et des fleurs et un ruisselet miniature qui leur donne l'illusion de la liberté et où ils sont heureux de faire leur toilette.

Mais cet enthousiasme pour les oiseaux n'était pas particulier à Renée; sa cousine lui avait dit des merveilles des oiseaux d'Afrique, et les jeunes Américaines ne tarissaient pas d'éloges sur les richesses ornithologiques de leur pays.

Les quatre charmantes amies formaient donc une petite société des mieux assorties.

Au moment où la conversation était des plus animées, et pendant que les oiseaux de la volière caquetaient à qui mieux mieux, le chant du rossignol se fit entendre à la lisière du parc.

— Entendez-vous?... dit Renée, celui-là n'est pas le plus beau de nos oiseaux de France, mais il est coup sûr le plus merveilleux chanteur de la création.

— C'est qu'apparemment, reprit vivement Laura, vous n'avez jamais entendu l'*oiseau moqueur*, qu'on a proclamé le premier chanteur du monde.

— Les naturalistes français et aussi quelques-uns des vôtres, ne partagent pas entièrement cette opinion. Le

C'est dans le voisinage d'une colline ou d'un ruisseau, que le rossignol se plaît à chanter

moqueur polyglotte doit surtout sa renommée, comme son nom, au talent avec lequel il imite le chant des autres oiseaux; et, comme les bons chanteurs sont très rares en Amérique, il suffit qu'il s'en trouve un passable pour qu'on le porte aux nues.

—Te souviens-tu Laura, dit Jenny, de l'oiseau moqueur

que nous avons observé, il y a un an environ, dans notre pays. C'était, je crois au mois de juin. Comme d'habitude, le cri d'appel et le chant du roitelet d'Amérique formaient bien le quart de sa chanson. Il commença par le chant de cet oiseau, continua par celui de l'hirondelle pourprée, cria tout à coup comme un épervier; puis, s'envolant de dessus la branche où il s'était posé, il imita le cri de la mésange tricolore et celui de la grive voyageuse. Il se mit ensuite à courir autour d'une haie, les ailes pendantes, la queue en l'air, et reproduisit les chants du gobe-mouche et le cri d'appel de la mésange charbonnière; il vola sur un buisson de framboisiers, y picota quelques fruits et poussa des cris semblables à ceux du pic doré et de la caille de Virginie; il aperçut un chat qui se glissait le long d'une souche d'arbre; il fondit sur lui en criant; et, lorsque celui-ci eut pris la fuite, il vint se percher sur une branche et recommença ses chansons.

— J'ai vu un moqueur au Jardin d'Acclimation, dit Marguerite, et il me semble qu'il serait plus juste de le comparer à la grive musicienne qu'au rossignol; du reste, le chant de cet oiseau varie beaucoup suivant les localités qu'il habite et les milieux où il vit. J'ai remarqué que, de même que notre rossignol et nos grives, il porte une livrée dans laquelle le gris et le brun dominent; il m'a paru avoir environ vingt-cinq centimètres de longueur.

— C'est sans doute à la faculté qu'il possède d'imiter les chants et les cris des autres animaux qu'il doit son nom de *moqueur polygotte?* interrogea Marguerite.

— Oui, dit Laura, et mes compatriotes l'ont pris en si grande affection qu'ils protègent son nid, et sont heureux quand ils peuvent apprivoiser quelques-uns de ces charmants oiseaux.

— La voix du moqueur, reprit Jenny, est pleine, forte, variable au possible. Elle passe des notes molles et claires de la grive des forêts au cri sauvage des vautours, en parcourant tous les tons intermédiaires. Cet oiseau répète fidèlement l'intonation et la mesure de la chanson qu'il imite, mais il l'exprime avec encore plus de grâce et de force. Souvent, en l'entendant, le voyageur croit avoir affaire à un grand nombre d'oiseaux qui se sont réunis pour chanter au même endroit; les autres oiseaux eux-mêmes y sont trompés. Auprès des habitations, il répète fidèlement tous les bruits qui se font entendre dans les fermes : le cri du coq, le gloussement des poules, le cri de l'oie, du canard, le miaulement du chat, l'aboiement du chien, le grognement du porc, le grincement d'une porte, d'une girouette, le bruit de la scie, le tic-tac du moulin. Parfois, il met les animaux domestiques en émoi. Il siffle le chien endormi, et celui-ci se réveillant brusquement court et cherche son maître qu'il croit l'avoir appelé; il met les poules au désespoir en imitant le cri d'angoisse du poussin; il effraye toute la basse-cour en répétant le cri d'un rapace.

— Ecoutez, dit Renée, le rossignol qui entonne sa chanson, et dites-moi sincèrement si ces accents inimitables ne valent pas le talent d'imitation de l'oiseau moqueur dont je suis loin de méconnaître les mérites.

Nous sommes de l'avis de Renée en ce qui concerne le rossignol; mais pour donner satisfaction à l'amour-propre national de Laura, et à l'enthousiasme de Jenny, nous allons retracer, dans quelques-unes de ses parties, la belle description que le naturaliste américain Audubon nous a laissée de l'oiseau moqueur :

« C'est aux lieux où le grand magnolia élance sa tige majestueuse, couronnée de feuilles toujours vertes, et décorée d'une multitude de magnifiques fleurs dont l'air est embaumé; où les forêts et les champs s'émaillent de mille couleurs; où l'orange d'or embellit les jardins et les bosquets; où des bignonias d'espèces variées enlacent leurs rameaux autour du stuartia aux blanches corolles, et courent s'épanouir au sommet des grands arbres, entremêlés à des vignes sans nombre qui festonnent l'épais feuillage des bois, et livrent aux brises printanières le parfum de leurs cimes fleuries; où l'atmosphère est presque toujours imprégnée d'une douce chaleur; où baies et fruits de toute espèce se rencontrent pour ainsi dire à chaque pas; en un mot, c'est aux lieux où la nature, en passant au-dessus de notre terre, semble s'être arrêtée un instant pour verser tous ses trésors, et répandre d'une main libérale les innombrables germes d'où sont sorties toutes ces belles et splendides formes que j'essaierais en vain de vous décrire; oui, c'est là que l'oiseau moqueur devait fixer sa demeure : c'est là seulement qu'il devait faire entendre ses notes inimitables.

» Mais où peut-elle exister, cette terre favorisée des cieux?

» Il est un immense continent, aux lointains rivages duquel l'Europe envoya ses fils aventureux qui venaient se conquérir une habitation aux dépens des hôtes sauvages de la forêt, et convertir un sol abandonné en champs d'une fertilité exubérante : la Louisiane! C'est là que toutes ces bontés de la nature éclatent dans leur plus grande perfection, et où je voudrais qu'en ce moment, près de moi, vous pussiez prêter l'oreille au chant de l'oiseau moqueur. Voyez comme il voltige, non moins agile, non moins léger que le papillon; sa queue est largement étalée; il monte, mais sans s'éloigner, décrit un cercle et redescend se poser auprès de sa compagne, les yeux rayonnants de bonheur. Ses belles ailes se lèvent doucement; il s'incline, et de nouveau, bondissant dans les airs, il s'épanche en chants mélodieux.

» Ce ne sont pas les doux accords de la flûte ou du hautbois que j'entends, mais les notes plus harmonieuses de la nature elle-même : le moelleux des tons, la variété et la gradation des modulations, l'étendue de la gamme, le brillant de l'exécution, tout ici est sans rival. Ah! sans doute, dans le monde entier, il n'existe pas d'oiseau doué de toutes les qualités musicales de ce roi du chant, lui qui a tout appris de la nature, oui, tout (1).

» Il vient de redescendre, et bientôt il exhale ses transports en notes plus suaves et plus riches que jamais. Maintenant il monte plus haut, promenant autour de lui un œil vigilant; et puis, il recommence à chanter encore, en imitant toutes les notes que la nature a réparties entre les autres chantres du feuillage.

» Pendant quelque temps, c'est ainsi que se passe chaque longue journée, chaque nuit délicieuse. Mais il faut préparer un nid, et le choix du lieu qu'il occupera doit être matière à grande délibération. L'oranger, le figuier, le poirier des jardins, sont passés en revue; on visite aussi les épais buissons de ronces; et les uns et les autres, ils paraissent tout à fait convenables pour l'objet que se propose le couple fortuné. Ils savent si bien tous deux que l'homme n'est pas leur plus dangereux ennemi, qu'au lieu de le fuir, ils fixent enfin leur demeure dans son voisinage, peut-être sur l'arbre le plus rapproché de sa fenêtre. Petites branches sèches, feuilles, herbes, coton, filasse et autres matières, sont recueillis, portés sur une branche fourchue, et là, convenablement arrangés. Cinq œufs y sont déposés en temps voulu; tandis que le moqueur, — qui n'a d'autre désir que de charmer par ses chants les douces occupations de sa compagne, — accorde de nouveau sa voix. Cependant, il guette s'il n'apercevra pas çà et là, vers la terre, quelque insecte; et dès qu'il en voit un, il tombe dessus, le prend dans son bec, le bat contre le sol, et revole au nid, pour y apporter ce morceau friand, et recevoir les tendres remerciements de sa compagne dévouée.

» Au bout d'une quinzaine, la jeune famille réclame toute leur attention et tous leurs soins. Ni chat, ni reptile immonde, ni redoutable faucon, ne visiteront probablement

(1) Nous avons dit ce que ce jugement a d'exagéré.

la demeure chérie : en effet, les habitants de la maison voisine se sont, pendant ce temps, épris d'une véritable affection pour l'aimable couple, et mettent leur plaisir à le protéger. Les mûres des champs, plusieurs espèces de fruits des jardins, et des insectes, pourvoient aux besoins des jeunes, aussi bien qu'à ceux des parents. Bientôt on voit la couvée se hasarder hors du nid; et une seconde quinzaine suffit pour qu'ils soient capables de voler et de se nourrir eux-mêmes. Alors, ils quittent leurs parents, comme font la plupart des autres espèces.

» Mais ce que je viens de dire ne renferme pas tout ce que je veux que vous sachiez de ce chanteur remarquable. Je vais donc transporter la scène dans les bois et la solitude, où nous pourrons examiner ses mœurs plus à loisir.

» Au commencement d'avril, et parfois une quinzaine plus tôt, les moqueurs construisent leur nid. Dans quelques cas, ils poussent l'insouciance jusqu'à le placer entre les barreaux d'une palissade, tout au bord de la route. J'en ai aussi trouvé dans les champs, au milieu des ronces; et ils sont si faciles à découvrir, qu'une personne désireuse d'en avoir peut s'en procurer un en très peu de temps. Il est grossièrement composé, au-dehors, de brins de ronces sèches, de feuilles mortes et d'herbes mêlées avec de la laine; l'intérieur est fini avec des racines fibreuses disposées en cercle, mais négligemment arrangées. La femelle y dépose de quatre à six œufs, courts, ovales, d'un vert clair, pointillés de taches couleur terre d'ombre.

» Plus vous approchez des bords de la mer, plus vous trouvez de ces oiseaux. Ils recherchent naturellement les terrains sablonneux et meubles, et les cantons peu fournis de petits arbres, de buissons, de ronces et de broussailles.

» Les nids des moqueurs sont exposés aux visites de diverses sortes de serpents qui y montent, et ordinairement sucent les œufs et avalent les petits. En de telles extrémités, non seulement le couple auquel le nid appartient,

Le rossignol parait se complaire dans son chant, et fuir tout ce qui pourrait en dominer l'éclat.

mais encore des troupes d'autres moqueurs du voisinage volent au lieu menacé, attaquent les reptiles; et, dans quelques cas, sont assez heureux pour les faire battre en retraite, ou même les mettre à mort. Des chats qui ont abandonné les maisons pour rôder à travers champs, dans un état à demi sauvage, sont aussi, pour eux, de dangereux ennemis; ils se glissent sans être vus; d'un coup de griffe s'emparent de la mère, tout au moins détruisent les œufs ou les jeunes, et bouleversent le nid. Les enfants, en général, ne touchent point à ces oiseaux qui sont protégés par les planteurs; et, cette bienveillance pour eux est poussée à un tel point, dans la Louisiane, qu'on ne permet d'en tuer presque en aucun temps.

» Les facultés musicales de cet oiseau ont été souvent étudiées par des naturalistes européens et d'autres personnes qui trouvent plaisir à écouter le chant des divers oiseaux, soit en captivité, soit à l'état libre. Quelques amateurs ont même signalé les notes du rossignol comme pouvant, à l'occasion, parfaitement égaler celles de notre moqueur. Je les ai fréquemment entendus l'un et l'autre, en liberté comme en cage; et, sans crainte, sans prévention aucune, je le déclare ici : le chant de la philomèle d'Europe égalera, si l'on veut, celui d'une soubrette de goût qui, ayant étudié sous un Mozart, peut produire à la longue quelque chose d'assez intéressant; mais comparer ses *essais* au talent accompli du moqueur, c'est, dans mon opinion, tout à fait absurde (1).

» On peut élever facilement l'oiseau moqueur, quand on le prend dans le nid, au moment convenable, c'est-à-dire lorsqu'il a de huit à dix jours. Il devient si familier et s'affectionne si bien, que souvent il suit son maître au travers de la maison. J'en ai vu un pris ainsi dans le nid, et qui pouvait aller et venir par le logis. Il se permettait de fréquentes excursions au-dehors, puis, après avoir épan-

(1) La seule excuse de ce jugement injuste, c'est qu'Audubon était Américain.

ché ses mélodies dans les bois, il revenait à la vue de son gardien. »

Et pour clore avec impartialité ce premier chapitre de notre livre, nous reproduirons le passage de Buffon qui nous paraît résumer la discussion des jeunes filles :

« D'autres oiseaux chanteurs se font écouter avec plaisir quand le rossignol se tait. Les uns ont d'aussi beaux sons, les autres ont le timbre aussi pur et plus doux; d'autres, des tours de gosier aussi flatteurs. Mais, il n'en est pas un seul que le rossignol n'efface par la réunion complète de ces talents divers et par la prodigieuse variété de son ramage, en sorte que la chanson de ces oiseaux, prise dans toute son étendue, n'est qu'un couplet de celle du rossignol. Le rossignol charme toujours et ne se répète jamais, du moins jamais servilement. S'il redit quelque passage, ce passage est animé d'un accent nouveau, embelli par de nouveaux agréments. Il réussit dans tous les genres et rend toutes les expressions; il saisit tous les caractères; et, de plus, il sait en augmenter l'effet par les contrastes. Ce coryphée du printemps se prépare-t-il à chanter l'hymne de la nature, il commence par un prélude timide, par des sons faibles, presque indécis, comme s'il voulait essayer son instrument. Mais ensuite, il s'anime par degrés, il s'échauffe et bientôt déploie dans toute sa plénitude, toutes les ressources de son incomparable organe : coups de gosier éclatants, batteries vives et légères, fusées de chant où la netteté est égale à la volubilité, roulades précipitées, brillantes et rapides, articulées avec force et même avec une dureté de bon goût; sons enchanteurs et pénétrants, vrais soupirs d'amour qui semblent sortir du cœur et font palpiter tous les cœurs. »

Le troglodyte passe continuellement d'un buisson à l'autre (page 24

CHAPITRE II

ADEMOISELLE Delmas et ses voisines aimaient la vie en plein air et savaient mettre à profit leur séjour à la campagne. Aussi, dès le matin, au lieu de passer de longues heures à leur parure, on les voyait simplement vêtues, coiffées de larges chapeaux de paille, respirer à pleins poumons la brise fraîche et parfumée de tous les arômes printaniers. De la villa au château, du château à la villa, c'était un échange continuel de visites auxquelles prenaient souvent part les hôtes des deux résidences, citadins avides de reposer leurs regards sur les paysages champêtres. Mais les jeunes filles aimaient surtout le voisinage de la volière dont l'art du jardinier avait fait le coin le plus ravissant de la propriété. Elles aimaient à porter des friandises aux gracieux élèves de Renée, à jeter du grain aux faisans, à glisser, entre les grillages dorés, du sucre, des biscuits ou des oranges que tout ce petit peuple se disputait. Les cris de joie, les rires argentins répondaient ou plutôt se mêlaient au ramage confus de la gent emplumée.

Tout à coup Jenny, serrant le bras de Marguerite, lui dit :

— Voyez là-bas, une petite souris qui s'est introduite dans la volière.

Renée eut le temps d'apercevoir la prétendue souris qui se glissait dans une touffe de bruyère fleurie, et elle partit d'un grand éclat de rire.

— Ne riez pas, Renée, dit Laura, je l'ai aperçue aussi; et vos oiseaux pourraient avoir à souffrir de la présence de ces petits rongeurs s'ils s'établissent dans la volière.

— Mais ce n'est pas une souris, dit Marguerite, c'est un oiseau, que vous avez vu, un tout petit oiseau.

— C'est, en effet, reprit Renée, le plus petit de mes pensionnaires : c'est le *troglodyte mignon* que le vulgaire confond à tort avec le roitelet. La famille des troglodytes n'est pas particulière à la France : elle a des représentants dans toutes les parties du monde. Ces oiseaux habitent les endroits buissonneux, de préférence ceux qui sont riches en eaux et qui présentent de nombreuses cachettes. Ils ne sont pas difficiles sur les conditions de l'existence; aussi, les voit-on dans les forêts comme dans les jardins; ils n'évitent que les champs dépourvus de buissons, parce qu'ils ne sauraient y vivre. Tous de petite taille, gais, vifs, alertes, ils volent mal et jamais loin; mais, ils sautillent avec beaucoup de rapidité; et, plus que tous les autres oiseaux chanteurs, ils savent se glisser au milieu des fourrés les plus serrés, les plus inextricables. Toutes les espèces sont bien douées sous le rapport du chant ; et le troglodyte d'hiver passe pour l'un des meilleurs oiseaux chanteurs de votre pays.

— Il y a donc de ces petits oiseaux en Amérique?

— Oui, Laura ; et, dans un instant vous nous lirez vous-même une relation écrite sur le troglodyte d'hiver par un de vos compatriotes. Marguerite va aller nous chercher le livre dans notre petite bibliothèque.

— En attendant, dit Jenny, parlez-nous encore du troglodyte mignon.

— Ces oiseaux, reprit Renée, ont beaucoup de qualités recommandables. Ils ne craignent pas l'homme, et se laissent approcher sans crainte ; ils pénètrent d'eux-mêmes jusque dans les habitations ; aussi sont-ils aimés partout ; et, quelques-uns sont mêmes l'objet d'une protection toute particulière. J'ai lu qu'en Amérique, on pend, aux murs des maisons, des bouteilles vides où ces oiseaux viennent se loger. Le troglodyte ne tarde pas à reconnaître l'amitié que l'homme lui témoigne, et on le voit entrer sans crainte dans les chambres, se percher sur l'appui des fenêtres et charmer les habitants par ses chansons.

En ce moment, le troglodyte de la volière, comme pour donner raison aux paroles de Renée, sortit de sa touffe de bruyère en sautillant, s'arrêta les ailes pendantes et la queue relevée et fit entendre sa jolie chanson : c'étaient des notes variées, claires, formant en certains endroits des trilles harmonieux. Puis, comme s'il eût eu hâte de se soustraire aux regards indiscrets, il disparut dans un buisson de fusains.

Renée qui avait interrompu ses explications, reprit :

— Le gentil oiseau, qui se cache si vite, n'a pas plus de dix centimères de longueur de l'extrémité du bec à l'extrémité de la queue ; sa couleur dominante est le brun-roux avec des raies transversales noires.

Par sa gaieté et sa bonne humeur; par l'adresse et la rapidité avec laquelle il passe au travers des branches; par une certaine hardiesse dans ses allures, il surpasse presque tous les autres oiseaux. Sa hardiesse, cependant, est d'une nature toute particulière; au moindre signe de danger, elle s'évanouit pour faire place à une terreur immodérée; mais elle ne tarde pas à revenir. On le voit toujours gai et frétillant comme s'il avait de tout en superflu; il est tel, même au milieu de l'hiver. Les robustes moineaux eux-mêmes sont éprouvés par le froid; ils hérissent leurs plumes; leur tristesse témoigne de leurs souffrances; le troglodyte a encore toute sa gaieté et chante comme au printemps. Toutes ses allures sont gracieuses : il sautille sur le sol, le corps ramassé; il glisse avec une agilité surprenante, dans des fentes, dans des trous qui ne sauraient donner accès à un autre oiseau; il passe continuellement d'une haie, d'un buisson à l'autre et les furette avec un soin extrême. Par instant, il discontinue ses recherches, s'arrête sur un point découvert et prend une posture fière et hardie, la poitrine penchée, la queue relevée verticalement. Une fois sa chanson terminée, il se remet à courir et à fouiller tous les environs. Il chante presque toute l'année; et, en hiver, ce chant produit l'impression la plus agréable. Toute la nature est comme morte et se tait; les arbres sont dépouillés de leur feuillage; la terre est ensevelie sous un manteau de neige et de glace; toutes les créatures sont silencieuses; seul, le troglodyte, le plus petit de tous les oiseaux, est encore vif et joyeux; toujours il lance sa chanson comme pour dire : « Les mauvais jours seront bientôt passés; le printemps reviendra! »

Le troglodyte mignon se nourrit de toutes sortes d'insectes, de vers, d'araignées; en automne, il mange des baies de diverses espèces; en été, il ne manque de rien; il trouve de quoi se satisfaire là où les autres oiseaux cherchent en vain leur nourriture. On raconte qu'en Irlande, il pénètre dans les cheminées, et y mange les viandes que l'on met à fumer. En hiver, il pénètre dans les maisons, cela est certain, mais c'est pour y prendre les mouches plutôt que les viandes conservées. Inutile d'ajouter que le troglodyte de notre volière a toujours sa table abondamment pourvue.

Le troglodyte construit son nid avec beaucoup d'art; mais ce nid est très difficile à décrire, car il varie suivant les localités. Cependant, il s'harmonise si bien avec tout ce qui l'environne qu'il est toujours fort difficile à découvrir. Quelquefois l'oiseau montre une prédilection toute particulière pour certaines localités. Un naturaliste parle d'un troglodyte qui voyageait dans la montagne avec les charbonniers; il se logeait dans une cabane, y construisait son nid, que cette cabane fût bâtie au même endroit que l'année précédente ou dans un autre lieu. Les charbonniers le connaissaient parfaitement; ils savaient que c'était leur oiseau. Très souvent, les troglodytes reviennent, avec leur famille, passer la nuit dans un de leurs anciens nids, ou même dans les nids de d'autres oiseaux.

Un soir d'hiver, un paysan entra dans son écurie pour prendre un moineau dans un nid d'hirondelle qui était contre le mur; mais il en retira toute une poignée d'oiseaux et vit, non, sans surprise, que c'étaient cinq troglodytes qui s'étaient emparés de ce nid pour y passer leurs nuits. C'est grâce aux abris couverts et aux buissons fourrés de la volière que le troglodyte s'y maintient en santé comme ceux qui vivent en plein air. Et maintenant, Laura va nous lire ce qui concerne les troglodytes de son pays.

La jeune Américaine prit un livre que lui présenta Marguerite et lut ce qui suit :

« La grande étendue de pays que parcourt dans ses migrations le troglodyte d'hiver, est certainement le fait le plus remarquable de son histoire. A l'approche de la mauvaise saison, il abandonne les lieux où il s'est retiré, bien loin au Nord, peut-être jusqu'au Labrador ou à Terre-Neuve, traverse, sur ses ailes concaves et qui semblent si frêles, les détroits du golfe Saint-Laurent, et gagne de plus chaudes régions, pour y demeurer jusqu'au retour du printemps. C'est comme en se jouant qu'il accomplit ce long voyage; il s'en va, sautillant d'une racine ou d'une souche à l'autre, voltigeant de branche en branche, hasardant une courte échappée de droite et de gauche; et cela, sans cesser de chercher sa nourriture, mais toujours sémillant et toujours gai, comme s'il n'avait souci ni du temps ni de la distance. Il arrive au bord de quelque large fleuve; qui ne connaîtrait ses habitudes, pourrait caindre que ce ne fût là pour lui un obstacle insurmontable : point du tout, il déploie ses ailes, s'élance et glisse comme un trait au-dessus du redoutable courant.

» J'ai trouvé le troglodyte d'hiver dans les basses parties de la Louisiane et dans les Florides, en décembre et janvier; mais jamais plus tard que la fin de ce dernier mois. Leur séjour dans ces contrées dépasse rarement trois mois; ils en emploient deux autres, tant à bâtir leur nid qu'à élever leur couvée; et, comme ils quittent le Labrador vers le milieu d'août, au plus tard, ils passent probablement plus de la moitié de l'année à voyager.

» Je ne connais aucun oiseau de si petite taille, dont le chant ne le cède à celui du troglodyte d'hiver. Il est vraiment musical, souple, cadencé, énergique, plein de mélodie; et l'on s'étonne qu'un son si bien soutenu puisse sortir d'un aussi faible organe. Quelle oreille y resterait insensible? Lorsqu'il se fait entendre, ainsi qu'il arrive souvent, dans la sombre profondeur de quelque funeste marécage, l'âme se laisse aller à son charme puissant, et par l'effet même du contraste, en éprouve d'autant plus de ravissement et de surprise. Pour moi, j'ai toujours mieux senti, en l'écoutant, la bonté de l'auteur de toutes choses qui, dans chaque lieu sur la terre, a su placer quelque cause de jouissance et de bien-être pour ses créatures.

» Une fois, je traversais la partie la plus obscure et la plus inextricable d'un bois, dans la grande forêt de pins, non loin de Maunchunk, en Pensylvanie, et je n'étais attentif qu'à me garantir des reptiles venimeux dont je craignais la rencontre en cet endroit, lorsque soudain les douces notes du troglodyte parvinrent à mon oreille, et produisirent en moi une émotion si délicieuse, qu'oubliant tout danger, je me lançai bravement au plus épais des broussailles, à la poursuite de l'oiseau dont le nid, je l'espérais, ne devait pas être loin. Mais, lui, comme pour mieux me narguer, s'en allait tranquillement devant moi, choisissant les buissons les plus épineux, s'y glissant avec une prestesse étonnante, s'arrêtant pour pousser sa petite chanson près de moi, et l'instant d'après, dans une direction tout opposée. Je commençais à en avoir assez de ce fatigant exercice, lorsqu'enfin je le vis se poser au pied d'un gros arbre, presque sur les racines, et l'entendis gazouiller quelques notes plus harmonieuses encore que toutes celles qu'il avait jusqu'alors modulées. Tout à coup, un autre troglodyte surgit comme de terre, à ses côtés, puis disparut, non moins subitement, avec celui que je poursuivais. Je courus à la place où ils venaient de se montrer, sans la perdre une minute de vue, et remarquai une protubérance couverte de mousse et de lichen, assez semblable à ces excroissances qui poussent sur les arbres de nos forêts, sauf cette différence qu'elle présentait une ouverture parfaitement ronde, propre et tout à fait lisse. J'introduisis un doigt dedans et ressentis bientôt quelques coups de bec, accompagnés de cris plaintifs. Plus de doute : j'avais, pour la première fois de ma vie, trouvé le nid de notre troglodyte d'hiver ! Je fis doucement sortir le gentil habitant de sa demeure, et en retirai les œufs à l'aide d'une sorte d'écope que j'avais façonnée pour cela. Je m'attendais à en trouver beaucoup, mais il n'y en avait que six; et c'est le même nombre encore que je comptai dans l'autre nid de troglodyte sur lequel, plus tard, je parvins à mettre la main. Cependant le pauvre oiseau avait appelé son camarade, et par leurs clameurs réunies, ils semblaient me supplier de ne pas ravir leur trésor. Plein de compassion, j'allais m'éloigner, lorsqu'une idée me frappa : c'est que je devais avant tout donner une exacte description du nid, et que pareille occasion ne me serait peut-être plus offerte. Croyez-moi, lecteur, quand je me résolus à sacrifier ce nid, c'était autant pour vous que pour moi. Extérieurement, il mesurait sept pouces de haut sur quatre et demi de large ; l'épaisseur de ses murailles composées de mousses et de lichens, était de près de deux pouces, de façon qu'à l'extérieur, il offrait l'apparence d'une poche étroite dont la paroi était réduite à quelques lignes, du côté où elle se trouvait en contact avec l'écorce de l'arbre. Le bas de la cavité, jusqu'à moitié du nid, était garni de poil de lièvre, et sur le fond ou *nichette*, avaient été étendues une demi-douzaine de ces larges plumes duveteuses que notre tétrao commun porte sous le ventre. Les œufs, d'un rouge tendre, rappelant la teinte pâlissante d'une rose dont la corolle commence à se flétrir, étaient marqués de points d'un brun rougeâtre et plus nombreux vers le gros bout.

» Quant au second nid, je le trouvai près de Mohauk, et par un pur hasard : Un jour, au commencement de juin, vers midi, me sentant fatigué, je m'étais assis sur un rocher qui surplombait les eaux, et m'amusais, en me reposant, à voir se jouer des troupes de poissons. Le lieu était humide, et bientôt la fraîcheur me portant au cerveau, je fus pris d'un violent éternuement dont le bruit fit partir un troglodyte de dessous mes pieds. Le nid, que je n'eus pas de peine à découvrir, était collé contre la partie inférieure du roc, et présentait les mêmes particularités de forme et de structure que le précédent ; mais il était plus petit.

» Les mouvements de cet intéressant oiseau sont vifs et

décidés. Observez-le quand il cherche sa nourriture, comme il sautille, rampe et se glisse furtivement d'une place à l'autre, semblant indiquer que tout cet exercice n'est pour lui qu'un plaisir. A chaque instant il s'incline, la gorge en bas, de manière à toucher presque l'objet sur lequel il se tient; puis, étendant tout d'un coup son pied nerveux que seconde l'action de ses ailes concaves et à moitié tombantes, il se redresse et s'élance, en portant sa petite queue constamment retroussée. Tantôt, par le creux d'une souche, il se faufile comme une souris; tantôt, il s'accroche à la surface avec une singulière mobilité d'attitudes; puis soudain il a disparu, pour se remontrer, la minute d'après, à côté de vous. Par moments, il prolonge son ramage sur un ton langoureux; ou bien, une seule note brève et claire éclate en un *tshick-tshick* sonore, et pour quelques instants il garde le silence; volontiers il se poste sur la plus haute branche d'un arbrisseau, ou d'un buisson qu'il atteint en sautant légèrement d'un rameau à l'autre; pendant qu'il monte, il change vingt fois de position et de côté, il se tourne et se retourne sans cesse; et lorsqu'enfin il a gagné le sommet, il vous salue de sa plus délicate mélodie; mais une nouvelle fantaisie lui passe par la tête, et sans que vous vous en doutiez, en un clin d'œil, il s'est évanoui. Tel vous le voyez, toujours alerte et se trémoussant, mais surtout dans la saison des nids. En tout temps, néanmoins, lorsqu'il chante, il tient sa queue baissée. En hiver, quand il prend possession de sa pile de bois sur la ferme, non loin de la maisonnette du laboureur, il provoque le chat par ses notes dolentes; et montrant sa fine tête par le bout des bûches au milieu desquelles il gambade en toute sûreté, le rusé met à l'épreuve la patience de *Grimalkin* (1).

» Ce troglodyte se nourrit principalement d'araignées, de

(1) Le chat.

chenilles, de petits papillons et de larves. En automne, il se contente de baies molles et juteuses.

» Ayant, dans ces dernières années passé un hiver à Charleston, je remarquai que ce charmant oiseau faisait son apparition dans cette ville et les faubourgs, au mois de décembre. Le 1er janvier, j'en entendis un en pleine voix, dans le jardin de mon ami qui me dit qu'il ne se montre pas régulièrement chaque hiver dans ces contrées, et qu'on n'est sûr de l'y rencontrer, que durant les saisons extrêmement rigoureuses.

» Pour vous mettre mieux à même de comparer ses mœurs avec celles du troglodyte commun d'Europe, je vous présente ici les observations d'un de nos amis d'Angleterre :

« Chez nous, dit-il, le troglodyte n'émigre pas, et se trouve en hiver dans les parties les plus septentrionales de l'île, aussi bien que dans les Hébrides. Son vol consiste en un battement d'ailes rapide et continu, et par suite, n'est pas onduleux, mais s'effectue en droite ligne. Il n'est pas non plus soutenu ; d'ordinaire l'oiseau se contentant de voltiger d'un buisson ou d'une pierre à l'autre. Il se plaît surtout à côtoyer les murailles, parmi les fragments de rochers, au milieu des touffes d'ajoncs et le long des haies où il attire l'attention par la gentillesse de ses mouvements et la bruyante gaîté de son ramage. Quand il veut demeurer en place, il porte sa queue presque droite, et tout son corps s'agite par brusques secousses ; mais bientôt il repart en faisant de petits sauts, s'aidant en même temps des ailes, et s'accompagnant de son rapide et continuel *tsit, tsit*. Au printemps et en été, le gazouillement du mâle qu'il répète par intervalles, est plein, riche et mélodieux. Même en automne et dans les beaux jours d'hiver, on peut souvent l'entendre précipiter les notes de sa chanson, si claires, si retentissantes et qui, toutes familières qu'elles sont, surprennent toujours, étant produites par un instrument aussi fragile.

» Durant la saison des nids, les troglodytes, se tiennent par couples, habituellement dans des lieux retirés, tels que les vallons couverts de broussailles, les bois moussus, le lit des ruisseaux, et les endroits rocailleux qu'ombragent et défendent des ronces, des épines ou d'autres buissons. Mais, ils recherchent aussi les vergers, les jardins et les haies dans le voisinage immédiat de nos habitations dont, même les plus sauvages s'approchent en hiver. Ils ne sont pas, à proprement parler, farouches, puisqu'ils se croient en sûreté à la distance de vingt ou trente mètres de l'homme; néanmoins, lorsqu'ils voient quelqu'un s'avancer trop près, ils se cachent dans des trous, parmi des pierres ou des racines.

» Rien n'est plaisant à voir comme ce petit oiseau. Il est d'une humeur si charmante et si gaie! Dans les jours sombres, les autres oiseaux paraissent tout mélancoliques; quand il pleut, les moineaux et les pinsons restent silencieux sur la branche, les ailes pendantes et les plumes hérissées; mais tous les temps sont bons pour le troglodyte; les larges gouttes d'une pluie d'orage ne le mouillent pas davantage qu'une légère bruine venant de l'Est; et quand il regarde de dessous le buisson, ou qu'il présente sa tête par le creux du mur, ne semble-t-il pas aussi mignon, aussi propret que le jeune chat qui fait gros dos sur les tapis du salon?

» C'est vraiment un spectacle amusant que d'observer une famille de troglodytes qui vient de sortir du nid. En marchant à travers des ajoncs, des genêts ou des genévriers, vous êtes attiré vers quelque hallier d'où vous avez entendu s'élever un son doux, assez semblable à la syllabe *tsit* plusieurs fois répétée; le père et la mère troglodyte voltigent autour des jeunes rameaux; et bientôt vous voyez un petit qui, d'une aile faible encore, mais en toute hâte, rentre sous le buisson, en poussant un cri étouffé. D'autres le suivent à la file; tandis que les parents s'agitent, pleins d'alarme aux environs, et font retentir le cri bruyant, dont les diverses intonations indiquent le degré de passion qui les anime. En rase campagne, on peut facilement prendre un jeune troglodyte à la course; et j'ai aussi entendu dire qu'un vieux ne tarde pas à être fatigué, par un temps de neige, alors qu'il ne trouve rien pour se cacher. Toutefois, même en pareil cas, il n'est pas aisé de ne jamais le perdre de vue, car au pied d'un monticule, le long d'une muraille ou dans une touffe, qu'il se rencontre le moindre trou, il s'y glisse à l'improviste, et cheminant par-dessous la neige, ne reparaît qu'à une grande distance.

Les troglodytes font leurs nids vers le milieu du printemps; la forme et les matériaux varient suivant la localité. On trouve ces nids en différents endroits : très souvent, dans un enfoncement, sous le rebord de quelque rive; parfois dans une crevasse parmi des pierres, dans le trou d'un mur ou d'un vieux tronc, sous le toit de chaume d'un cottage ou d'un hangar, sur le faîte d'une grange, sur une branche d'arbre, soit qu'elle s'étende au long d'une muraille, ou croisse seule et sans appui; enfin, parmi le lierre, les chèvrefeuilles, la clématite et autres plantes grimpantes. Quand le nid repose par terre, sa base et souvent tout l'extérieur se composent de feuilles et de brins de paille; mais lorsqu'il est autrement placé, le dehors est d'ordinaire plus lisse, mieux soigné, et principalement formé de mousse.

» Permettez-moi maintenant, et toujours à propos du troglodyte d'Europe, de vous présenter une petite scène dont je dois la description à l'obligeance de mon ami :

« Une après-midi, dit-il, je m'amusais à suivre de l'œil les évolutions d'un couple de poules d'eau qui prenaient leurs ébats, au bord de ces grands roseaux si communs dans les environs, lorsque mon attention se porta sur un troglodyte qui, un fétu dans le bec, s'était enfoncé tout à coup au milieu d'une petite haie, précisément au-dessous

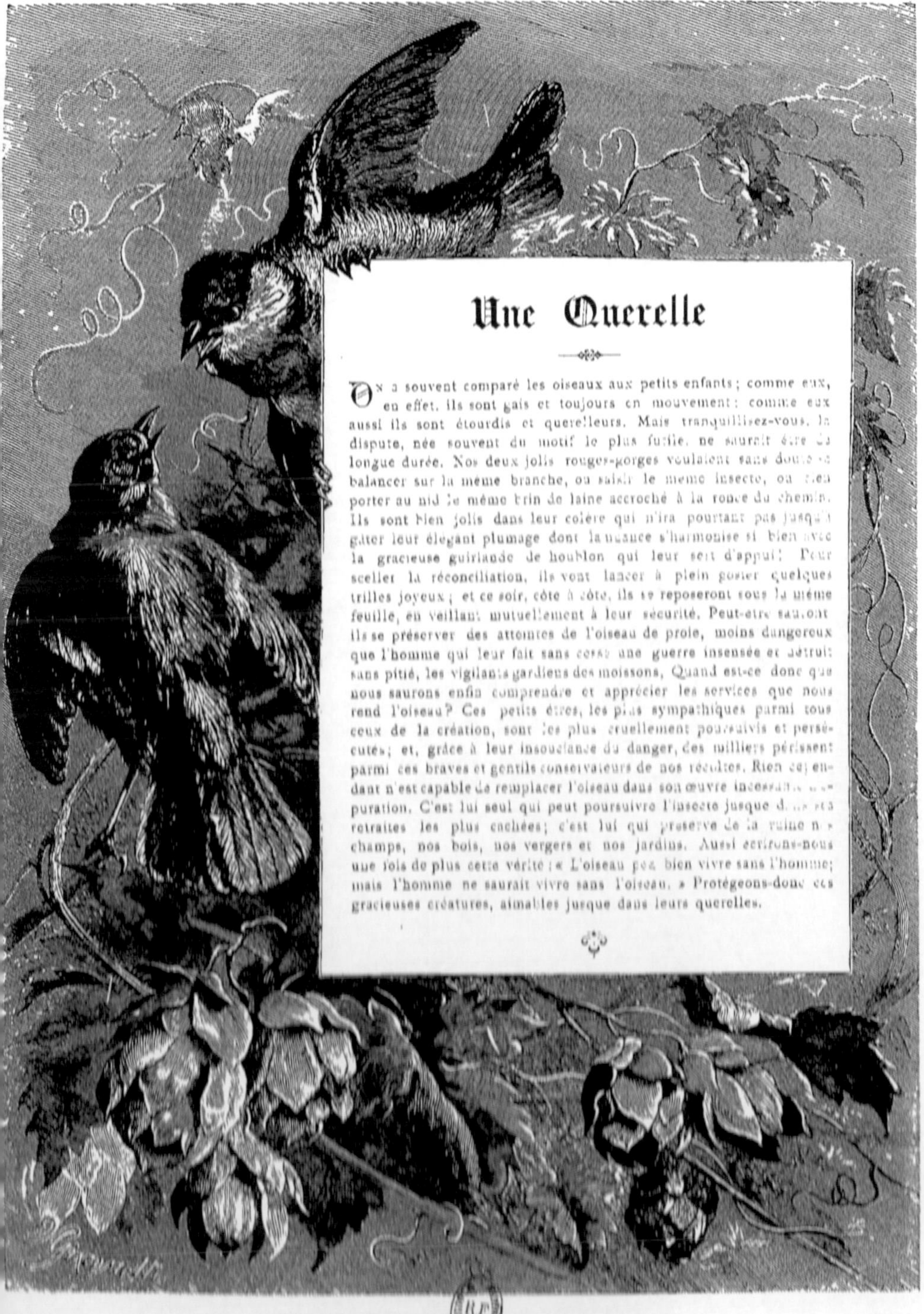

Une Querelle

On a souvent comparé les oiseaux aux petits enfants ; comme eux, en effet, ils sont gais et toujours en mouvement ; comme eux aussi ils sont étourdis et querelleurs. Mais tranquillisez-vous, la dispute, née souvent du motif le plus futile, ne saurait être de longue durée. Nos deux jolis rouges-gorges voulaient sans doute se balancer sur la même branche, ou saisir le même insecte, ou bien porter au nid le même brin de laine accroché à la ronce du chemin. Ils sont bien jolis dans leur colère qui n'ira pourtant pas jusqu'à gâter leur élégant plumage dont la nuance s'harmonise si bien avec la gracieuse guirlande de houblon qui leur sert d'appui ! Pour sceller la réconciliation, ils vont lancer à plein gosier quelques trilles joyeux ; et ce soir, côte à côte, ils se reposeront sous la même feuille, en veillant mutuellement à leur sécurité. Peut-être sauront ils se préserver des atteintes de l'oiseau de proie, moins dangereux que l'homme qui leur fait sans cesse une guerre insensée et détruit sans pitié, les vigilants gardiens des moissons. Quand est-ce donc que nous saurons enfin comprendre et apprécier les services que nous rend l'oiseau ? Ces petits êtres, les plus sympathiques parmi tous ceux de la création, sont les plus cruellement poursuivis et persécutés ; et, grâce à leur insouciance du danger, des milliers périssent parmi ces braves et gentils conservateurs de nos récoltes. Rien cependant n'est capable de remplacer l'oiseau dans son œuvre incessante d'épuration. C'est lui seul qui peut poursuivre l'insecte jusque dans ses retraites les plus cachées ; c'est lui qui préserve de la ruine nos champs, nos bois, nos vergers et nos jardins. Aussi écrirons-nous une fois de plus cette vérité : « L'oiseau peut bien vivre sans l'homme ; mais l'homme ne saurait vivre sans l'oiseau. » Protégeons-donc ces gracieuses créatures, aimables jusque dans leurs querelles.

La matinée des oiseaux se passe en chansons, vols vagabonds, querelles innocentes et chasse aux insectes, aux bois et aux graines.

de la fenêtre où je me tenais en observation. Au bout de quelques minutes, l'oiseau reparut; et, prenant son vol vers un champ voisin où du vieux chaume avait été abandonné, il s'empara d'une seconde paille qu'il apporta juste à la même place où la première avait été déposée. Pendant deux heures à peu près, cette opération fut continuée avec la plus grande diligence; puis, voulant se donner un peu de bon temps, il se posa sur la plus haute branche de la haie où il modula sa douce et joyeuse chanson qu'interrompit une personne qui vint à passer par là. De tout le reste de la soirée, je n'aperçus plus mon petit architecte; mais dès le lendemain, son ramage m'attira de bonne heure à la fenêtre, et je le vis, quittant sa perche accoutumée, reprendre avec une nouvelle ardeur son travail de la veille. Dans l'après-midi, je n'eus pas le temps de m'occuper de ses allées et venues; mais d'un coup d'œil, en passant, je pus m'assurer que, — sauf les quelques minutes de relâche où son gazouillement frappait mon oreille, — la construction avançait avec un degré d'activité en rapport avec l'importance de l'ouvrage. A la fin du deuxième jour j'examinai l'état des choses, et reconnus que l'extérieur d'un vaste nid sphérique allait être terminé, et que tous les matériaux provenaient du vieux chaume, quoiqu'il fût tout noir et à moitié pourri. Dans l'après-midi du jour suivant, ses visites au chaume cessèrent; il ne fit plus que voltiger et fredonner autour de son ouvrage; et par ses chants prolongés et continuels, semblait plutôt se féliciter de ses progrès que songer, pour le moment, à les pousser plus loin. Au soir, je trouvai l'extérieur du nid complètement achevé; j'introduisis avec précaution mon doigt dedans : la doublure n'était point encore commencée, probablement à cause de l'humidité qu'avait conservée le chaume. J'y revins encore une demi-heure après : non seulement l'oiseau s'était aperçu que son nid avait été envahi; mais, à ma grande surprise, je reconnus que dans sa colère, il en avait bouché l'entrée, pour en pratiquer une nouvelle du côté opposé de la haie. L'ouverture était fermée avec de la vieille paille, et le travail si proprement exécuté, qu'il ne restait plus de trace de l'ancienne porte. Tout cela pourtant, était l'ouvrage d'un seul oiseau ; et durant tout le temps qu'il mit à bâtir, nous ne remarquâmes jamais d'autre troglodyte en sa compagnie. Dans le choix des matériaux aussi bien que dans l'emplacement du nid, il y avait quelque chose de vraiment curieux. Aussi, bien que le jardin fût bordé d'une haie épaisse dans laquelle il eût pu s'établir en parfaite sûreté, et que tout auprès fussent les étables avec une ample provision de paille fraîche, cependant il avait préféré le vieux chaume et la clôture du haut du jardin. Cette partie de la haie était jeune, maigre et séparée des bâtiments par un étroit sentier où passaient et repassaient sans cesse les domestiques; mais les interruptions venant de ce côté lui étaient, je m'imagine, indifférentes, car dérangé de ses occupations à chaque instant, je l'y voyais revenir de suite. Malheureusement tout son travail fut détruit; mais il ne déserta pas pour cela la place, et se remit à charrier du vieux chaume avec autant de zèle et d'activité qu'auparavant. Cette fois, néanmoins, il prit si bien ses précautions et fit tant de détours, que je ne pus jamais savoir où il avait caché son second nid. »

» Le troglodyte d'hiver ressemble tellement au troglodyte d'Europe, que j'ai cru longtemps à leur identité; mais des comparaisons, faites avec soin sur un grand nombre d'individus, m'ont appris qu'il existe entre eux certaines diversités constantes de coloration. »

Il y a des cygnes blancs et des cygnes noirs (page 38)

CHAPITRE III

AH! les charmantes promenades aux environs de la *Villa des Roses!* La campagne se hâte de revêtir sa parure printanière tissue de fleurs et de rayons de soleil; partout de la verdure et des chants d'oiseaux; c'est le renouveau dans toute la splendeur de son épanouissement. Laura dit qu'il a neigé sur les buissons d'aubépine. Aidée de Renée et au risque de se déchirer les doigts, elle détache quelques-uns des rameaux parfumés, pendant que Jenny et Marguerite fourragent dans les herbes et réunissent en un gracieux bouquets des stellaires, des myosotis, des cardamines et des primevères. M. Delmas et M. Jonhson suivent de loin les évolutions du joyeux essaim, et se réjouissent de voir les jeunes filles se livrer sans contrainte à toute la fougue de leur heureuse jeunesse. Et bientôt toute la compagnie est de retour à la villa et s'arrête auprès d'une belle pièce d'eau sur laquelle s'ébattent des cygnes. Une réflexion de Jenny amène une discussion sur ces majestueux oiseaux.

— Nous avions aussi des cygnes à Melbourne, dit la jeune fille, mais ils étaient noirs.

Nous avons dit que le père de Jenny habitait l'Australie et qu'elle y avait été élevée.

— Comment! des cygnes noirs! dit Marguerite, je croyais qu'il n'y en avait que de blancs.

— Et en cela tu te trompais, reprit Renée; il y a des cygnes tout blancs comme ceux qui sont sur cette pièce d'eau, des cygnes à cou noir, et des cygnes entièrement noirs à l'exception de quelques plumes des ailes.

— Et nous pouvons ajouter, dit M. Johnson, qu'il y a des cygnes muets, comme ceux qui glissent avec tant d'aisance sur ce petit lac, et des cygnes chanteurs.

— J'avais cru, jusque-là, dit encore Marguerite, que tous les cygnes étaient comme ceux de la villa.

— Renée voudra bien, reprit M. Delmas, nous raconter ce qu'elle a appris sur les cygnes; mais d'abord, Mlle Jenny va nous faire connaître ce qu'elle sait du cygne noir.

Le jardinier apporta des sièges; les jeunes filles se débarrassèrent de leurs gerbes de fleurs des champs, et Jenny commença :

— Le cygne de la Nouvelle-Hollande ne le cède en rien en élégance et en beauté aux cygnes d'Europe et d'Amérique. Il a le cou relativement plus long que le cygne muet ou cygne commun, la tête petite et bien conformée, le plumage d'un noir brunâtre presque uniforme, avec les bordures des plumes tirant sur le gris noir; et, cette couleur noire contraste très élégamment avec le blanc éclatant des grandes plumes des ailes; l'œil est rouge-écarlate et le bec rouge-carmin. L'oiseau est un peu plus petit que le cygne muet. Bien que poursuivi à outrance, il est encore assez commun sur tous les lacs et les cours d'eau du sud de l'Australie et de l'Océanie. A Melbourne, nous en avons de nombreuses troupes sur toutes les pièces d'eau.

Il se montre en quantités innombrables dans les districts peu explorés de l'intérieur; et il paraît qu'on trouve parfois réunis des milliers de ces oiseaux; ils sont si peu craintifs que dans ces lieux de grandes réunions, les chasseurs peuvent en tuer autant qu'ils veulent. Leur nid consiste en un grand amas de plantes marécageuses et aquatiques de toute espèce; il est tantôt flottant, tantôt établi sur quelque îlot. Les œufs, au nombre de six ou sept, sont à très peu de chose près de la grosseur de ceux du cygne muet. Les jeunes éclosent couverts d'un duvet roux ou grisâtre. Dès les premiers jours de leur existence, ils nagent et ils plongent, et peuvent ainsi échapper à bien des dangers. Le cygne noir a beaucoup des habitudes de votre cygne blanc; cependant, il crie plus fréquemment; et ce cri singulier est assez semblable à un son de trompette étouffé. Une note basse, peu distincte, est suivie d'une seconde plus haute, sifflante, mais également peu distincte. L'oiseau ne semble lancer ces notes qu'avec effort : en criant, il étend son long cou sur l'eau. Le cygne noir semble être aussi querelleur et aussi despote avec les animaux plus faibles que les cygnes d'Europe. En voyant les cygnes noirs captifs, on s'explique l'admiration des voyageurs qui, les premiers, rencontrèrent ces oiseaux. A la nage, ils sont fort élégants; mais, ils ne montrent toute leur beauté que lorsque, prenant leur essor, ils étalent leurs rémiges dont la blancheur éclatante tranche superbement avec le noir du reste de leur plumage. En volant, ils étendent devant eux leur long cou, et le bruissement de leurs ailes se mêle aux cris qu'ils poussent et qui, de loin, paraissent sonores et harmonieux. On a remarqué que par le clair de lune, ils volent souvent d'un lac à un autre en s'appelant sans cesse. Malheureusement, en Australie, on fait à ces superbes oiseaux une chasse sans pitié; on enlève leurs œufs; on les poursuit pendant la mue, époque à laquelle ils sont incapables de voler; on les tue pour le plaisir de les tuer. On raconte que les canots d'un baleinier remontèrent un fleuve et revinrent remplis jusqu'au bord de cadavres de cygnes noirs. Aujourd'hui, déjà, on n'en rencontre plus un seul dans certains endroits où ils existaient par milliers.

Le cygne noir se prête, aussi bien que tous les autres oiseaux de cette espèce, à faire l'ornement des pièces d'eau, même en Europe où il se reproduit sans peine. La rigueur de l'hiver l'incommode peu ; et, sous le rapport de la nourriture, il est des plus faciles à contenter. Le prix d'une paire de cygnes noirs est devenu assez bas pour que chaque amateur puisse s'en procurer.

— Petit père, dit Renée à M. Delmas, un couple de ces oiseaux ferait bien à côté de nos cygnes blancs?

Et le père qui ne savait rien refuser à l'enfant gâtée promit de satisfaire cette nouvelle fantaisie. Alors Renée continua la description des cygnes, commencée par Jenny.

— Les cygnes, dit-elle, se distinguent par leur corps volumineux, leur cou excessivement long et hors de proportion avec la hauteur des jambes qui sont en arrière de l'équilibre du corps, ce qui leur donne une démarche pénible et embarrassée; leurs ailes sont aiguës et leur queue courte et arrondie. Le plumage est très abondant, mou, velouté à la tête et au cou, très serré et comme feutré au ventre, composé de grandes plumes au dos et partout accompagné d'un duvet très épais. Ils se trouvent toujours dans les endroits riches en eaux; et ne se fixent, à l'état de liberté que dans les grands lacs et les marais profonds. Ils construisent leurs nids au bord des eaux douces; et, ce n'est qu'après avoir mené à bien leur couvée qu'ils se rendent souvent au bord de la mer où ils trouvent une nourriture plus abondante. Par leurs allures, ils diffèrent de tous les autres nageurs. L'eau est véritablement leur domaine. Contrairement à ce que Jenny nous à dit des cygnes noirs, ils ne se décident à voler que quand la nécessité les y contraint; ils ne le font qu'avec de grands efforts, surtout au moment où ils s'enlèvent de dessus l'eau; mais leur vol devient très rapide lorsqu'ils sont arrivés à une certaine hauteur. Avant de s'envoler, ils étendent le cou horizontalement, battent des ailes, frappent de leurs larges pattes palmées la surface de l'eau; et, moitié volant, moitié courant, ils franchissent de soixante à quatre-vingts pas en produisant un bruit assez fort; ce n'est qu'après ce trajet qu'ils ont un élan suffisant pour pouvoir s'envoler. Ils étendent alors leur cou dans toute sa longueur, étalent largement leurs ailes en frappant l'air à coups redoublés, et produisent un bruissement assez désagréable entendu de près; mais qui, de loin, ne manque pas d'une certaine harmonie et rappelle un peu le son lointain d'une clochette. Pour s'abattre, ils descendent les ailes étendues et immobiles; ils arrivent obliquement à la surface de l'eau, la touchent, glissent assez loin sur elle, et étendent leurs pattes pour ralentir leur vitesse. Les diverses espèces de cygnes varient beaucoup l'une de l'autre, quant à la voix : quelques-unes la font entendre rarement; leur cri est comme un son de trompette, qui ressemble un peu à celui de la grue; plus souvent, c'est un fort sifflement ou un murmure étouffé; d'autres espèces ont une voix forte, vigoureuse, susceptible de quelques variations et assez agréable entendue de loin. Ces oiseaux se nourrissent de végétaux aquatiques, de racines, de feuilles, de graines, d'insectes, de larves, de mollusques, de petits reptiles, de poissons. Ils prennent leurs aliments en barbotant; ils enfoncent leur cou dans l'eau, y cueillent des plantes ou remuent la vase pour y pêcher de petits animaux. En captivité, ils s'habituent au régime le plus varié; mais, ils préfèrent toujours les substances végétales. L'homme poursuit ces oiseaux pour se procurer leur chair et leurs plumes, leur duvet surtout, très estimé dans certains endroits. Mais il paraît qu'il faut être très expérimenté pour chasser des oiseaux aussi prudents et aussi craintifs. Pris jeunes et bien soignés, les cygnes sauvages peuvent être élevés facilement; ils deviennent bientôt aussi privés que ceux qui sont nés en captivité. Quelques-uns ont, pour leur maître, beaucoup d'attachement; mais, leurs témoignagnes d'amitié sont généralement si impétueux qu'on est obligé de se tenir constamment sur ses gardes. La plupart, cependant, ne dépouillent jamais complètement leur méchanceté innée, et peuvent être souvent dangereux pour des personnes faibles ou pour des enfants. Mais leur beauté, leur grâce, leur élégance les font aimer quand même; et ils font toujours le plus bel ornement de nos pièces d'eau. C'est le cygne muet qui est le plus répandu, chez nous, à l'état de domesticité, et qui vit encore en liberté dans le nord de l'Europe.

Pour terminer, voici ce que j'ai lu de la façon dont les Arabes capturent les cygnes : « ils plantent dans le sol, aux bords des baies de la mer, des poteaux auxquels sont attachés des fils en poils de chameaux; l'extrémité de ces fils est munie d'un hameçon amorcé, avec du pain, de la viande ou un poisson. L'oiseau avale l'appât; l'hameçon leur reste dans le cou et le retient jusqu'à l'arrivée du chasseur. »

— J'ai eu l'occasion, dit M. Jonhson, d'observer le cygne chanteur qui n'est pas rare dans le nord de l'Europe et en Amérique. On voit un nombre considérable de ces oiseaux sur tous les lacs du centre de la Russie; et, en hiver, il est très commun à l'embouchure des fleuves de la partie sud de cette contrée. Les allures du cygne chanteur ressemblent beaucoup à celles du cygne muet; elles sont cependant moins gracieuses. Il recourbe rarement son cou d'une façon aussi élégante; il le tient d'ordinaire droit et élevé; malgré cela, il a encore, en nageant, un port fort agréable. Mais ce qui le distingue, et cette fois à son avantage, c'est sa voix assez harmonieuse; il faut cependant ne l'entendre que de loin, pour pouvoir, comme les Irlandais, le comparer aux sons de la trompe et du violon.

Il est certain que le cygne chanteur charme par sa voix forte, riche en notes pures et variées; il la fait entendre à toute occasion : c'est un cri d'appel, d'avertissement. Quand il est réuni à ses semblables, il semble causer avec eux ou rivaliser à qui chantera le mieux. Lorsque, par les grands froids, la mer est couverte de glace dans les endroits non occupés par les courants, que les cygnes ne peuvent plus se rendre là où l'eau peu profonde leur garde une nourriture abondante et facilement accessible, alors on voit ces oiseaux se rassembler par centaines sur les points où les courants maintiennent la mer libre, et leurs cris mélancoliques racontent leur triste sort. Souvent alors, dans les longues soirées d'hiver, et pendant des nuits entières, j'ai entendu leurs cris plaintifs retentir à plusieurs lieues. On croit entendre tantôt des sons de cloche, tantôt des sons d'instruments à vent; ces notes sont même plus harmonieuses. Provenant d'êtres animés, elles frappent nos sens bien plus que des sons produits par un métal inerte. C'est bien là la réalisation de la fameuse légende du chant du cygne; c'est, en effet, souvent le chant de mort de ces superbes oiseaux. Dans les eaux profondes où ils ont dû chercher un refuge, ils ne trouvent plus de nourriture suffisante. Affamés, épuisés, ils n'ont plus la force d'émigrer vers des contrées plus propices, et souvent on les trouve sur la glace, morts ou à moitié morts de faim et de froid. Jusqu'à leur trépas, ils poussent leurs cris mélancoliques.

En voilà assez, n'est-il pas vrai, pour nous édifier sur la fameuse légende du chant du cygne. Elle repose sur des faits positif; mais, elle a été transformée, exagérée par l'imagination des poètes. Le cygne expirant ne chante pas; mais, son dernier râle a encore le timbre claire et sonore qui caractérise sa voix.

« La voix du cygne, dit un auteur, a un timbre harmonieux comme celui d'une clochette d'argent; il chante en volant et on l'entend de fort loin. Lorsqu'il est blessé, ses respirations s'accompagnent de notes chantantes; et ce chant est célébré de mille façon dans les chansons populaires russes. Ce que l'on a raconté du chant du cygne, expirant n'est donc nullement une fable; ses dernières respirations produisent son chant. »

Nous allons, à notre tour, et pour en terminer avec ses intéressants oiseaux, donner, d'après d'Audubon, un fragment de l'histoire du cygne trompette ou *Cycnus buccinator* :

« Vers la fin d'octobre, les cygnes trompettes font leur apparition sur les parties basses des eaux de l'Ohio. Tous à la fois, ils descendent sur les lacs ou les vastes étangs, sans beaucoup s'éloigner de la rivière, et donnent une préférence marquée à ceux qu'enferme une ceinture épaisse de grands roseaux. C'est là qu'ils se tiennent jusqu'à ce que la surface entière soit prise par la gelée, qui les force alors à s'avancer plus au sud. Dans les hivers doux et jusqu'aux premiers jours de mars, j'ai vu des cygnes de cette espèce sur les étangs, au voisinage de Henderson ; mais ce n'étaient que quelques individus qui peut-être s'étaient arrêtés là pour se guérir de leurs blessures. Quand le froid devenait vif, la plupart de ceux qui visitaient l'Ohio gagnaient le Mississipi, pour descendre par degrés ce fleuve, à mesure qu'augmentait la rigueur de la saison; ou bien, au contraire, ils le remontaient, si le temps devenait plus favorable. J'ai cru remarquer, en effet, que ni le grand froid, ni la grande chaleur ne leur convenaient aussi bien qu'une température moyenne. J'ai pu suivre leurs migrations vers le sud, jusqu'au Texas, où parfois cette espèce abonde, et où j'en ai vu en captivité un couple de jeunes parfaitement apprivoisés. Ils pouvaient avoir deux ans, étaient d'un blanc pur, mais d'une apparence relativement chétive. Leurs notes bien connues me rappelaient les jours de ma jeunesse, ce temps, hélas! déjà si loin, où je passais la moitié de l'année au milieu des nombreuses troupes de ces oiseaux.

» A la Nouvelle-Orléans, on voit souvent, dans les marchés, des cygnes trompettes tués sur les étangs de l'intérieur et les grands lacs aboutissant au golfe du Mexique. Les eaux de l'Arkansas et ses tributaires sont, chaque année, visités par le cygne trompette; et le plus gros que j'aie jamais vu avait été tué sur un lac, près la jonction de cette rivière avec le Mississipi : son envergure était environ de dix pieds, et il ne pesait pas moins de trente-huit livres. Ses tuyaux, dont je me suis servi pour dessiner les pieds et les griffes de presque tous mes petits oiseaux, avaient une pointe si dure et pourtant si flexible, que la plus fine plume d'acier, fabriquée de nos jours, aurait fait triste figure, si elle avait dû leur être comparée.

» Il y a déjà nombre d'années, dans une expédition entreprise à la recherche des fourrures, mon associé et moi (car j'en avais alors un dans mon commerce), nous nous étions établis en campement sur le Tawapatee-Bottom. Après avoir amarré notre bateau à l'abri, sous la rive orientale du Mississipi, nous avions fait mettre à terre tout notre bagage. L'équipage se composait de douze à quatorze Canadiens français, tous excellents chasseurs; et comme en ce temps-là il y avait du gibier à foison, daims, ours, ratons, opossums suffisaient et au-delà à nos besoins;

dindons sauvages, tétraos et pigeons pendaient accrochés de toutes parts autour de nous, et les lacs gelés nous procuraient un ample supplément de poissons délicieux : pour en prendre, il s'agissait tout simplement de donner un fort coup de hache juste au-dessus de l'étroit espace où chacun d'eux était emprisonné; puis, en faisant un trou dans la glace, nous n'avions plus qu'à les en retirer. Le courant même du large fleuve était si solidement pris, que chaque jour nous étions dans l'habitude de passer d'un bord à l'autre. Tous ces détails, qui me charment encore, je m'en souviens comme s'ils dataient d'hier. Dès qu'à travers le crépuscule grisâtre on commençait à distinguer les sombres voiles de la nuit, le cri retentissant de centaines de cygnes éclatait à notre oreille; et de bien loin, par-dessus les eaux gelées du Mississipi, je voyais venir succsseivement chaque troupe, de divers côtés, et s'abattre sur le fleuve, à l'opposé de notre camp. D'abord ils consacraient quelques instants à s'éplumer, puis s'étendaient tranquillement sur la glace; et malgré l'ombre croissante, je pouvais encore suivre de l'œil la gracieuse courbe de leur cou, lorsque doucement ils le ramenaient en arrière, pour reposer leur tête sur le plus mollet et le plus chaud des oreillers. Alors, dans toute cette masse blanche comme neige, on n'apercevait plus rien qu'un point noir, à environ un demi-pouce de la base de leur mandibule inférieure, et qui se trouve placé là, je le suppose, pour rendre plus facile la respiration de l'oiseau. Je n'ai jamais remarqué qu'aucun d'eux fît sentinelle dans leurs rangs. Sans doute, ils s'en remettent à la subtilité de leur ouïe, pour les avertir de l'approche de l'ennemi. Cependant l'obscurité, devenue complète, empêchait de plus rien voir jusqu'au retour de l'aurore; mais chaque fois que des bois voisins s'élevaient les hurlements de bandes de loups qui rôdaient dans les ténèbres, on entendait les clameurs sonores des cygnes remplir les airs. Quand la matinée

Les troglodytes sont, avec les rouges-gorges, ceux des petits oiseaux qui résistent le mieux aux rigueurs de la température.

s'annonçait belle, toute la blanche troupe, se mettait debout, commençait par faire sa toilette; puis, les ailes ouvertes, ils s'élançaient, comme pour se disputer le prix de la course; et le sourd trépignement de leurs pieds sur la glace résonnait semblable aux roulements de gros tambours voilés qu'accompagnait le bruit de leur voix claire et perçante. Enfin, après avoir ainsi couru vingt mètres ou plus avec le vent, ils prenaient l'essor tous ensemble. Au contraire, si le temps était couvert, pluvieux et froid, ou s'il devait tomber de la neige, ils restaient sur la glace, debout, se promenant, ou couchés, en attendant qu'il y eût apparence de mieux, et alors ils partaient encore tous et d'une même volée.

» Par une de ces tristes matinées que je viens d'indiquer, nos gens formèrent un complot contre les cygnes; et s'étant séparés en deux pelotons qui devaient les prendre, l'un part en haut, l'autre par en bas du courant, à un signal parti du camp, il se mirent lentement en marche. Les pauvres oiseaux ne soupçonnaient aucune trahison, et tant que les hommes furent à plus de cent cinquante pas d'eux, ils se tinrent tranquilles, accoutumés sans doute de longue date avec nous, par suite de nos fréquentes excursions sur la glace. Mais tout à coup, voilà qu'ils se dressent sur leurs pieds, allongent le cou, secouent la tête, en manifestant de grands symptômes de frayeur. Cependant les chasseurs continuaient d'avancer, lorsqu'un coup de fusil étant venu par hasard à partir, la confusion se mit parmi la troupe ailée, et chacun de s'envoler de son côté, les uns remontant, les autres descendant le cours du fleuve, et plusieurs se dirigeant vers le rivage. On fit alors feu de toute pièces, et une douzaine environ tombèrent, quelques-uns seulement blessés, la plupart roides morts. Le soir même, ils se reposèrent à environ un mille au-dessus du camp, et dès lors nous ne songeâmes plus à les inquiéter.

» Pour se faire une juste idée de l'élégance et de la beauté qui les distinguent, il faut les contempler lorsque, sans se douter qu'on peut les voir, ils se balancent en paix à la surface de quelque étang solitaire : leur cou, que d'ordinaire ils tiennent roide et presque droit, décrit alors les courbes les plus gracieuses, tantôt penché en avant, tantôt s'inclinant en arrière au-dessus du corps; d'autres fois ils l'allongent, plongent un instant leur tête sous l'eau pour y puiser, et par un effort subit, rejettent sur leur derrière et sur leurs ailes un flot limpide qui retombe et roule en scintillants globules tout le long de leurs plumes. A ce moment l'oiseau bat des ailes, fait rejaillir les ondes; et, comme ivre de plaisir, il s'élance et glisse sur le liquide élément, avec une merveilleuse agilité.

» Le vol du cygne trompette est ferme, élevé par moments et soutenu; l'oiseau fend les airs en battant régulièrement des ailes, à la manière des oies sauvages, et porte le cou tendu de même que les pieds, qui s'allongent en arrière par-delà la queue.

» Les cygnes prennent ordinairement leur nourriture en s'immergeant une partie du corps et en allongeant le cou sous l'eau, comme font les canards d'eau douce, ainsi que quelques espèces d'oies; et alors leurs pieds s'agitent en l'air pour les aider, j'imagine, à se maintenir en équilibre. Parfois, cependant, ils font des excursions dans les terres et paissent l'herbe, non de côté, comme les oies, mais plutôt comme les canards et la volaille. Ils mangent différents végétaux, des feuilles, des graines, des insectes aquatiques, des limaces, de petits reptiles et de petits quadrupèdes. La chair du jeune cygne est excellente, mais celle des vieux est sèche et coriace.

» Une fois, à Henderson, j'en pris un vivant : il pouvait avoir deux ans. Il n'avait reçu qu'une légère blessure au fouet de l'aile, et je parvins à m'en emparer, après lui avoir longtemps donné la chasse sur un étang d'où il n'avait pu s'envoler. Emporter à près de deux milles de là un oiseau de cette force et de cette taille, n'était pas chose facile; mais, je savais qu'il ferait plaisir à ma femme et à mes petits enfants, et je ne perdis pas courage. Quand il fut à la maison, je lui rognai le bout de l'aile blessée et le lâchai dans le jardin. Il se montra d'abord extrêmement craintif et farouche, puis s'accoutuma peu à peu aux domestiques, qui le nourrissaient très bien, et se rendit enfin si familier, qu'il venait, à l'appel de ma femme, manger du pain dans sa main. *Trompette,* c'était le nom que nous lui avions donné, déploya un caractère que rien jusque-là n'aurait fait soupçonner : devenu aussi audacieux qu'il avait été timide, il harcelait mon dindon, mes chiens, ainsi que les enfants et les domestiques. Chaque fois qu'on laissait ouvertes les portes du verger, il prenait sa course vers l'Ohio, et ce n'était pas sans peine qu'on le ramenait à la maison. Dans une de ces escapades, il s'absenta toute la nuit, et je crus bien que nous ne le reverrions plus; mais je reçus avis qu'on l'avait rencontré faisant route vers un étang qui n'était pas très loin de chez nous. Prenant avec moi six ou sept domestiques, je me dirigeai de ce côté; et nous l'aperçûmes en effet sur l'étang, où il s'ébattait à son aise, en ayant l'air de nous narguer tous. Pourtant, après l'avoir longtemps poursuivi, nous réussîmes à le pousser près du bord, où nous le rattrapâmes. Mais ces oiseaux favoris, de quelque espèce qu'ils soient, finissent toujours mal : par une nuit sombre et pluvieuse, un domestique ayant négligé de fermer la porte, Trompette s'esquiva, et depuis lors je n'en ai jamais entendu parler. »

On dirait un grand papillon collé contre la muraille (page 65)

CHAPITRE IV

Un des domestiques de M. Johnson avait trouvé, dans les lierres du jardin, un nid assez volumineux autour duquel voltigeaient, à chaque instant, deux oiseaux de très petite taille, mais d'une activité sans pareille. Il fit part de sa découverte à ses jeunes maîtresses qui reconnurent sans peine, dans les gentils architectes de la maison de mousse dissimulée avec soins sous les feuilles, des troglodytes mignons, dont il a été déjà question, et que les jeunes filles avaient pris pour des souris. Renée et

Marguerite furent bientôt mises au courant de l'événement qui fit, ce jour là, l'objet de la conversation. Le domestique, partageant l'erreur commune, avait appelé les petits oiseaux des roitelets; mais Laura se rappelait maintenant que les roitelets d'Amérique, tout au moins, n'avaient ni le plumage, ni la forme, ni les allures du troglodyte mignon.

— Comment, demanda-t-elle à Renée, a-t-on pu confondre deux oiseaux si disparates?

— Tout simplement, dit Mlle Delmas, à cause de l'exiguïté de leur taille; car, après les roitelets, les troglodytes sont les plus petits oiseaux d'Europe. Et puis, le troglodyte, qui reste toute l'année dans nos pays, est plus connu que le roitelet qui ne fait qu'y passer. Le courage qu'il déploie en présence du danger; l'énergie avec laquelle il attaque les oiseaux beaucoup plus gros que lui, — surtout lorsque sa famille est menacée, — l'ont fait comparer aux grands guerriers de l'antiquité et lui ont mérité le nom de Roi-Bertaut. Dans leur langage naïf et expressif, les campagnards auront voulu consacrer leur juste appréciation de la valeur du *petit roux*, et ils lui ont décerné une couronne comme prix de son courage, tandis que celle du vrai roitelet est le triple bandeau qui orne sa tête. Les paysans ont imité, en cela, les anciens Romains qui avaient trouvé le moyen de faire un rapprochement entre César et les troglodytes. « La veille du jour où Jules César reçut ses vingt-deux coups de poignards, dans le Sénat, dit Michelet, un troglodyte fut écharpé de la même façon sur la place publique par une vingtaine d'autres petites bêtes, et cet événement qui semblait un triste présage, impressionna vivement les amis du grand homme. »

Cependant, l'imagination ne s'est pas arrêtée à comparer le troglodyte aux rois et aux empereurs; elle a supposé encore que le Roi-Bertaut avait défié l'aigle dans son vol audacieux, et que pour triompher de son terrible adversaire, il s'était élancé sur le dos du roi des airs. Aussi, lorsque l'oiseau de Jupiter se fut élevé à une hauteur inaccessible, il jeta un regard de dédain pour apercevoir son rival qu'il croyait encore à la surface de la terre. Mais tout à coup retentit à ses oreilles un chant de victoire : c'était celui du Roi-Bertaut déployant toutes les richesses de son gosier musical pour célébrer son triomphe. Et enfin, l'erreur de Laura et de sa cousine n'était pas si grande quand elles avaient pris pour une souris notre gentil petit compagnon : dans certaines localités on l'appelle *petit mussot* (de *mus*, souris) parce que, comme les souris, il se fraie un passage avec une grande adresse et une grande rapidité au milieu des fourrés les plus épais; et que, de plus, il se rapproche de la couleur de la souris par les nuances sombres et uniformes de son plumage.

Pour en revenir au vrai roitelet, deux fois, chaque année, la plupart de nos départements français sont traversés par des bandes de ces petits oiseaux dont le cri et le vol ne manquent jamais d'exciter vivement l'attention de ceux qui en sont les témoins. Ils parcourent avec une vitesse et une grâce qui tiennent beaucoup de celles du papillon, les taillis et surtout les arbres verts, cherchant les petites mouches, les insectes et leurs larves. Aucune partie des arbres n'échappe à leurs investigations multipliées; on les voit suspendus à l'extrémité même des feuilles agitées par le vent, le corps renversé afin d'être plus certains de ne rien oublier sur leur passage. Ces oiseaux si vifs, si gracieux sont des habitants des Alpes qui, malgré leur faiblesse, entreprennent et exécutent de longs voyages. Les naturalistes les ont appelés *roitelets* (petits rois) à cause, je l'ai déjà dit, de leur huppe et de leur bandeau, qui semblent être une couronne. En Europe, trois espèces forment ce genre; deux seulement nous visitent.

— L'Europe, reprit Laura, n'a pas le monopole de ces

petits oiseaux ; ils sont communs en Amérique ; et de plus, nous avons des oiseaux encore plus petits et surtout plus brillants : les *oiseaux-mouches*.

— Chaque pays, chaque climat, a ses créatures merveilleuses; et, je vous parlerai du charmant oiseau qui, par sa grâce et l'éclat de son plumage, a mérité le nom de *rose des Alpes*. Mais je reprends l'histoire des roitelets :

Deux espèces, ai-je dit, nous visitent chaque année, et elles se distinguent entre elles par la huppe et par le triple bandeau de vives couleurs qui embellissent leur tête mignonne; pendant longtemps, on les a, par erreur, confondus dans une seule espèce. Le roitelet huppé porte, sur le sommet de la tête, une huppe d'un jaune orange, encadrée sur les côtés et par-devant entre des plumes effilées noires à l'extrémité des barbes et d'un jaune vif à l'intérieur. Ces plumes font, en quelque sorte, partie de la huppe : elles s'élèvent où s'abaissent avec elle; et cet ensemble constitue un élégant et brillant diadème. L'oiseau établit son nid sur les montagnes, dans les arbres touffus; il lui donne la forme d'une boule dans laquelle est pratiqué un petit trou en dessous, afin que l'eau n'y puisse pénétrer. Cette ouverture est ordinairement dissimulée sous une branche. De la mousse, parsemée de petits lichens et unie par des toiles d'araignée, en compose l'extérieur; des plumes et du crin garnissent l'intérieur. Ce nid renferme de six à huit œufs d'un blanc jaunâtre.

Le roitelet à triple bandeau doit son nom aux différentes bandes, blanches et noires, qui sillonnent sa tête et encadrent sa huppe. Celle-ci est d'un orangé couleur de feu ; et, on a dit énergiquement de notre gentil petit oiseau qu'il a « des cheveux de flammes. » Ses habitudes sont les mêmes que celles de son compagnon huppé, avec lequel il émigre et vit en bonne harmonie. Son nid, fait de la même manière, est placé au milieu de petites branches qui, en retombant, l'enveloppent et le cachent tout à la fois; les œufs sont de couleur rose.

Croirait-on que les Irlandais font à ces deux charmantes espèces de roitelets une guerre sans merci?... Et, c'est surtout le jour de Saint-Etienne, le 26 décembre, qu'ils les poursuivent avec un acharnement tenant de la fureur. Il faut se reporter au XVIIe siècle pour trouver le motif de cette guerre implacable faite à d'innocents oiseaux.

— Vous piquez notre curiosité, dit Jenny.

— Et je vais tâcher de la satisfaire, reprit Renée, par un court récit emprunté à une correspondance anglaise :

« La veille de la bataille de la Boyne, un corps de l'armée du roi Jacques essaya de surprendre le camp du prince d'Orange, dont les soldats, ayant eu beaucoup à souffrir de la chaleur du jour, étaient livrés au plus profond sommeil.

» Les Irlandais catholiques s'avançaient en silence, à la faveur des ombres de la nuit, et allaient surprendre les protestants, sans une circonstance encore plus insignifiante que le cri des oies du Capitole qui apprirent aux Romains l'arrivée des Gaulois.

» Un jeune tambour avait mangé son souper, composé d'un morceau de pain sec dont quelques miettes étaient restées sur la peau de sa caisse auprès de laquelle il s'était endormi; un petit roitelet, qui avait peut-être moins bien soupé que le jeune tambour, était sorti d'un buisson pour venir grignoter les miettes laissées sur la caisse.

» Le bruit que fit le petit oiseau en tombant sur la peau qu'il frappait rapidement de son bec pour ramasser les débris, suffit pour réveiller l'enfant de troupe qui entendit aussitôt la marche des soldats du roi Jacques. Il saisit ses baguettes, frappa à coups redoublés sur son tambour. Les protestants se réveillèrent, formèrent leurs rangs et repoussèrent les catholiques dont la journée du lendemain acheva la défaite.

» L'histoire du roitelet se répandit dans les armées; jamais les Irlandais n'ont pu pardonner au roitelet d'avoir sauvé leurs ennemis et placé le sceptre de la Grande-Bretagne aux mains de la reine Marie. »

Les mœurs des roitelets présentent plus d'une particularité curieuse; ces oiseaux tiennent beaucoup des mésanges; et, comme elles, ils ne sont jamais en repos.

Le roitelet huppé saute continuellement de branche en branche, ne s'arrêtant qu'un instant pour saisir un insecte. Il se tient le corps horizontal, les pattes fléchies, les plumes écartées. Parfois, il se pend à la face inférieure d'une branche, plus rarement cependant que ne le font les mésanges. Son vol est léger et silencieux. Il a un instinct de sociabilité extraordinairement développé. Hors la saison des nids, il est excessivement rare de trouver un roitelet huppé seul; il est presque toujours en compagnie de ses semblables ou de mésanges de différentes espèces.

Les roitelets ont un cri d'appel et un chant qui n'est pas désagréable. Les vieux oiseaux chantent au printemps et en été; les jeunes aux mois d'août, septembre et octobre. Par un beau jour d'hiver, le chant de ce petit oiseau fait une impression délicieuse. Souvent, en automne, il prend une habitude toute particulière; il lance son cri d'appel, se retourne et bat des ailes. A ce cri d'autres arrivent, exécutent les mêmes mouvements, et on les voit alors se poursuivre en jouant; en même temps, ils hérissent leur huppe.

Le roitelet pyrocéphale ou à triple bandeau est encore plus agile, plus remuant que le précédent; en outre, il est moins sociable. Tandis qu'on ne rencontre le premier qu'en bande plus ou moins nombreuse, le second est presque toujours seul ou avec sa compagne. Tue-t-on l'un des deux, l'autre pousse des cris plaintifs et ne peut se décider à quitter la place. Le cri d'appel du triple bandeau est plus fort; et, leur chant offre des différence considérables que saisit sans peine une oreille exercée. Ces oiseaux se nourrissent d'insectes, de petites graines ; en été, ils mangent principalement des chenilles et des insectes de petite taille ; en hiver des œufs et des larves. Ils les prennent sur les branches, entre les feuilles ou les aiguilles de sapins ; souvent on les voit voleter, guetter une proie ; parfois ils attrapent un insecte au vol.

Il est très rare de voir des roitelets en captivité ; ils sont trop délicats et il est très difficile de les habituer à un nouveau régime. Lorsqu'on les prend, il faut les saisir avec précaution si l'on ne veut pas les étouffer dans ses doigts ; la moindre blessure à la patte ou à une autre partie du corps, leur devient promptement mortelle. Beaucoup s'apprivoisent lorsqu'on les laisse librement voler dans la chambre ; mais la plupart se frappent la tête contre le plafond ou contre les fenêtres et se tuent. Si l'un d'eux paraît triste, il faut immédiatement lui rendre la liberté, autrement il périrait rapidement. L'isolement leur est funeste. L'expérience a démontré que quand ils sont à plusieurs, ils s'apprivoisent mieux que quand ils sont seuls. Ils vivent entre eux en très bonne harmonie ; ils s'endorment sur le même perchoir serrés les uns des autres. Une fois habitués à leur sort, ils deviennent assez privés pour manger dans la main de leur maître, et l'on peut alors les conserver quelques années.

« Souvent, dit un naturaliste, j'ai vu des roitelets dans les chambres des paysans ; j'en ai eu moi-même, et toujours j'ai été stupéfait de leur voracité. En quelques jours, ils avaient mangé toutes les mouches qui se trouvaient dans l'appartement, et j'ai remarqué souvent que l'excès de nourriture qu'ils prenaient ainsi leur était fatal. Ils attrappent les mouches au vol, très adroitement, et il est rare qu'ils les manquent. Leur œsophage est assez large pour leur permettre d'avaler facilement même de grosses mouches. »

On leur donne d'abord des œufs de fourmis, puis des mouches à demi-mortes; plus tard la pâtée des rossignols, à laquelle on a eu le soin de mêler quelques vers de farine. Ils aiment le chènevis et les graines de pavot concassées; les autres graines, le colza, par exemple, ne leur conviennent pas. On conseille maintenant de leur donner des concombres finement hachés et mêlés à la pâtée des rossignols.

— Le roitelet qu'on trouve en Amérique, dit Laura, s'appelle le *roitelet satrape,* et ne diffère guère des espèces d'Europe. On l'appelle encore *roitelet tricolore.* Il a le dos cendré, le ventre gris, la poitrine nuancée de jaune brun, l'œil entouré d'une bande grisâtre. Les côtés de la tête sont ornés d'une bande noire bordée en dedans d'un jaune superbe, et le sommet de la tête est parcouru par une bande assez large d'un rouge de feu. Cet oiseau, propre à l'Amérique septentrionale, a été observé par Audubon au Labrador; on le dit commun à Terre-Neuve. Aux Etats-Unis, on le trouve dans les jardins et dans les plantations. « Ses mouvements, dit Audubon, sont on ne peut plus vifs et gracieux. Comme la mésange, il se suspend souvent à l'extrémité des branches ou des feuilles, ou se tient en voletant à leur niveau. Il attrape au vol les petits insectes; il les prend sur les feuilles; il retire les larves des fentes de l'écorce des arbres. En hiver, il ne fait pas entendre son chant; de temps à autre, il se contente de pousser un faible cri. Au mois de janvier, nous vîmes, un de mes amis et moi, un grand nombre de ces oiseaux, occupés à chercher leur nourriture dans une forêt, aux environs de Charleston. Ils n'étaient nullement timides; ils nous laissaient approcher jusqu'à quelques pas, sans manifester la moindre défiance. »

— Parlez-nous maintenant, demanda Laura, de l'oiseau que vous avez appelé la *Rose des Alpes :* ce nom gracieux nous donne envie de le connaître.

— Cet oiseau, reprit Marguerite, est le *tichodrome des murailles,* qu'on appelle encore *grimpereau des montagnes,* parce qu'il habite ordinairement la cime des monts escarpés. Là, il parcourt avec une grande agilité toutes les fissures et les excavations des rochers pour saisir les insectes qui s'y sont cachés. Dans ses investigations, il commence à gravir le théâtre de ses recherches par le pied de la montagne; il ne redescend pas comme le font les autres grimpeurs; mais, arrivé au sommet, il se laisse tomber pour remonter ensuite et renouveler cette manœuvre plusieurs fois de suite. Jamais il ne s'appuie sur sa queue pour se reposer; il grimpe en imprimant à son corps une série de petits bonds; il semble sauter et monter à l'échelle : de là le nom de *tichodrome échelette*, qu'on lui donne en certains endroits. Le *tichodrome* (coureur de murailles) ne visite pas simplement les montagnes; mais, il se livre encore à des voyages que la rigueur de l'hiver lui rend nécessaires. Quand la neige couvre la terre et que les insectes ont disparu sous l'action excessive du froid, cet oiseau, privé de sa nourriture ordinaire, se voit condamné à des excursions lointaines pendant lesquelles il visite toutes les façades des grands et surtout des vieux édifices : quelquefois même, dans son ardeur pour la chasse, il pénètre à l'intérieur des monuments, pour y capturer les araignées et autres insectes. Assez souvent, pendant l'hiver, on peut admirer les riches couleurs dont son plumage est revêtu, lorsqu'il fouille dans les ruines, dans les crevasses des vieilles constructions. Soit pour se soutenir plus facilement en l'air, soit pour effrayer les insectes et les faire sortir de leur refuge, il imite le papillon et agite avec une grande vivacité ses ailes, comme un sphinx : c'est alors qu'il montre le rouge si brillant qui couvre les plumes de son dos; et c'est pourquoi les montagnards, dans leur langage expressif, l'ont appelé le *papillon des montagnes,* la *Rose des Alpes*. Dans les temps froids et de grande disette, le tichodrome se prend à l'hameçon; il suffit, pour le capturer, de laisser voltiger le long des murailles qu'il visite, une ligne amorcée avec un insecte. La *Rose des Alpes* fait son nid dans les montagnes presque inaccessibles; aussi est-il difficile de l'observer à cette époque intéressante, et non moins difficile de se procurer ses œufs. Ce n'est guère qu'en 1864, qu'un médecin de Saint-Gall, M. Girtanner, a pu observer les mœurs et les habitudes du tichodrome.

« Lorsque, dit-il, le voyageur, qui parcourt les montagnes de la Suisse, arrive sur les cols élevés des Alpes, et qu'il a dépassé les limites des forêts, il lui arrive d'entendre un sifflement prolongé sortir d'une paroi de rochers. Ce sifflement rappelle un peu celui du merle. Etonné et réjoui à la fois, de sentir un autre être vivant au milieu de ces déserts, le voyageur regarde autour de lui, et finit par apercevoir au milieu des rocs, un petit oiseau aux ailes rouges, à moitié ouvertes, grimpant le long d'une paroi verticale. C'est le tichodorme des murailles, la *rose vivante des Alpes*, qui parcourt son domaine, sans crainte de l'homme qui s'est péniblement traîné jusque dans sa patrie. Le touriste s'arrête, s'assied sur une pierre couverte de mousse, pour admirer quelques instants cet être. Mais quelque attention qu'il y prête, il lui est impossible de comprendre des jeux de lumière, des mouvements qui ressemblent plus à ceux d'un papillon qu'à ceux d'un oiseau. Le tichodorme lui apparaît comme dans un rêve, et il veut pouvoir le considérer de plus près. En possession d'un bon fusil, — et poussé par l'amour de l'observation et non par une aveugle rage de détruire, — il n'a qu'à épauler son arme et à bien viser quand l'oiseau sera tranquille un instant. Il ne doit pas redouter la petite grêle de pierres, que lancera sur lui le vieux génie de la montagne, irrité de la mort d'un de ses favoris; il doit savoir que, quand il se croira le plus sûr de sa mire, le génie lui fera glisser une pierre sous le pied pour lui faire manquer son coup. Si le chasseur est heureux, il voit tomber le pauvre petit oiseau; et, à moins que celui-ci ne disparaisse au fond d'un précipice, il en possède le cadavre.

» Il est plus facile de surprendre le tichodrome lorsqu'il s'aventure, en hiver, dans les régions moins hautes. Comme tous les oiseaux des Alpes, il aime à errer. Par les jours de soleil, il monte le long des montagnes jusqu'à une altitude de plus de trois kilomètres. On l'a même vu sur des blocs de glace, au milieu des rochers, occupé à y chasser des insectes. Rarement, en été, il descend au-dessous de la région alpestre. Mais à mesure que les jours diminuent, que les nuits sont plus longues, que le soleil ne peut plus arrêter la marche lente, mais progressive, de la croûte de glace, il se voit bien forcé d'abandonner ces parages déserts, et de descendre dans une zone plus basse, plus chaude, mieux protégée

» Le tichodrome aime surtout les rochers complètement dénudés; plus une région alpestre est sauvage et aride, plus on est sûr de l'y rencontrer. Il ne va visiter les longues traînées d'herbes qui descendent le long des pentes, que pour y chercher des insectes; et encore se hâte-t-il de revenir toujours sur les places nues. Jamais ils ne grimpe aux arbres; jamais je n'en vis un seul perché sur un arbre ou sur un buisson. Il ne vit que dans l'air ou sur les rochers. Il n'aime pas à descendre à terre. Y voit-il un insecte, il cherche à le prendre sans quitter son rocher; n'y revient-il pas, il s'envole, se pose un instant, saisit sa proie; et, l'instant d'après, il est de nouveau appendu à la paroi rocheuse, y cherchant un endroit convenable pour dévorer son butin. Les petits coléoptères qui simulent la mort et se laissent rouler en bas des pierres, espérant tomber dans quelque endroit inaccessible; les araignées qui, se suspendant à un fil, cherchent leur salut en tombant du haut d'un rocher, il les capture en l'air, avant qu'ils aient

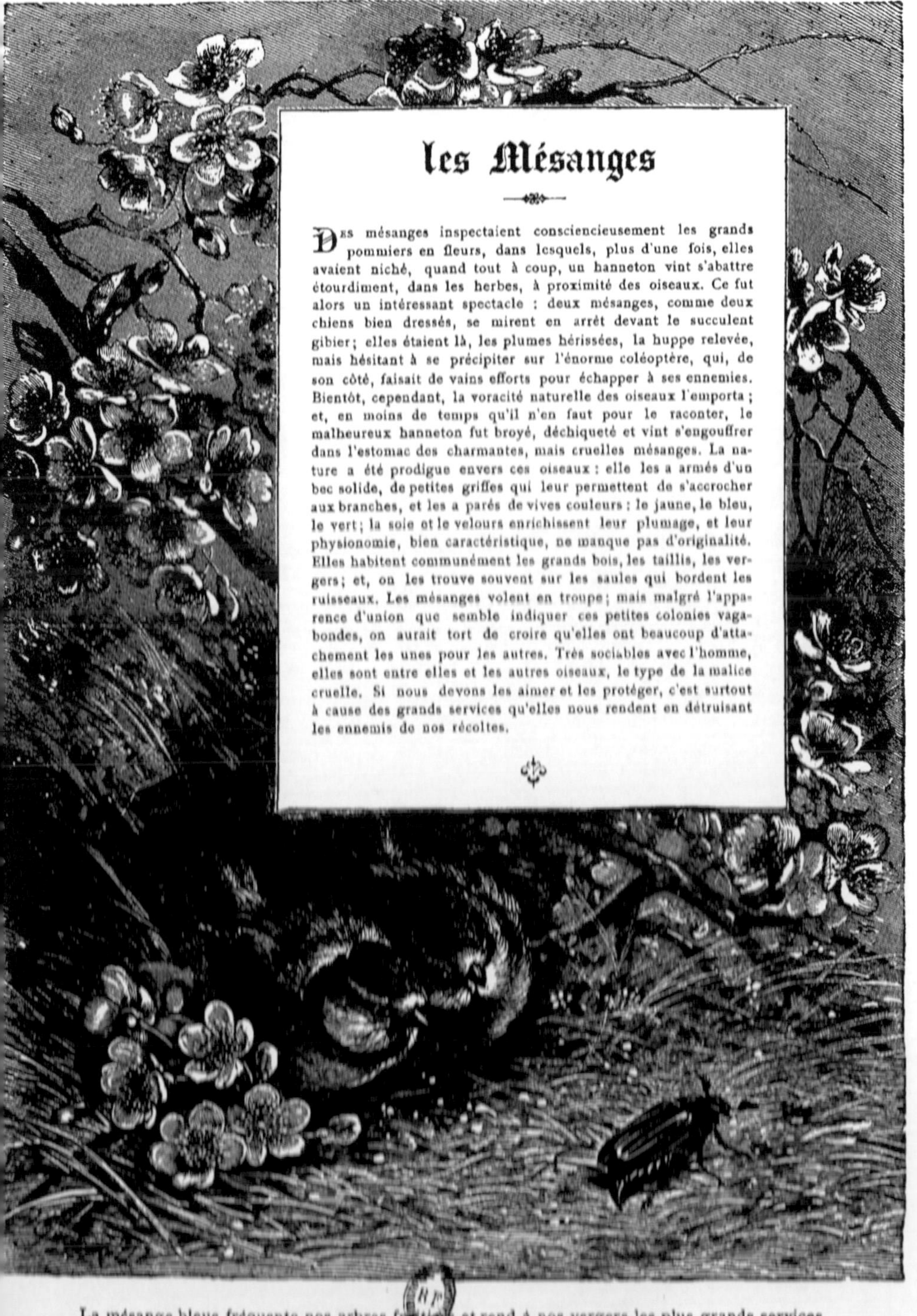

Les Mésanges

Des mésanges inspectaient consciencieusement les grands pommiers en fleurs, dans lesquels, plus d'une fois, elles avaient niché, quand tout à coup, un hanneton vint s'abattre étourdiment, dans les herbes, à proximité des oiseaux. Ce fut alors un intéressant spectacle : deux mésanges, comme deux chiens bien dressés, se mirent en arrêt devant le succulent gibier; elles étaient là, les plumes hérissées, la huppe relevée, mais hésitant à se précipiter sur l'énorme coléoptère, qui, de son côté, faisait de vains efforts pour échapper à ses ennemies. Bientôt, cependant, la voracité naturelle des oiseaux l'emporta ; et, en moins de temps qu'il n'en faut pour le raconter, le malheureux hanneton fut broyé, déchiqueté et vint s'engouffrer dans l'estomac des charmantes, mais cruelles mésanges. La nature a été prodigue envers ces oiseaux : elle les a armés d'un bec solide, de petites griffes qui leur permettent de s'accrocher aux branches, et les a parés de vives couleurs : le jaune, le bleu, le vert; la soie et le velours enrichissent leur plumage, et leur physionomie, bien caractéristique, ne manque pas d'originalité. Elles habitent communément les grands bois, les taillis, les vergers; et, on les trouve souvent sur les saules qui bordent les ruisseaux. Les mésanges volent en troupe; mais malgré l'apparence d'union que semble indiquer ces petites colonies vagabondes, on aurait tort de croire qu'elles ont beaucoup d'attachement les unes pour les autres. Très sociables avec l'homme, elles sont entre elles et les autres oiseaux, le type de la malice cruelle. Si nous devons les aimer et les protéger, c'est surtout à cause des grands services qu'elles nous rendent en détruisant les ennemis de nos récoltes.

La mésange bleue fréquente nos arbres fruitiers et rend à nos vergers les plus grands services.

eu le temps de disparaître. En grimpant, le tichodorme porte la tête haute; là où le rocher surplombe, il se renverse en arrière pour ne pas endommager son long bec, en le frottant contre les pierres.

» Il grimpe avec une vitesse incroyable le long des rochers les plus escarpés, des murs les plus élevés, tantôt courant, tantôt faisant des bonds accompagnés chacun d'un battement d'ailes, et souvent d'un cri bref et guttural. Cet oiseau déploie, dans ses mouvements, tant de force et d'adresse, qu'il n'y a pas pour lui, dans toute la montagne, de rocher trop lisse et trop escarpé. En captivité, on le voit courir avec la plus grande aisance le long des tapisseries. Plus une surface est lisse et verticale, plus il la gravit rapidement, car il ne peut s'y tenir qu'un instant en équilibre.

» Arrivé à son but, il étale ses ailes, montrant ainsi les taches blanches qui les marquent : on dirait un grand papillon collé contre la muraille. Il porte la tête à droite et à gauche; il regarde par-dessus son épaule la place où il va descendre. A ce moment, on croirait facilement qu'il repose sur l'extrémité de sa queue. D'une secousse vigoureuse, il s'élance dans l'air, s'y retourne, y joue quelque temps. Tantôt il donne des coups d'ailes précipités et irréguliers, comme un papillon; tantôt il descend les ailes grandement ouvertes; tantôt, enfin, il se laisse tomber comme un oiseau de proie, la tête en bas, les ailes serrées contre le corps, et se pose au-dessous de l'endroit d'où il 'est élancé. Il s'y place la tête relevée, et décrit ainsi uns arc à courbe élégante, se terminant brusquement. Quelquefois, on le voit courir sur une arête de rocher, les pattes fortement fléchies; mais, il n'aime pas cette allure et ne tarde jamais à reprendre son essor. Il vole bien, moins peut-être horizontalement que verticalement; cette dernière façon lui est à vrai dire la plus utile, et là il est passé maître. On ne peut rien voir de plus beau qu'une paire de ces charmants oiseaux, se jouant ainsi au soleil, le long des parois des rochers les plus sombres; mais, hors la saison des nids, il est bien rare d'en rencontrer deux ensemble. L'oiseau, ordinairement, parcourt isolément son domaine désert, en lançant dans les airs sa petite phrase brève mais harmonieuse. Il niche dans les crevasses des rochers inaccessibles et dans des troncs d'arbres creux. »

Le tichodorme de murailles se nourrit de quelques espèces d'araignées et d'insectes qui habitent les hautes régions. De son bec effilé, qui mesure de quatre à cinq centimètres, il saisit comme avec une pince, les proies les plus petites. Sa langue ne sert pas à la préhension des aliments; mais, avec elle, il embroche l'insecte retenu dans ses mandibules et le ramène rapidement au fond du bec. A-t-il affaire à quelque proie plus volumineuse, à une chenille, par exemple, il la prend dans son bec, puis la tourne et la retourne jusqu'à ce qu'il la tienne en travers par son milieu ; il la frotte alors à droite et à gauche contre les pierres; et, finalement, en balançant la tête, il la fait pénétrer dans son gosier, après quoi il a soin d'essuyer son bec contre les pierres. Il ne prend pas les insectes à carapace dure, comme les coléoptères; sa langue ne pourrait les embrocher. Il ne peut avec son bec délicat percer la glace ou soulever les pierres; néanmoins, quand on voit des tichodormes captifs frapper brusquement les barreaux de leur cage, on conçoit qu'ils sont capables de s'emparer d'une chrysalide que la gelée retient sous un peu de terre.

Les ennemis les plus redoutables du tichodorme de murailles sont les oiseaux de proie, l'épervier notamment, qui va chasser jusque dans les plus hautes régions.

« Cependant, dit encore Girtanner, grâce à son agilité, le tichodrome peut souvent échapper à l'oiseau de proie, et j'ai pu en voir un exemple : « Un épervier poursuivait un tichodrome de murailles qui volait au-dessus d'un ravin. Plus l'un se montrait impétueux, plus l'autre déployait toute son agilité. Attentif, aux mouvements de son ennemi, il savait, tout en l'évitant, se rapprocher du rocher voisin : « Qu'il l'atteigne et il est sauvé », me disais-je. Une fois près de lui, il changea brusquement son allure ; il parut ne plus s'occuper de se défendre, et s'élança comme une flèche, en droite ligne, contre le rocher où il disparut dans une crevasse. L'épervier abandonna cette chasse infructueuse, et s'envola en poussant des cris perçants. »

On ne peut reprocher au tichodrome de murailles, aucun méfait ; il ne commet pas le moindre dégât ; quant à l'utilité dont il pourrait être, elle est fort bornée, si l'on considère les régions où il vit. Mais, c'est pour l'observateur, un des ornements les plus précieux de nos Alpes. Dans ces régions désertes, où le silence de la mort n'est troublé que par les mugissements de la tempête, les éclats du tonnerre, le fracas des avalanches, sa voix harmonieuse vient frapper délicieusement l'oreille du voyageur ; ses yeux se reposent avec plaisir sur cette rose volante des Alpes, qui anime d'une façon charmante un paysage grandiose, mais condamné à une immobilité éternelle.

— Il n'est donc si triste séjour, ajouta Marguerite, qui n'ait ses habitants choisis parmi les plus gracieux. Et si le tichodrome, le joli papillon des glaciers, anime les sombres et terribles paysages des Alpes, nous trouverons bien naturelle que la Floride et la Louisiane voient voltiger autour de leurs magnolias, de leurs jasmins et de leurs clématites aux fleurs éclatantes, les oiseaux les plus merveilleux de la création. Laura nous a fait la promesse de nous présenter le colibris de sa terre natale.

Une fête à Beargrass-Creek (page 76)

CHAPITRE V

ÉCIDÉMENT la volière de la *Villa des Roses* est en faveur : c'est comme un lien entre la maison de campagne de M. Delmas et le château. Ce jour-là, il pleut, au grand désappointement des hôtes des deux résidences ; car, en même temps que le père de Renée recevait une famille amie, M. Jonhson voyait arriver, d'un grand voyage, le frère de Jenny. Le jeune homme, parti de Melbourne depuis plus d'un an, avait visité différents pays et passé environ trois mois en Egypte. Il venait se reposer quelque temps chez son oncle, avant de retourner en Australie.

Toute la société est réunie dans une grande serre, à proximité de la volière; et, naturellement ce sont encore les gracieux pensionnaires de Renée qui font le sujet de la conversation. M. Johnson, malgré son flegme habituel, se passionne quand il est question des oiseaux de son pays, dont l'histoire a été écrite d'une façon si magistrale par Audubon. Il aime à rappeler les travaux de l'intrépide naturaliste que, tout enfant encore, « un irrésistible instinct entraînait vers ces êtres, ces objets, représentations de la nature inanimée ou vivante, à l'étude de laquelle il consacra des années entières d'un labeur sans relâche, mais payé par de bien pures jouissances. »

— Que de fraîcheur et que de grâce! disait M. Johnson; quelle abondance et quelle richesse de facultés, lorsque le naturaliste prend la plume ou le pinceau, pour peindre tant de merveilleuses scènes qui ont charmé son cœur et ses yeux! Cet enthousiasme, il nous le fait comprendre et partager quand il nous met en face de cette nature du Nouveau-Monde, avant que la civilisation ait envahi la forêt vierge et couvert de riches cités les contrées les plus inaccessibles. Audubon s'identifie avec la nature; mais il regarde plus haut encore, et son hommage remonte toujours au Créateur de toutes ses merveilles. Cependant, son âme contemplative ne se perd jamais dans le vague des rêveries et des descriptions invraisemblables; car, observateur expérimenté autant que fécond, il allie toujours la précision et la réalité de fond à la magnificence des formes. Il a vu, il sait et il sent; et voilà tout le secret de son génie. Il a cherché la nature dans ses sanctuaires les plus suggestifs; la montagne, la forêt et le rivage ont été tour à tour l'objet d'une étude approfondie. « Au milieu de ses courses lointaines, au sein des vastes solitudes, il se complaît parfois à s'entourer de jeunes adeptes, passionnés comme lui par les fleurs, les plantes, les arbres, les grands bois et leurs innombrables habitants. C'est à son exemple et sous ses yeux qu'ils apprennent à s'initier à cette vie de liberté, d'enchantements et de périls, et à goûter toutes les beautés d'un spectacle vraiment incomparable. »

— Audubon, ajoute M. Jonhson, en s'adressant à la famille Delmas, est votre compatriote autant que le nôtre : s'il est né en Amérique, il était issu d'une famille française, et nous retrouvons en lui les fortes qualités des deux races : chez vous, comme chez nous, il a fait école; je n'en veux d'autre preuve que la belle volière que nous avons sur les yeux.

Pendant que les nouveaux visiteurs de la villa vont faire connaissance avec les hôtes de la volière, nous allons emprunter à Audubon, lui-même, quelques détails sur sa vocation et ses premiers travaux.

« J'ai, dit-il, reçu la vie et vu le jour dans le Nouveau-Monde. A peine avais-je appris à faire quelques pas et à bégayer ces premiers mots toujours si doux à l'oreille des parents, que les productions de la nature étaient déjà l'objet de ma curiosité enfantine. Bientôt elles devinrent mes uniques compagnons de jeu; et avant même que mes idées fussent assez développées pour me permettre de faire la différence entre la couleur azurée du ciel et la teinte émeraude du clair feuillage, je sentais que, d'elles à moi, se formait une intimité, qui pour toujours accompagnerait mes pas dans la vie. Et maintenant encore, plus que jamais, je reconnais le pouvoir de ces impressions.

» Elles avaient si bien pris possession de moi, que quand il fallait quitter mes bois, mes prairies et mes ruisseaux, je devenais insensible à tout autre amusement plus en rapport avec mon âge. A mon imagination, il fallait des compagnons aériens; aucun toit ne me paraissait plus solide que la voûte épaisse du feuillage, retraite habituelle des tribus emplumées, ou que les cavités et les fissures des rocs massifs dans lesquelles le cormoran aux ailes sombres, et le courlis venaient chercher le repos, et souvent un abri contre les fureurs de la tempête. Ordinairement, mon père m'accompagnait dans mes courses, et se faisait un plaisir de me procurer des fleurs et des oiseaux, m'apprenant à admirer les mouvements élégants de ceux-ci, leur plumage éclatant et soyeux, les signes par lesquels ils manifestent leurs sentiments de jouissance et de crainte; en même temps que les formes toujours parfaites, non moins que la splendide parure de celles-là. Alors, mon père se mettait à me parler du départ et du retour des oiseaux avec les saisons; à me décrire les lieux qu'ils préfèrent.

» Quels plaisirs vivifiants brillaient sur ces jours de ma première jeunesse! quelle sérénité de pensées, lorsque je contemplais en extase les œufs perlés et brillants qui reposaient dans leur conque gracieuse, tantôt au milieu d'un duvet moelleux, tantôt parmi des feuilles sèches et de petites branches, ou qui restaient exposés sur le sable brûlant, sur les rochers battus des flots, au bord de notre Océan! Je m'habituais à les regarder comme des fleurs dans le bouton; j'épiais, si je puis dire, leur épanouissement, pour reconnaître selon quelles lois ces yeux, par exemple, dont la nature a pourvu chaque espèce, doivent s'ouvrir, chez l'une dès la naissance, et dans l'autre rester clos quelque temps encore; je suivais à la trace les tardifs progrès des jeunes oiseaux vers la perfection, et j'admirais la rapidité avec laquelle certains d'entre eux, même sans plumes, savaient déjà se mettre en sûreté.

» Je grandissais, et mes désirs grandissaient avec moi. Ces désirs ne visaient à rien moins qu'à l'entière possession de tout ce que je voyais. Cependant plusieurs années s'écoulèrent qui ne furent qu'une suite de tristes désappointements. Du moment qu'un oiseau était mort, — eût-il était pendant sa vie le plus beau du monde, — le plaisir de sa possession devenait pour moi presque un chagrin. Je mettais bien tous mes soins, toute mon attention à tâcher de lui conserver l'apparence de la nature, mais je ne voyais que trop que sa parure était souillée, et que, malgré mes précautions et des réparations continuelles, ce n'était plus là ce charmant petit être sorti si frais des mains de son Créateur. Oui, j'aurais désiré posséder toutes les productions de la nature, mais je les désirais avec la vie! cela était impossible; et que faire alors? Je me tournai vers mon père, et lui fis part de mon anxiété. Il me procura un livre d'illustrations..... Un nouveau sang courut dans mes veines; je tournai et retournai les pages avec avidité. Il est vrai que ce que j'y voyais ne répondait pas tout à fait à mon attente; mais cela m'inspirait du moins le désir de copier la nature. C'est donc à la nature que je m'adresserai; c'est elle que je m'efforcerai d'imiter : de même que, dans mon enfance, rampant encore sur la terre, je m'étais essayé à me lever moi-même et à prendre peu à peu une attitude droite, avant que la nature m'eût donné la vigueur nécessaire au succès d'une telle entreprise.

» Mais ici, nouveaux et non moins cruels désappointements, lorsque, pendant plusieurs autres années, je dus m'avouer à moi-même que mes productions étaient encore pires que celles que, dans le livre de mon père, je me hasardais, à part moi, sans doute, à regarder comme mauvaises. Mon crayon donnait naissance à des familles d'estropiés, si drôlement arrangés, qu'ils ressemblaient à des êtres vivants, à peu près comme les corps mutilés d'un champ de bataille. Ces mécomptes m'irritaient, mais ne diminuaient pas un seul instant en moi le désir d'arriver à de parfaites reproductions d'après nature. Plus mes copies étaient mauvaises, plus je découvrais de beautés dans les originaux. M'arracher de mes études, c'eût été pour moi la mort; tout mon temps y était pris. Chaque année vit éclore des centaines de ces grossières ébauches qui, pendant longtemps, ne servirent qu'à faire des feux de joie aux anniversaires de ma naissance.

» Patiemment, et avec assiduité, je continuai de m'appliquer à l'étude. Je sentais bien l'impossibilité de communiquer la vie à mes représentations; mais je n'abandonnais pas pour cela l'idée de reproduire la nature. Plusieurs plans furent successivement adoptés; de nombreux maîtres me dirigèrent la main. A l'âge de seize ans, quand je revins de France, où j'étais allé pour recevoir les premiers rudiments de mon éducation, mes dessins avaient pris forme. David avait guidé mon crayon, traçant des objets de dimensions impossibles, des yeux et des nez de géants, des têtes de chevaux représentées dans d'anciennes sculptures..... Ce pouvait être là des sujets fort convenables pour des individus prétendant atteindre à de plus hautes branches de l'art; mais moi, je les eus bientôt mis de côté, et retournant à mes bois du Nouveau-Monde, plein d'une nouvelle ardeur, je commençai une collection de dessins non interrompue depuis, et que je publie sous ce titre : « *Les oiseaux d'Amérique.* »

» Je suis persuadé que vous aimez la nature, que vous l'admirez, que vous l'étudiez. Et quel est l'homme ayant un cœur, qui n'écoute avec délices les notes émues des chantres du feuillage? Chaque regard qu'il jette sur leurs formes charmantes fait naître en son esprit mille questions à leur sujet; il ne peut considérer ces arbres qu'ils habitent, ces fleurs sur lesquelles glissent leurs ailes, sans en admirer la grandeur, sans jouir avec transport de leurs doux parfums et de leurs teintes brillantes.

» Dans la Pensylvanie, mon père, toujours empressé de se montrer mon meilleur ami dans la vie, me fit don de ce que les Américains appellent une belle plantation, rafraîchie pendant les chaleurs de l'été par les eaux de la rivière Schuylkil, et traversée par une crique nommée

Perkioming. Ses bois étendus, ses vastes champs, ses montagnes couronnées d'arbres toujours verts, fournirent d'amples sujets à mes pinceaux. C'est là que je commençai mes simples et agréables études, avec aussi peu de souci de l'avenir que si le monde entier eût été fait pour moi. Je partais invariablement pour mes courses dès la pointe du jour; puis m'en revenant tout trempé de rosée et chargé de quelque butin emplumé, je me disais : « Oui, c'est là, et ce sera toujours pour moi la plus haute jouissance à laquelle il me soit donné d'atteindre.

» Pendant une période d'une vingtaine d'années, ma vie fut une succession de vicissitudes. J'essayai diverses branches de commerce; mais aucune ne me réussit, sans doute, parce que mon esprit tout entier était rempli par ma passion de courir et d'admirer ces productions de la nature, desquelles je recevais mes joies les plus vives. J'avais à lutter contre le mauvais vouloir de ceux qui, dans ce temps-là, s'appelaient mes amis, en en exceptant toutefois ma femme et mes enfants. Les observations de mes autres *amis* m'irritaient outre mesure... J'entrepris de longs et ennuyeux voyages, fouillai les bois, les lacs, les prairies et les rivages de l'Atlantique.

» C'est dans ces forêts que me vint, pour la première fois, l'idée d'un second voyage en Europe; et déjà je me figurais mes travaux se multipliant sous le burin du graveur. Heureux jours, nuits de songes fortunés! Je repassai le catalogue de mes collections, et me mis à réfléchir comment il serait possible de mener à bien un si grand projet. Le hasard, le hasard seul avait partagé mes dessins en trois classes différentes, d'après les dimensions des objets qu'ils représentaient. A la vérité, je n'avais pas en ce moment tous les spécimens nécessaires; cependant je les distribuai aussi bien que je pus, par cahiers de cinq planches, dont chacune maintenant fait partie de mes illustrations. Je retouchai le tout de mon mieux; et, m'éloignant chaque jour de plus en plus des demeures de l'homme, je résolus de ne négliger rien de ce que mon travail, mon temps ou mon argent pourraient accomplir.

» Un accident, arrivé à deux cents de mes dessins originaux, faillit couper court à mes recherches ornithologiques. Je veux vous le raconter, simplement pour vous montrer jusqu'à quel point l'enthousiasme — puis-je appeler d'un autre nom ce zèle infatigable avec lequel je travaillais? — peut dominer l'observateur de la nature, et le rendre capable de surmonter les plus rebutants obstacles. Je quittai le village de Henderson, dans le Kentucky, sur les bords de l'Ohio, où je demeurais depuis plusieurs années, ayant besoin d'aller à Philadelphie pour affaires. Avant de partir, j'eus soin de mettre en sûreté tous mes dessins; je les plaçai dans une caisse de bois, et les donnai en garde à un parent, lui recommandant bien de veiller avec la plus grande attention à ce qu'il ne leur arrivât aucun dommage. Mon absence dura plusieurs mois; et, quand je fus de retour, après avoir consacré quelques jours aux douceurs de la famille, je m'informai de ma boîte, et de ce qu'il me plaisait d'appeler mon *trésor*. La boîte fut apportée, je l'ouvris..... Ah! lecteur, mettez-vous à ma place : un couple de rats de Norwège avait tranquillement élevé sa petite famille parmi les débris rongés de ce papier qui, naguère encore, représentait des centaines d'habitants de l'air! Une chaleur brûlante me traversa le cerveau comme un trait; je me sentis défaillir : tout mon système nerveux était atteint. Je souffris plusieurs nuits d'insomnie complète, et mes jours passaient comme des jours d'insensibilité et d'oubli. A la fin, je surmontai cette vie; et prenant mon fusil, mon album, mes crayons, je me replongeai dans mes bois aussi gaiement qui si rien ne me fût arrivé. Je sentais même, avec bonheur, que maintenant je pourrais faire bien mieux; et trois années ne s'étaient pas écoulées que mon portefeuille était de nouveau rempli. »

Ecoutez, maintenant, avec quelle verve entraînante le savant ornithologiste raconte une fête de ce pays dont les mœurs se sont tant et si rapidement modifiées dans le cours d'un demi-siècle :

« *Beargrass-Creek*, l'un de ces délicieux cours d'eau qui arrosent les riches cultures du Kentucky, serpente sous les épais ombrages de superbes forêts de hêtres au milieu desquels sont dispersés diverses espèces de noyers, d'ormes et de frênes qui le couvrent tout au long sur chacun de ses bords. C'est là, près de Louisville, que je fus témoin de la fête destinée à célébrer l'anniversaire de la glorieuse proclamation de notre indépendance. Au loin, dans l'ouest, les bois déployaient leur majestueux rideau de verdure, jusque vers les beaux rivages de l'Ohio, tandis que, vers l'est et le sud, leurs cimes ondoyaient par-dessus les campagnes aux pentes légèrement inclinées. Sur chaque lieu découvert apparaissait une plantation, souriant dans la pleine abondance d'une moisson d'été, et le fermier semblait rester en extase devant la magnificence d'un tel spectacle.....

» Libre et franc de cœur, hardi, droit, et s'enorgueillissant de ses aïeux, le Kentuckyen a fait ses préparatifs pour célébrer l'anniversaire de l'indépendance de son pays. On est sûr qu'aux environs ils sont tous d'un même accord : qu'est-il besoin d'invitation personnelle, là où chacun est toujours bien reçu ; là où, depuis le gouverneur jusqu'au simple garçon de charrue, tout le monde se rencontre, l'allégresse dans l'âme et la joie sur le visage?

» C'était, en effet, un bien beau jour! Le soleil étincelant montait dans le clair azur des cieux; l'haleine caressante du zéphyr embaumait les alentours du parfum des fleurs; les petits oiseaux modulaient leurs chants les plus doux sous l'ombrage, et des milliers d'insectes tourbillonnaient et dansaient dans les rayons du soleil; fils et filles de la Colombie semblaient s'être réveillés plus jeunes ce matin-

La mésange est toujours en mouvement; elle poursuit les insectes et leurs larves jusque dans leurs retraites les plus cachées.

là. Depuis une semaine et plus, serviteurs et maîtres n'étaient occupés qu'à préparer une place convenable. On avait soigneusement coupé le taillis; les basses branches des arbres avaient été élaguées, et l'on n'avait laissé que l'herbe, verdoyant et gai tapis pour le sylvestre pavillon. C'était à qui donnerait bœuf, jambon, poule d'Inde et autres volailles; là se voyaient des bouteilles de toutes les boissons en usage dans la contrée; la *belle rivière* (l'Ohio) avait mis à contribution le peuple écaillé de ses ondes; melons de toutes sortes, pêches, raisins et poires eussent suffi pour approvisionner un marché; en un mot, le Kentucky avait fait fête à ses enfants.

» Un limpide ruisseau versait spontanément le tribut de ses eaux, et pour rafraîchir l'air on avait le souffle de la brise. Des colonnes de fumée montant des feux récemment allumés s'élevaient par-dessus les arbres; plus de cinquante cuisiniers allaient et venaient, vaquant à leurs importantes fonctions; des garçons disposaient les plats, les verres et les bols à punch parmi les vases où pétillait un vin généreux; et plus d'un baril, pour la foule, était rempli de la vieille liqueur du pays.

» Cependant l'odeur des rôtis commence à parfumer l'air, et toutes les apparences annoncent l'attaque prochaine d'un de ces festins substantiels, tels qu'il en faut au vigoureux appétit de nos Américains des forêts. Chaque maître d'hôtel est à son poste, prêt à recevoir les joyeux groupes qui, dès ce moment, commencent à se montrer hors de l'enceinte obscure des bois. Les belles jeunes filles, habillées tout en blanc, s'avancent, sous la protection de leurs parents, et les hennissements de leurs montures qui caracolent, indiquent combien elles sont fières de porter un si charmant fardeau. Le cortège saute à terre, et l'on attache les chevaux en entortillant la bride autour d'une branche. Tandis que cette jeunesse se dirige ainsi vers la fête, les pères et les mères les couvrent d'un tendre regard; et bientôt la pelouse n'est plus que vie et mouvement.

« Attention! prenez garde à ce grand canon de bois relié de cercles de fer et bourré de poudre fabriquée à la maison; on y met le feu au moyen d'une longue traînée, il détone, et des milliers de hurrahs se mêlent à l'explosion retentissante. C'est maintenant au tour des savants : plus d'un noble et chaleureux discours vient chatouiller les oreilles de l'assemblée, qui accueille par d'unanimes applaudissements les bonnes intentions de l'orateur. Cela n'est pas très éloquent, mais sert du moins à rappeler au souvenir de tout Kentuckyen présent, le nom glorieux, le patriotisme, le courage et la vertu de notre immortel Washington. Fifres et tambours sonnent la marche qui l'a toujours conduit à la gloire, et lorsqu'on entonne notre air national, les mêmes acclamations recommencent.

» Mais les maîtres d'hôtel ont prévenu l'assemblée que le festin est prêt. Les jeunes filles sont placées les premières autour des tables, qui gémissent sous de véritables monceaux des meilleures productions du pays..... Cependant les tas de viande diminuent, comme on peut le croire, sous l'action de tant d'agents de destruction; de nombreux toasts sont portés et acceptés; de nouveaux *speechs* sont prononcés provoquant d'affectueux essais de réponse; les dames se retirent sous des tentes dressées non loin, et où elles sont conduites par leurs partners; puis ceux-ci reviennent à table, et le champ leur étant ainsi laissé libre, les cordiales santés reprennent à la ronde. Toutefois, les Kentuckyens n'aiment guère à prolonger leurs repas, et quelques minutes suffisent pour les satisfaire. Après un petit nombre de visites au bol de punch, ils retournent joindre les dames, et la danse va commencer.

» Cent jeunes filles, sur double file, s'alignent autour de la pelouse, dans la partie ombragée des bois; çà et là de petits groupes attendent les bienheureux fredons de la ronde. Enfin la musique éclate! violons, cornets et clarinettes ont donné le signal, et toute cette foule, d'un mouvement gracieux, semble s'élancer dans les airs. Bientôt, au milieu des rangs, figure le costume pittoresque des chasseurs; leur tunique frangée saute en mesure avec les robes des dames, et les parents tiennent le pas et se mêlent parmi leurs enfants. Pas un front où le contentement ne rayonne, pas un cœur qui ne tressaille de joie! Là ni orgueil, ni pompe, ni affectation; l'entrain gagne tout le monde, les esprits ne sont livrés qu'au plaisir; peines et soucis s'envolent avec le vent. Dans les intervalles de repos, on fait circuler toutes sortes de rafraîchissements, et pendant que les danseuses se contentent d'humecter leurs lèvres de l'agréable jus du melon, le chasseur du Kentucky étanche sa soif par d'amples rasades de punch convenablement tempéré. Que n'étiez-vous avec moi pour prendre votre part du champêtre spectacle de cette fête nationale! Avec quel plaisir n'eussiez-vous pas entendu, là, le babil ingénu des jeunes gens; ici, les graves dissertations des anciens sur les affaires de l'Etat; ailleurs, l'entretien de braves laboureurs s'occupant d'améliorations apportées aux instruments et ustensiles d'agriculture; et toutes les voix enfin, confondues dans un même vœu, ne demandant qu'une continuation de prospérité pour le pays en général et pour le Kentucky en particulier! »

Le coucou à la taille allongée... (page 83)

CHAPITRE VI

Entendez-vous, dit tout à coup Laura à ses compagnes, là-bas, à la lisière des grands bois, entendez-vous ce chant grave et sonore qui détonne en note régulière sur le gazouillement des petits oiseaux.

Et, en effet, un chant bizarre : *coucou!... coucou!...* traversait le silence de la campagne, causant aux promeneuses une sensation des plus étranges.

Cette voix, bien connue de l'habitant des campagnes, exerce cependant sur lui une profonde impression. La syllabe monotone, constamment accentuée sur un même rythme, est plus éloquente qu'un long discours : elle signifie l'hiver passé avec son manteau de neige et de frimas, son cortège de peines et de privations; elle raconte le retour du printemps, des fleurs et des fruits; elle prédit des moissons abondantes qui rempliront de nouveau les greniers et les granges.

Le coucou gris, ou coucou vulgaire, a la taille allongée et le maintien dégagé de la pie; la longueur du corps est encore accentuée par l'étendue des plumes de la queue qui, en même temps, se développent en éventail. Le dessus du corps de cet oiseau est d'un cendré bleuâtre assez brillant; le dessous est d'un blanc grisâtre rayé transversalement de brun.

Anomalie curieuse, les coucous ne constituent jamais de famille, et nous dirons bientôt comment ils se reposent sur d'autres oiseaux, qui ne sont pas de leur espèce, du soin d'élever leur couvée. Chaque mâle de coucou se conquiert un domaine, et le défend avec vigueur contre les envahissements de ses rivaux; mais, il faut mettre cette habitude moins sur le compte de l'inclination que de la nécessité. Toujours affamés, ces oiseaux mangent sans cesse; il leur faut un territoire de chasse assez étendu; ils parcourent, sans repos ni trêve, la partie des bois qu'ils se sont choisie, et on peut les voir se diriger vers certains arbres, plusieurs fois par jour et à des heures régulières. Ils s'avancent d'un vol rapide, élégant et léger, se posent sur quelque forte branche et cherchent une proie à dévorer. Ils vivent d'insectes, particulièrement de chenilles velues que les autres insectivores sont impuissants à digérer. Ont-ils aperçu quelque victuaille, ils fondent dessus en un coup d'aile, la saisissent, reviennent à leur place ou volent sur un autre arbre pour recommencer bientôt le même manège. Ils avalent leur proie avec une grande voracité et rejettent, après la déglutition, la peau des chenilles roulée en pelotes, comme font les hiboux de la peau et des os des souris qu'ils ont absorbés.

Au commencement du printemps et dès leur arrivée, ils ne manquent jamais de lancer le cri qui, ce matin, a attiré l'attention de Laura : *cou-cou!... cou-cou!...* dès qu'ils se sont appuyés sur une branche; et, il en est qui font un tel abus de leur voix, qu'ils deviennent littéralement enroués.

La femelle du coucou a une singularité qui la distingue de toutes les autres : c'est, véritable marâtre, de ne point construire de nid, de ne point couver, de ne point élever ses petits; mais de pondre ses œufs et de les disséminer un par un, dans les nids de quelques petits oiseaux, particulièrement dans les nids de fauvette, de mésange, de roitelet, de rouge-gorge; quelquefois dans ceux d'alouette, de pinson, de bergeronnette, et de laisser à ces mères d'emprunt le soin de les couver. Cette particularité ne pouvait manquer d'attirer l'attention des observateurs, et déjà les anciens l'avaient observée : « On a connu, disait Aristote, que l'œuf du coucou est couvé, et le petit qui en éclôt est nourri par l'oiseau dans le nid duquel l'œuf a été pondu. Le père nourricier même rejette, dit-on, ses propres petits hors du nid, les laisse mourir de faim, tandis que grandit le jeune coucou. D'autres prétendent qu'il tue sa progéniture pour en nourrir le coucou; car celui-ci est tellement joli que ses parents nourriciers dédaignent, pour lui, leurs propres petits. Tous ces récits sont affermis par des témoins prétendus oculaires; mais, ils ne concordent pas, quant à la manière dont périssent les jeunes de l'oiseau nourricier. Les uns disent que le vieux coucou vient les manger; d'autres prétendent que comme le jeune coucou dépasse en grandeur et en force ses frères d'adoption, il prend à lui seul toute la nourriture et les laisse mourir de faim ; d'autres, enfin, disent qu'il les avale. Le coucou fait bien de placer ainsi ses petits; il sait combien il est lâche et qu'il ne pourra les défendre. Sa lâcheté est telle que les petits oiseaux se font un plaisir de le harceler et de le chasser. »

S'il y a dans ces remarques sur le coucou quelques points incontestables, il en est qui dénotent une observation plus que superficielle; par exemple, l'assertion qui fait du coucou « un oiseau tellement joli » s'éloigne simplement de la réalité. Au dire de tous ceux qui les ont sérieusement regardés, les jeunes coucous sont fort laids; on les reconnaît facilement à leur grosse tête que des yeux énormes rendent encore plus informe. Ils croissent rapidement et deviennent surtout hideux, lorsque la plume commence à se montrer sur leur peau noirâtre. Un fait extrêment curieux, par exemple, et que différents naturalistes ont signalé, c'est que les œufs de coucou varient de teinte, de couleur et de dessins, et ressemblent toujours, plus ou moins à ceux à côté desquels ils sont placés. Il est probable que chaque femelle ne les dépose que dans les nids d'une même espèce d'oiseaux.

« Il est curieux, dit Bechstein, de constater avec quel plaisir les oiseaux voient une femelle de coucou s'approcher de leur nid. Au lieu de quitter leurs œufs, comme ils le font quand se montre un homme ou un animal, ils paraissent tout joyeux. La femelle de troglodyte, qui couve ses œufs, s'élance au bas du nid quand arrive le coucou, et lui fait place pour qu'il puisse y pondre tout à son aise. Elle sautille tout autour; à ses cris joyeux arrive le père qui prend part à l'honneur que veut bien faire à leur ménage un si grand oiseau. » Voilà encore une observation à laquelle il ne manque que l'exactitude. Tous les oiseaux, au contraire, qui redoutent l'intrusion du coucou, témoignent de la plus grande frayeur et ne négligent aucun des moyens susceptibles d'éloigner l'envahisseur. Celui-ci se cache, arrive comme un voleur, dépose un œuf et s'enfuit. Quelquefois le propriétaire du nid surprend la femelle du coucou, et défend si vigoureusement son domicile qu'elle se hâte de partir sans oser revenir. Quand les nids sont en rase campagne, que la mère est sur les œufs, la femelle du coucou décrit, en volant, des cercles qui vont toujours se rétrécissant; la couveuse, qui croit avoir affaire à un rapace, finit par s'éloigner. Libre alors, la femelle du coucou s'établit sur le nid, pond et disparaît rapidement après avoir mangé un des œufs de l'oiseau auquel elle abandonne les soucis de sa propre maternité. Si l'approche du nid est défendue et que la femelle du coucou ne puisse s'y introduire facilement, elle pond à terre, prend l'œuf dans son bec et le dépose dans le berceau qu'elle a choisi; mais parfois cet œuf est jeté hors du nid : sans se décourager, elle le ramasse avec son bec, le fait glisser dans sa gorge qui est, à cet effet, très dilatée, et le transporte ailleurs. Elle revient, prétend-on, visiter le nid, et profite de ces voyages pour jeter à bas un des œufs ou des petits qu'il renferme, mais, jamais le sien. L'oiseau auquel appartient le nid couve avec soin l'œuf du coucou; celui-ci, en effet, ignore que sa maison renferme l'ennemi de ses enfants. Lorsque cet étranger vorace est éclos, il demande à ses parents nourriciers plus de pâture qu'ils ne sont capables de lui en apporter; il prend, dans leur propre bec, la nourriture de ses petits compagnons; et bientôt, ce parasite glouton les jette hors du nid, si la mère coucou ne l'a déjà fait ou s'ils ne sont pas morts de faim.

Resté seul, il devient pour le père et la mère adoptifs, la cause d'un travail pénible : ils apportent à l'intrus, avec une sollicitude vraiment touchante, de petits coléoptères, des mouches, des limaçons, des chenilles; ils travaillent du matin au soir sans pouvoir le rassasier, sans jamais arrêter le cri rauque qu'il pousse sans cesse pour indiquer que son estomac n'est pas satisfait. Faut-il ajouter que quelquefois même, il étouffe dans son large gosier le troglodyte, le rouge-gorge ou la fauvette qui a porté imprudemment, dans l'intérieur du bec du jeune oiseau, l'in-

Tel petit oiseau qui s'envole sans souci aux premiers rayons du soleil a quelquefois passé une triste nuit d'angoisse.

secte capturé pour sa nourriture. Aussi le proverbe « ingrat comme un coucou » se trouve-t-il parfaitement justifié.

Devenu grand, le jeune coucou tombe naturellement du nid qui ne peut plus le contenir; et ses parents nourriciers le suivent encore pas à pas pendant des journées entières; car il passe, selon son caprice, d'arbre en arbre, sans s'inquiéter de leur obéir.

Quelquefois, l'œuf du coucou, porté dans le gosier de sa vraie mère, a été déposé dans le creux d'un tronc d'arbre dont l'ouverture est trop étroite pour que le petit puisse sortir. Alors on voit ses tuteurs rester avec lui jusqu'à la fin de l'automne et continuer à le nourrir; ils sont encore là, les malheureux, — retenus par la captivité du jeune oiseau qui leur est étranger, — lorsque toute leur famille est déjà, depuis longtemps, partie dans les régions méridionales. Suivant certains naturalistes, la femelle du coucou met environ deux mois pour pondre cinq à six œufs : voilà pourquoi on trouve des jeunes dans les mois de mai et de juin, et pourquoi on en rencontre encore en juillet et août.

Frappés de l'indifférence du coucou, comparée à cette tendresse générale, à ces soins touchants qu'ont les autres oiseaux pour leurs petits, les naturalistes ont cherché à expliquer ce désordre apparent, cette exception aux lois de la nature, dans sa structure anatomique qui l'empêcherait de couver; mais, il serait peut-être plus rationnel de supposer que la mission de ce grand échenilleur de nos bois le détourne absolument de tous les autres soucis, et le prive même du bonheur si grand, pour tous les êtres, de constituer une famille.

Le coucou est un oiseau qu'il faut protéger et qui ne devrait manquer dans aucune forêt, non seulement parce qu'il l'anime, mais surtout parce qu'il contribue à son bon entretien. Essentiellement insectivore, il détruit une quantité innombrable de chenilles, et particulièrement de chenilles velues que la plupart des autres oiseaux sont incapables d'avaler. Son estomac est hors de proportion avec son volume, et son appétit comme sa voracité sont en rapport avec les dimensions considérables de cet organe. Le coucou a eu des détracteurs, mais des voix savantes et autorisées se sont élevées de toutes parts pour le défendre. « Le coucou, disait un inspecteur des forêts, est un précieux auxiliaire contre les insectes. Il a une spécialité, nous l'avons dit, la destruction des chenilles velues. Nous avons indiqué le danger de ces chenilles : elles inspirent à la plupart des oiseaux une répugnance facile à comprendre : Mais le jabot du coucou secrète une substance mucilagineuse qui réunit les poils des chenilles, les colle et en forme une sorte de pâte; cette pâte, roulée en boule par le premier travail de la digestion, est expulsée et sort par le bec de l'animal. Aussi la *chrysorée*, la *disparate,* la *livrée,* ne tardent pas à disparaître des cantons forestiers où le coucou s'est établi. »

— Il me semble, dit Jenny, entendre depuis un instant une voix qui se mêle à celle des autres oiseaux et qui n'est pas moins singulière que celle du coucou.

Et M. Johnson qui, accompagné de M. Delmas, avait rejoint les jeunes filles, lui fit remarquer, courant avec une merveilleuse prestesse sur une grande pelouse, deux jolis oiseaux, dont la tête était couronnée d'une belle aigrette : *bou-bou-bou!... bou-bou-bou!...* chantaient-ils en la pliant et la dépliant comme un éventail.

— C'est, dit M. Delmas, la huppe vulgaire, ainsi nommée des plumes rousses bordées de noir et disposées sur deux rangs qui forment le principal ornement de sa tête.

Et la conversation passa du coucou à la huppe que chacun voulait connaître, pendant que les élégants oiseaux s'étaient empressés de disparaître.

Le cou et la poitrine de la huppe sont d'un gris vineux ;

le noir est la couleur dominante sur les grandes plumes des ailes et de la queue; le bec effilé, pointu, un peu courbé est noirâtre, tandis que les pieds et les ongles sont gris-plomb. Cet oiseau arrive dans nos contrées au printemps, et repart à la fin de l'été ou au commencement de l'automne pour aller passer l'hiver dans les pays méridionaux. On voit alors un grand nombre de huppes en Afrique; elles sont surtout communes en Egypte où la négligence et la malpropreté des habitants met partout à leur portée les immondices qu'elles aiment tant à fouiller. Ces oiseaux recherchent les prairies, les terres fraîches et arrosées où ils trouvent plus facilement les vers et les insectes dont ils se nourrissent; ils semblent préférer les endroits où les champs cultivés alternent avec des bois de peu d'étendue.

La huppe dépose ses œufs dans des creux d'arbres, dans des fentes de murailles, dans des trous de rochers. Aristote, — et bien d'autres après lui, — a avancé que le nid de ces oiseaux était composé d'excréments; et, c'est probablement d'après ces indications qui se sont transmises jusqu'à nous que la huppe a été appelée *pupu, coq-puant.* Cette croyance est entièrement erronée : il est bien vrai que la demeure de la jeune famille répand une odeur nauséabonde; mais cette odeur provient des excréments des petits, mêlés aux débris d'insectes qui ont servi à leur nourriture, et que les parents laissent s'accumuler avec une négligence qu'on ne rencontre pas chez les autres oiseaux. La huppe est un oiseau méfiant que tout effraye; à chaque instant, elle se cache sous le feuillage, fait entendre sa voix ronflante et exécute les mouvements les plus singuliers. Elle rend de véritable services à l'agriculture en détruisant des sauterelles, des hannetons, des chenilles, des fourmis, des courtillières et des limaçons. Lorsqu'elle veut manger un insecte, elle le tue et le froisse à coups de bec; alors, elle le jette en l'air de manière à pouvoir le saisir et l'avale dans le sens de la longueur; s'il tombe en travers, elle recommence.

Les jeunes huppes s'apprivoisent facilement, sans beaucoup de soins, en les nourrissant de viande crue; elles deviennent bientôt très familières et sont susceptibles d'attachement; il n'est pas, non plus, impossible d'apprivoiser les adultes qui ont été capturées.

« J'ai eu occasion, raconte Guéneau et Montbeillard, de voir un de ces oiseaux qui avait été pris au filet, étant déjà vieux ou du moins adulte et qui, par conséquent, avait les habitudes de la nature; son attachement pour la personne qui le soignait était devenu très fort et même exclusif; il ne paraissait content que lorsqu'il était seul avec elle. S'il survenait des étrangers, c'est alors que sa huppe se relevait par un effet de surprise ou d'inquiétude, et il allait se réfugier sur le ciel d'un lit qui se trouvait dans la même chambre; quelquefois, il s'enhardissait jusqu'à descendre de son asile, mais c'était pour voler droit à sa maîtresse; il était occupé uniquement de cette maîtresse chérie et ne semblait voir qu'elle; il avait deux voix fort différentes : une plus douce, plus intérieure, qui semblait se former dans le siège même du sentiment, et qu'il adressait à la personne aimée; l'autre plus aigre et plus perçante qui exprimait la colère ou l'effroi. Jamais on ne le tenait en cage, ni le jour ni la nuit; et il avait toute licence de courir dans la maison; cependant, quoique les fenêtres fussent souvent ouvertes, il ne montra jamais, étant dans son assiette ordinaire, la moindre envie de s'échapper, et sa passion pour la liberté fut toujours moins forte que son attachement. A la fin, toutefois, il partit, mais ce fut un effet de la crainte, passion d'autant plus impérieuse chez les animaux qu'elle tient de plus près au désir inné de leur propre conservation. Il s'envola donc un jour qu'il avait été effarouché par l'apparition de quelque objet nouveau; encore, s'éloigna-t-il fort peu; et, n'ayant pu regagner son gîte, il se jeta dans la cellule d'une religieuse qui avait laissé sa fenêtre ouverte. Il y trouva la mort parce qu'on ne sut que lui donner à manger; il avait cependant vécu trois ou quatre mois, dans sa première condition, avec un peu de pain et du fromage pour toute nourriture. Une autre huppe a été nourrie pendant dix-huit mois, de viande crue; elle l'aimait passionnément et s'élançait pour l'aller prendre dans la main; elle refusait au contraire celle qui était cuite. Gessner en a nourri une avec des œufs durs. Olina avec des vers et du cœur de mouton, coupé en petites tranches longuettes, ayant à peu près la forme de vers. Ce dernier recommande surtout de ne point renfermer la huppe dans une cage. »

Les promeneurs s'étaient assis sur un tertre gazonné, prêtant l'oreille aux différents bruits de la campagne, et dissertant sur les oiseaux qu'ils entendaient.

— La huppe, que nous venons d'admirer, dit M. Johnson, est un très bel oiseau; et, je ne sais pourquoi, en le voyant courir, j'ai pensé à l'un des êtres les plus curieux de la Nouvelle-Hollande. Jenny, je crois, a eu l'occasion de le voir vivant : c'est de l'*oiseau-lyre* ou *ménure-lyre,* que je veux parler.

— En effet, mon oncle, dit Jenny, j'ai vu plusieurs fois l'oiseau-lyre, et l'impression que produit cet oiseau est si profonde qu'il suffit de l'apercevoir une fois pour ne l'oublier jamais.

— L'oiseau-lyre, reprit M. Johnson, est tellement différent des autres oiseaux que les naturalistes ont éprouvé de grandes difficultés pour le rattacher à une famille.

Autrefois sa taille et la forme de sa queue le faisaient ranger parmi les faisans; on le met aujourd'hui parmi les chanteurs dont il se rapproche par son organisation, autant que par ses mœurs. Mais les opinions ne sont pas encore unanimes sur ce point. Il ne nous appartient pas de trancher la question; car, si nous nous plaisons à étudier les mœurs de quelques oiseaux, ce n'est point un cours d'ornithologie que nous avons l'intention de faire.

Les ménures ont le corps élancé, le cou de moyenne longueur, mais bien détaché; la tête grande, bien conformée, un espace nu autour des yeux et les ailes courtes; mais, ce qui les caractérise par-dessus tout, c'est la forme de leur queue, très longue, composée, chez le mâle de seize rec-

Le ménure-lyre superbe

trices : deux médianes très étroites à barbes courtes et serrées, six intermédiaires de chaque côté, à barbes très longues et très écartées comme dans les parures de certains hérons; deux externes, une de chaque côté, recourbées en S, à barbes serrées mais d'inégale longueur; les externes étroites, les internes très larges; tout l'ensemble, enfin, reproduisant exactement la forme d'une lyre. Les plumes de la tête s'allongent en huppe.

Le *ménure superbe* ou simplement l'oiseau-lyre est

d'un gris-brun foncé à reflets rougeâtres sur le croupion; la gorge est rouge; le ventre d'un gris cendré. Le mâle a une longueur d'au moins un mètre, dont soixante centimètres appartiennent à la queue. La femelle n'a guère que quatre-vingts centimètres dont trente centimètres pour la queue. Voici, d'après différents naturalistes, quelques détails précis sur le genre de vie du ménure-superbe :

Cet oiseau se tient dans les buissons, au voisinage de la côte comme sur les versants des montagnes. Bien qu'il y soit commun à quelques endroits, il est cependant difficile encore de s'en emparer. Le ménure superbe recherche, en effet, les collines et les rochers couverts de forêts épaisses. Tous les voyageurs et les chasseurs s'accordent à regarder les endroits où il se tient comme impraticables, et ils se plaignent moins des obstacles causés par la forêt que de ceux provenant de la nature du sol. « Parcourir ces montagnes, dit un chasseur, est chose fort dangereuse. Les crevasses et les précipices sont couverts de substances végétales à demi pourries, où l'on enfonce jusqu'au genou, comme dans la neige. Un seul faux pas, et l'homme disparaît, suspendu entre deux parois de rochers; et, dans un pareil lieu, il ne faut point espérer de secours. » Dans ces endroits, on entend partout la voix du ménure, mais sans parvenir à le voir. Un naturaliste est demeuré des journées entières en observation dans les buissons habités par ces oiseaux; de tous côtés il entendait retentir leux voix claire et perçante; mais, ce ne fut qu'à force de persévérance et de prudence qu'il finit enfin par en apercevoir un.

La difficulté que l'on rencontre à s'approcher de cet oiseau, explique comment, malgré tous les récits de chasse, toutes les relations de voyages, nous sommes encore si peu au courant de ses mœurs et de ses habitudes. Tous les observateurs s'accordent à dire que l'oiseau-lyre passe la plus grande partie de sa vie à terre et ne vole que rarement. C'est en courant qu'il parcourt les forêts, qu'il grimpe le long des parois rocheuses; c'est en sautant qu'il s'élève bruquement jusqu'à une hauteur de trois mètres et plus. Il ne se sert de ses ailes que quand il veut visiter le fond d'un ravin.

La prudence de l'oiseau-lyre à l'égard des autres animaux est extrême; mais, c'est l'homme surtout qu'il fuit et évite. Jamais il ne se réunit à ses semblables; quand deux mâles arrivent en présence l'un de l'autre, ils s'attaquent immédiatement, et se livrent des combats acharnés. Quand il court, le ménure superbe tient, comme le faucon, le corps allongé, la tête penchée en avant, la queue fermée et horizontale. C'est particulièrement le matin et le soir qu'il montre le plus d'activité. Pendant la saison des nids, on le voit, au milieu de la journée, à de certaines places qu'il affectionne; il y construit un petit amas de terre, sur lequel il se tient la queue relevée et étalée, exprimant par ses chants tous les sentiments qui l'animent. Sa voix est très flexible; son cri d'appel est fort et perçant; son chant varie suivant les localités, car il se compose de notes qui lui sont particulières et de notes empruntées à divers autres oiseaux. Le chant propre a quelque chose de la voix du ventriloque, et on ne l'entend qu'à une très faible distance. Il est composé de phrases décousues, mais lancées vivement, et se terminant presque toujours par une note basse et ronflante. Cet oiseau a, comme le moqueur d'Amérique, le talent d'imitation développé au plus haut degré.

Dans la province de Sipps, sur le versant méridional des Alpes australiennes, se trouvait une scierie mécanique. Là, les dimanches, quand tout travail était suspendu, on entendait au loin, dans la forêt, l'aboiement d'un chien, le rire d'un homme, le chant de divers oiseaux, les pleurs d'un enfant, le bruit de la scie; et tous ces bruits, tous ces sons, provenaient d'un seul oiseau-lyre, qui avait établi son domicile non loin de la scierie.

Le ménure superbe se nourrit surtout de vers et d'insectes; il construit son nid au milieu des buissons, sur les pentes des ravins les plus profonds, les plus escarpés, qu'il trouve en abondance dans les montagnes; ou à leur pied, au milieu des méandres des cours d'eau. Il y recherche les jeunes arbres qui sont serrés les uns contre les autres, et dont les troncs entrelacés forment comme une sorte d'entonnoir, et c'est là qu'il niche à cinquante ou soixante centimètres au-dessus du sol. Parfois, il établit son nid dans le creux d'un tronc d'arbre ou sur une fougère peu élevée. Ce nid a environ cinquante centimètres de diamètre et quinze centimètres de hauteur; sa base est formée d'une couche de grosses ramilles formant l'enveloppe extérieure; le nid proprement-dit est construit avec des racines fines et flexibles, et tapissé intérieurement de plumes très délicates. La moitié supérieure ne fait pas corps avec la partie inférieure et s'en laisse facilement détacher; elle est formée d'herbes, de mousses, de fougères, de petits morceaux de bois, et couvre toute la construction comme un toit. L'ouverture est latérale; et, c'est par-là que la femelle s'introduit en marchant à reculons, la queue renversée sur le dos. L'oiseau-lyre ne niche qu'une fois par année, et ne pond qu'un seul œuf ressemblant assez à un œuf de cane. Cet œuf est d'un gris-cendré clair, semé de points d'un brun foncé. On ne connaît pas exactement la durée de l'incubation; on sait seulement que l'éclosion a lieu au commencement de septembre. Le jeune oiseau, nouvellement éclos, est presque entièrement nu et ne porte que quelques appendices épars sur le corps, noirs et plus semblables à des poils qu'à des plumes.

Un chasseur prit un jour un jeune ménure un peu plus âgé : il était déjà d'assez forte taille et avait la tête et le dos couverts de duvet; les plumes des ailes et de la queue commençaient à se montrer. Lorsqu'il s'en empara, il poussa un cri, qui attira aussitôt sa mère. Celle-ci accourut, sans rien marquer de sa timidité habituelle; elle s'approcha à

7

quelques pas du chasseur, en battant des ailes; elle courait de côté et d'autre, et cherchait à délivrer son petit. Le chasseur l'abattit d'un coup de fusil, et aussitôt le petit cessa de crier. Relativement à sa taille; il était encore fort imparfait; quoique ses pattes fussent déjà assez grandes, sa démarche avait quelque chose de très maladroit; il se levait lourdement, courait, mais tombait souvent.

Un naturaliste décrit une chasse des ménures, qu'il dit être les plus craintifs de tous les oiseaux : une branche qui craque, une pierre qui roule, le moindre bruit, enfin, suffit pour leur faire prendre la fuite, et rend vaines toutes les précautions du chasseur. Il faut que celui-ci grimpe par-dessus les rochers, les troncs d'arbres, qu'il rampe au milieu des branches; et, il ne peut le faire que pendant que l'oiseau est occupé à fouir le sol ou à chanter. Il doit ne jamais le perdre de vue, et demeurer immobile sitôt qu'il croit que le ménure peut le remarquer. Un bon chien est d'un grand secours : il arrête l'oiseau et détourne son attention. Les vieux habitants des bois ont mille ruses pour surprendre les ménures : ils s'attachent au chapeau la queue du mâle, se cachent dans un buisson, et agitent la tête jusqu'à ce qu'un oiseau remarque leur parure. Croyant voir un autre mâle pénétrer dans son domaine, le ménure que l'on convoite accourt et il est pris. D'autres chasseurs attirent les ménures en imitant leur cri d'appel, et ce moyen leur réussit chaque fois.

Les ménures, pris jeunes, s'apprivoisent facilement, et Jenny a pu en voir chez différents amateurs de son pays qui ne négligent aucun des soins nécessaires pour conserver ces superbes oiseaux-lyre qu'ils sont heureux d'offrir à l'admiration des étrangers.

L'ibis se nourrit de serpents (page 101)

CHAPITRE VII

Nous avons dit, dans un des précédent chapitre, que le frère de Jenny, le jeune William, revenait de visiter la terre des Pharaons. Il avait passé plusieurs mois en Egypte, et il rapportait de son voyage d'intéressantes collections, parmi lesquelles une momie d'ibis. La vue du cadavre de l'oiseau sacré inspira aux jeunes filles le désir d'en connaître l'histoire; et, de là une foule de questions auxquelles le voyageur répondait de son mieux, sans pouvoir toujours satisfaire la curiosité de son charmant auditoire.

— Le peuple des Pharaons, disait William, considérant le Nil comme le dispensateur et le conservateur de toute vie, l'avait élevé au rang des dieux. L'ibis apparaissant en Egypte, quand les eaux du fleuve commencent à monter, annonçait par sa présence que le dieu allait de nouveau verser sur le pays sa corne d'abondance; on ne pouvait donc refuser à cet intéressant messager une haute estime, et lui-même fut bientôt regardé comme une divinité. On veilla à ce que son cadavre échappât à la putréfaction; on l'embauma comme les cadavres humains. En même temps qu'on élevait une montagne sur le sarcophage renfermant une momie royale, on dressait pour les ibis une pyramide gigantesque : celle du Sakahra. Là, se trouvent des momies d'ibis, disposées par couches dans des tombes funéraires; et quand nous pensons combien il est difficile de se procurer un cadavre d'oiseau, nous avons peine à comprendre comment on a pu réunir, même en plusieurs siècles, autant de corps d'ibis.

Il n'est pas étonnant que les anciens auteurs aient longuement parlé de cet oiseau; car, l'ibis était en grand renom, non seulement chez les Egyptiens, mais encore chez les autres peuples qui étaient en relation avec ce pays des merveilles.

Hérodote raconte que l'ibis guette à l'entrée des vallées le dragon, le serpent-volant et les autres bêtes venimeuses et malfaisantes; l'oiseau les tue; et il rend ainsi un immense service aux habitants du pays qui ne lui ont pas ménagé leur estime et leur admiration. D'autres auteurs complètent le récit d'Hérodote; et, d'après quelques-uns, Mercure, l'inventeur des arts et des lois, a pris la forme de l'ibis; et, pendant la guerre des dieux contre les géants, se cacha sous le plumage de cet oiseau. Pline dit aussi que les Egyptiens emploient l'ibis contre les serpents; et, d'après l'historien Josèphe, Moïse, — lorsqu'il entra en campagne contre les Ethiopiens, — emmena des ibis dans des cages de papyrus, pour leur faire détruire les serpents.

Un autre historien raconte de l'ibis des choses plus surprenantes encore : d'après lui, le basilic provient d'un œuf d'ibis, formé de tous les serpents que l'ibis a mangés. Les serpents et les crocodiles, touchés avec une plume d'ibis, demeurent immobiles ou périssent aussitôt.

Zoroastre, Démocrite et Philon ont répandu à plaisir toutes ces fables; ils ont ajouté que cet oiseau divin avait une vie extraordinairement longue, qu'il était même immortel; ils invoquent à ce sujet le témoignage des prêtres d'Hermopolis : ces prêtres auraient montré à différentes personnes un ibis tellement vieux qu'il ne pouvait plus mourir!

L'ibis se nourrit de serpents et d'animaux rampants, ce qui a fait dire à un vieux naturaliste français, Belon : « Il a faim de la chair des serpents ; il a, en général, une animosité profonde contre tous les animaux rampants; il leur fait une guerre acharnée ; et, même quand il est rassasié, il cherche à les tuer. » Diodore de Sicile raconte que l'ibis se promène jour et nuit sur les rives des fleuves, quêttant les reptiles, cherchant leurs œufs, mangeant en outre des insectes et des sauterelles; et, arrivant sans crainte jusqu'au milieu des chemins.

Aristote, le prince des naturalistes de l'antiquité, raille beaucoup les fables qui ont été mises sur le compte de l'ibis; nous ferons comme lui et nous allons revenir à la réalité.

L'ibis sacré adulte a un plumage blanc teinté de jaunâtre sous les ailes; les extrémités des rémiges et des scapulaires sont d'un noir bleuâtre; l'œil est rouge carmin; le bec noir; la peau du cou d'un noir velouté. L'oiseau adulte a environ quatre-vingts centimètres de long et un mètre quarante d'envergure ; la queue a un peu moins de vingt centimètres.

— Ces oiseaux, interrogea Marguerite, sont sans doute très communs en Egypte?

— Non, Mademoiselle, et chose assez singulière, l'ibis sacré ne se trouve plus en Egypte que d'une façon très irrégulière; on n'y rencontre guère que des individus égarés. Ce n'est que dans le sud de la Nubie qu'il se montre, annonçant la crue du Nil.

« Jamais, m'a dit un explorateur que j'ai interrogé, je n'ai rencontré l'ibis au-dessous de la ville de Muchereff; mais déjà quelques couples nichent à Karthoum, et il est commun plus au sud. Dans le Soudan, il arrive au commencement de la saison des pluies, vers le milieu ou la fin de juillet; il y niche et disparaît avec ses petits au bout de trois ou quatre mois; mais il ne paraît pas émigrer bien loin. Dès son arrivée, il choisit un lieu convenable pour nicher. De là, il entreprend des excursions plus ou moins étendues pour chercher sa nourriture. On le voit courir dans les steppes, chassant les sauterelles; et, on le rencontre souvent sur les bords des rivières ou des étangs qui reçoivent l'eau des pluies, généralement en compagnie du pique-bœuf, au milieu des bestiaux, sans montrer la moindre crainte des bergers ni des indigènes. Son port est plein de dignité; sa démarche est mesurée; jamais il ne court; son vol est beau et léger, analogue à celui de la cigogne brune. Il n'est pas d'oiseau de marais qui égale en intelligence l'ibis sacré.

» Dans un voyage au sein des forêts vierges des bords du Nil-Bleu, a raconté le même explorateur, j'ai rencontré une telle quantité d'ibis sacrés, qu'en deux jours, je pus en prendre plus de vingt. Ces oiseaux nichent sur une espèce de mimosa dont les branches épaisses, entrelacées et épineuses, forment un fourré impénétrable. L'ibis sacré, ajoute-t-il, peut bien manger des petits serpents; mais je ne crois pas qu'il s'en prenne aux individus de forte taille ou aux serpents venimeux. Pendant la saison des pluies, il se nourrit principalement d'insectes. Autant son bec semble lourd, autant l'oiseau sait s'en servir adroitement.

Avec la pointe, il ramasse à terre les insectes les plus petits; il les cueille sur les tiges d'herbes. Rien n'est plus comique qu'un ibis poursuivant des sauterelles : il lance son bec sur ces insectes; ceux-ci l'aperçoivent-ils à temps et se mettent-ils à s'enfuir, l'ibis saute derrière eux, et ne se laisse pas rebuter par la résistance que lui offrent les hautes herbes. Il finit par attraper une sauterelle, la broie dans son bec et l'avale. Au Soudan, on ne chasse pas l'ibis sacré, bien que sa chair soit savoureuse; cependant, les indigènes mangent ceux que le hasard met dans leurs mains. Les guerriers nègres ornent leurs coiffures des plumes ébarbées de cet oiseau.

Voici comment Audubon parle de l'ibis des marais américains, qu'il appelle l'*ibis des bois*.

« Cet oiseau si remarquable, et tous les autres du même genre qu'on rencontre aux Etats-Unis, résident constamment dans certaines parties de nos districts du sud, bien qu'ils accomplissent cependant de courtes migrations. Le pays qu'ils habitent est sans doute celui qui convient le mieux à leurs mœurs : je parle des vastes et nombreux marais, des lagunes, des eaux stagnantes et des savanes noyées de nos Etats méridionaux. Là, en effet, ils trouvent des reptiles et des poissons en abondance, et la température est parfaitement appropriée à leur organisation.

» L'ibis des bois ne se rencontre presque jamais isolé, même après la saison des nids; et il est bien moins rare, à toute époque, d'en voir une centaine ensemble que d'en trouver un qui soit seul. Pour moi, j'en ai vu des troupes composées de plusieurs milliers; et c'est la nature même qui leur fait une nécessité de se réunir ainsi. Ils ne se nourrissent que de poissons et de reptiles aquatiques, dont ils détruisent une énorme quantité, et bien plus qu'ils n'en peuvent manger. Après en avoir tué pendant une demi-heure et s'être bien gorgés, ils laissent ce qui reste sur l'eau, sans y toucher, riche pâture abandonnée aux crocodiles, aux corbeaux et aux vautours. Pour pêcher, ils se mettent en nombre et parcourent les endroits peu profonds des lacs et des marais bourbeux. Dès qu'ils ont découvert une place où le poisson abonde, ils commencent tous à danser dans l'eau, jusqu'à ce qu'elle soit devenue noire et épaisse en se chargeant de la vase que leurs pieds font monter d'en bas. Alors, à mesure que paraît un poisson, ils le frappent à coups de bec; et, quand il est mort, le retournent et le laissent là. En moins de dix ou quinze minutes, des centaines de poissons, de grenouilles, de jeunes alligators et de serpents d'eau en couvrent la surface; de sorte que les oiseaux n'ont plus qu'à manger, jusqu'à ce qu'ils soient complètement repus. Après quoi, ils se dirigent vers la rive la plus rapprochée, s'y établissent en longues files, tous la poitrine tournée du côté du soleil, à la manière des pélicans et des vautours, et restent dans cette posture une heure ou plus. Quand la digestion est suffisamment avancée, ils s'envolent, montent en tournoyant à une immense hauteur, où ils planent pendant une heure ou deux, en faisant les plus belles évolutions qu'il soit possible d'imaginer. Leur cou et leurs jambes sont tendus à toute longueur, et le blanc pur de leur plumage fait mieux ressortir encore le noir de jais du bout de leurs ailes. Tantôt en larges cercles, ils semblent vouloir gagner les régions les plus élevées de l'atmosphère; tantôt ils plongent vers la terre, puis doucement se relèvent, pour recommencer leurs gracieux mouvements au haut des airs. Bientôt, cependant, la faim les rappelle; et développant ses lignes, la troupe vogue rapidement vers un autre lac ou un autre marais.

» Remarquez où ils vont, et tâchez de les suivre à travers les grands roseaux, les cyprès submergés et les taillis impénétrables. Il est rare qu'ils reviennent, le même jour, manger à la même place. Enfin, vous y voilà. C'est au bord de cette eau sombre et croupissante, dont les sinuosités égarent vos yeux qui vont se perdre au fond d'un labyrinthe où règne une complète obscurité. Les roseaux se penchent comme pour se toucher d'une rive à l'autre; les arbres séculaires qui les dominent, revêtus de lichens funèbres, s'agitent à peine au souffle d'un air suffocant; la grenouille alarmée rentre sous l'eau; le crocodile montre sa tête à la surface, — sans doute pour reconnaître si les oiseaux sont arrivés, — et le rusé couguar s'avance sournoisement vers l'un des ibis qu'il croit déjà tenir dans son repaire. Regardez bien : sous le demi-jour, ne voyez-vous pas briller quelque chose? C'est le blanc plumage des oiseaux qui s'en vont, se promenant de droite et de gauche, comme autant de spectres. Le terrible claquement de leurs mandibules vous apprend quel affreux ravage ils commettent parmi le peuple épouvanté des eaux, tandis que le son de leurs pieds, semblable à un glas, apporte à l'âme un sentiment de terreur. Remuez, doucement ou non; faites un seul mouvement, et, pour cette fois, vos observations sont finies; car depuis longtemps vous êtes découvert : un vieux mâle vous a remarqué. Est-ce à l'aide de son oreille ou de ses yeux? Je ne sais; mais, au moindre bruit sous vos pas, sa voix rauque donne l'alarme, et tous ils partent, abattant les roseaux et les petites branches au travers desquels leurs ailes puissantes se frayent un passage.

» Parlez-moi de la stupide indifférence de l'ibis des bois; dites qu'il ne connaît pas le danger, qu'on l'approche aisément et qu'on le tue de même... je vous écoute, mais c'est par pure complaisance. Moi, qui ai pu l'étudier si souvent et dans tant de circonstances, j'affirme que nous n'avons pas, dans les Etats-Unis, d'oiseau plus prudent, plus avisé et d'une vigilance plus remarquable. Pendant deux années entières passées, je puis dire, au milieu d'eux, puisqu'à cette époque j'en voyais, en quelque sorte, autant que je voulais, je ne suis jamais parvenu à en surprendre un seul, non pas même la nuit, quand ils étaient perchés sur leurs arbres, à près de cent pieds de haut, et parfois au milieu d'un vaste marais.

» Voici maintenant l'une des particularités les plus curieuses de l'histoire de ces oiseaux : Pendant qu'ils prennent leur nourriture, ils sont presque constamment à la merci de gros alligators, dont ils mangent les petits; et pourtant, ces reptiles ne les attaquent jamais; tandis que, si un canard ou un héron approche à portée de leur queue, il est infailliblement tué et avalé. Il y a plus : les ibis passent jusque sous le ventre du crocodile et s'avancent au bord de son trou, sans être le moins du monde inquiétés; mais si l'un d'eux vient à être tué, le crocodile le saisit immédiatement et l'entraîne sous l'eau. L'orphie n'est pas aussi courtoise : elle donne la chasse aux ibis, chaque fois que l'occasion s'en présente; la tortue aussi fait une rude guerre aux jeunes oiseaux de cette espèce.

» Outre la grande quantité de poisson que les ibis détruisent, ils dévorent aussi des grenouilles, de jeunes alligators, de jeunes râles, des mulots, des crabes et autres crustacés, de même que des serpents et de petites tortues; cependant, jamais ils ne mangent, ainsi qu'on l'a prétendu, les œufs du crocodile, dont, je suppose, ils ne se priveraient pas s'ils pouvaient démolir son nid, trop solidement construit pour eux; mais c'est là une tâche qui dépasserait les forces de tout oiseau que je connaisse. Jamais, non plus, je n'ai vu aucun ibis manger d'un animal qui n'eût été tué, soit par lui-même, soit par un autre de ses camarades; et même, lorsqu'ils l'ont tué, ils n'y touchent pas s'il y a déjà quelque temps qu'il est mort. Pendant qu'ils mangent, le claquement de leurs mandibules se fait entendre à plusieurs centaines de pas.

» Quand ils se sentent blessés, il est dangereux de les approcher, car ils mordent cruellement. On peut dire qu'ils ont la vie très dure. Ils sont gras d'ordinaire, bien qu'ils aient la chair coriace et huileuse, et par cela même d'un assez mauvais goût. Cependant, les nègres s'en régalent, en ayant soin de les faire cuire dépouillés de leur peau. Moi aussi j'en ai essayé, mais, je l'avoue, sans succès. Les nègres de la Louisiane détruisent souvent les petits pour en avoir l'huile, qu'ils emploient à graisser les machines. »

C'est en revenant de chasser l'ibis des bois qu'Audubon fit la singulière rencontre dont il nous a laissé la relation :

« C'était dans l'après-midi d'une de ces journées étouffantes où l'atmosphère des marécages de la Louisiane se charge d'émanations délétères; il se faisait tard, et je regagnais ma maison encore éloignée, ployant sous la charge de cinq ou six ibis des bois, et de mon lourd fusil dont le poids, même en ce temps où mes forces étaient encore entières, m'empêchait d'avancer bien rapidement. J'arrivai sur les bords d'un *bayou* qui n'avait guère que quelques pas de large; mais ses eaux étaient si bourbeuses, que je n'en pouvais distinguer la profondeur, et je ne jugeai pas prudent de m'y aventurer avec mon fardeau. En conséquence, saisissant chacun de mes gros oiseaux, je les lançai l'un après l'autre sur la rive opposée, puis mon fusil, ma poire à poudre et mon carnier; et tirant du fourreau mon couteau de chasse pour me défendre, s'il en était besoin, contre les alligators, j'entrai dans l'eau, suivi de mon chien fidèle. Je marchais avec précaution et lentement. *Platon* nageait auprès de moi, épuisé de chaleur, et profitant de la fraîcheur du liquide élément qui calmait sa fatigue. L'eau devenait plus profonde, en même temps que la fange de son lit; je redoublais de prudence, et je pus enfin atteindre le bord.

» A peine commençais-je à m'y raffermir sur mes pieds, que mon chien accourut vers moi, avec toutes les apparences de la terreur. Ses yeux semblaient vouloir sortir de leurs orbites; il grinçait des dents avec une expression de haine, et ses intentions se manifestaient par un sourd grognement. Je crus que tout cela provenait simplement de ce qu'il avait éventé la trace d'un ours ou de quelque loup; et déjà j'apprêtais mon fusil, lorsque j'entendis une voix de stentor me crier : « Halte-là, ou la mort! » Un tel qui-vive, au milieu de ces bois, était bien fait pour surprendre. Du même coup, je relevai et j'armai mon fusil; je n'apercevais point encore l'individu qui m'avait intimé un ordre si péremptoire, mais j'étais déterminé à combattre avec lui pour mon libre passage sur notre libre terre.

» Tout à coup, un grand nègre, solidement bâti, s'élança des épaisses broussailles où jusqu'alors il s'était tenu caché, et renforçant encore sa grosse voix, me répéta sa formidable injonction. Que mon doigt eût pressé la détente, et c'était fait de sa vie; mais m'étant aperçu que ce qu'il dirigeait sur ma poitrine n'était qu'une espèce de mauvais fusil qui ne pourrait jamais faire feu, je me sentis au fond assez peu effrayé de ses menaces et ne crus pas nécessaire d'en venir aux extrémités. Je remis mon fusil à côté de moi, fis doucement signe à mon chien de rester tranquille, et demandai à cet homme ce qu'il voulait.

» Ma condescendance, et l'habitude de la soumission qu'avait ce malheureux, produisirent leur effet : « Maître, dit-il, je suis un *fugitif;* je pourrais peut-être vous tuer! mais Dieu m'en garde! car il me semble le voir lui-même, en ce moment, prêt à prononcer son jugement contre moi, pour un tel forfait. C'est moi maintenant qui implore votre merci; pour l'amour de Dieu, maître, ne me tuez pas.

» — Et pourquoi, lui répondis-je, avez-vous déserté vos quartiers, où vous seriez certainement plus à l'aise que dans ces affreux marais?

» — Maître, mon histoire est courte, mais elle est triste. Mon camp ne se trouve pas loin d'ici; et comme je sais que vous ne pouvez regagner votre demeure, ce soir, si vous consentez à me suivre, je vous donne *ma parole d'honneur* que vous serez en parfaite sûreté jusqu'à demain matin. Alors, si vous le permettez, je me chargerai de vos oiseaux, et vous remettrai dans votre route. »

» Les grands yeux intelligents du nègre, ses manières franches et polies, le ton de sa voix, m'invitaient, — toute réflexion faite, — à tenter l'aventure. Et comme j'avais conscience de le valoir tout au moins, et d'avoir en plus mon chien pour me seconder, je lui répondis que je *voulais bien le suivre*. Il remarqua l'emphase avec laquelle je prononçai ces derniers mots, et parut en comprendre si profondément la portée, que se tournant vers moi, il me dit :

« Voici, maître, prenez mon grand couteau ; tandis que, vous le voyez, moi je jette l'amorce et la pierre de mon fusil. »

» C'en était trop : je refusai de prendre son couteau, et lui dis de garder son fusil en état, pour le cas où nous rencontrerions un couguar ou un ours.

» La générosité se retrouve partout. Le plus grand monarque reconnaît son empire; et tous, autour de lui, depuis ses plus humbles serviteurs jusqu'aux nobles orgueilleux qui environnent son trône, subissent à certains moments la toute-puissance de ce sentiment. Je tendis cordialement ma main au fugitif. « Merci, maître, » me dit-il. Et il me la serra de façon à me convaincre de la bonté de son cœur, et aussi de la force de son poignet. A partir de ce moment, nous fîmes tranquillement route ensemble à travers les bois. Mon chien vint le fleurer à plusieurs reprises ; mais entendant que je lui parlais de mon ton de voix ordinaire, il nous quitta, et se mit à faire ses tours non loin de nous, prêt à revenir au premier coup de sifflet. Tout en marchant, j'observais que le nègre me guidait vers le soleil couchant, dans une direction tout opposée à celle qui conduisait chez moi. Je lui en fis la remarque ; et lui, avec la plus grande simplicité, me répondit :

« C'est uniquement pour notre sûreté. »

» Après quelques heures d'une course pénible, où nous eûmes à traverser plusieurs autres petites rivières au bord desquelles il s'arrêtait toujours, pour jeter de l'autre côté son fusil et son couteau, —attendant que je fusse passé le premier, — nous arrivâmes sur la limite d'un immense champ de cannes, où j'avais tué auparavant bon nombre de daims. Nous y entrâmes, comme je l'avais fait souvent moi-même, tantôt debout, tantôt marchant à quatre pieds; mais, il allait toujours devant moi, écartant de côté et d'autre les tiges entrelacées; et chaque fois que nous rencontrions quelque tronc d'arbre, il m'aidait à passer pardessus avec le plus grand soin. A sa manière de connaître les bois, je fus bientôt convaincu que j'avais affaire à un véritable Indien; car, il se dirigeait aussi juste en droite ligne qu'aucun Peau-Rouge avec lequel j'eusse jamais fait route.

» Tout à coup il poussa un cri fort et perçant, assez semblable à celui d'un hibou; et j'en fus tellement surpris, qu'à l'instant même mon fusil se releva.

« Ce n'est rien, maître, je donne seulement le signal de mon retour à ma femme et à mes enfants. »

» Une réponse du même genre, mais tremblante et plus douce, nous revint bientôt, prolongée entre les cimes des arbres. Les lèvres du fugitif s'entr'ouvrirent avec une expression de joie et d'amour; l'éclatante rangée de ses dents d'ivoire semblait envoyer un sourire à travers l'obscurité du soir qui s'épaississait autour de nous.

« Maître, me dit-il, vous allez voir, ma femme et mes enfants, car ils ne sont pas loin, Dieu merci! »

» Là, au beau milieu du champ de cannes, je trouvai un camp régulier. On avait allumé un petit feu, et sur les braises grillaient quelques larges tranches de venaison. Un garçon de neuf à dix ans soufflait les cendres qui recouvraient des pommes de terre de bonne mine; divers articles de ménage étaient disposés soigneusement à l'entour, et un grand tapis de peaux d'ours et de daim semblait indiquer le lieu de repos pour toute la famille. La femme ne leva point ses yeux vers les miens; et les petits,— il y en avait trois, — se retirèrent dans un coin, comme autant de jeunes ratons qu'on vient de prendre. Mais le fugitif, plus hardi et paraissant heureux, leur adressa des paroles si rassurantes, que bientôt les uns et les autres semblèrent me regarder comme envoyé par la Providence pour les retirer de toutes leurs tribulations. On s'empara de mes hardes que l'on suspendit pour les faire sécher; le nègre me demanda si je voulais qu'il nettoyât et graissât mon fusil : je le lui permis; et pendant ce temps la femme coupait une large tranche de venaison pour mon chien que les enfants s'amusaient déjà à caresser.

» Réfléchissez à ma situation. J'étais à dix mille, au moins, de chez moi, à quatre ou cinq de la plantation la plus rapprochée, dans un camp d'esclaves fugitifs, et entièrement à leur discrétion ! Involontairement, mes yeux suivaient leurs mouvements; mais croyant reconnaître en eux un profond désir de faire de moi leur confident et leur ami, je me relâchai peu à peu de ma défiance, et finis par mettre de côté tout soupçon. La venaison et les pommes de terre avaient un air bien tentant, et j'étais dans une position à trouver excellent un ordinaire beaucoup moins savoureux. Aussi, lorsqu'ils m'invitèrent humblement à faire honneur aux mets qui étaient devant nous, j'en pris ma part d'aussi bon cœur que je l'aie jamais fait de ma vie.

» Le souper fini, le feu fut complètement éteint, et l'on plaça une petite lumière de pomme de pin dans une calebasse qu'on avait creusée. Je m'apercevais bien que le mari et la femme avaient grande envie de me communiquer quelque chose; moi de même, désormais libre de toute crainte, je désirais les voir se décharger le cœur. Enfin le fugitif me raconta l'histoire dont voici la substance :

« Il y avait environ huit mois qu'un planteur des environs ayant éprouvé quelques pertes, avait été obligé de vendre ses esclaves aux enchères. On connaissait la valeur de ses nègres; et au jour dit, le crieur les avait exposés soit par petits lots, soit un à un, suivant qu'il le jugeait plus avantageux à leur propriétaire. Le fugitif, qu'on savait avoir le plus de valeur, après sa femme, fut mis en vente à part, et poussé à un prix excessif. Pour la femme, qui vint ensuite et seule aussi, on en demanda huit cents dollars qui furent sur-le-champ comptés. Enfin arriva le tour des enfants, et à cause de leur race on les porta à de hauts prix. Le reste des esclaves fut vendu, chacun en raison de sa propre valeur.

» Le fugitif eut la chance d'être adjugé à l'intendant de la plantation; la femme fut achetée par un individu demeurant à environ cent milles de là; et les enfants se virent dispersés en différents endroits, le long de la rivière. Le cœur de l'époux et du père défaillit sous cette dure calamité. Quelque temps, il souffrit d'un désespoir profond, sous son nouveau maître; mais ayant retenu dans sa mémoire le nom des diverses personnes qui avaient acheté chacune une partie de sa chère famille, il feignit une maladie,—si l'on peut appeler feint l'état d'un homme dont les affections avaient été si cruellement brisées, — et refusa de se nourrir pendant plusieurs jours, regardé de mauvais œil par l'intendant, qui lui-même se trouvait frustré dans ce qu'il avait considéré comme un bon marché.

» Une nuit d'orage, pendant que les éléments se déchaînaient dans toute la fureur d'une véritable tourmente, le pauvre nègre s'échappa. Il connaissait parfaitement tous les marécages des environs, et se dirigea en droite ligne vers la cannaie au centre de laquelle j'avais trouvé son camp. L'une des nuits suivantes, il gagna la résidence où l'on retenait sa femme, et la nuit d'après il l'emmenait; puis, l'un après l'autre, il réussit à dérober ses enfants, jusqu'à ce qu'enfin furent réunis, sous sa protection, tous les objets de son amour.

» Pourvoir aux besoins de cinq personnes n'était pas tâche facile dans ces lieux sauvages : d'autant plus qu'au premier signal de l'étonnante disparition de cette famille extraordinaire, ils se virent traqués de tous côtés, et sans relâche. La nécessité, comme on dit, fait sortir le loup du bois. Le fugitif semblait avoir bien compris ce proverbe, car pendant la nuit il s'approchait de la plantation de son premier maître, où il avait toujours été traité avec une grande bonté. Les serviteurs de la maison le connaissaient trop bien pour ne pas l'aider par tous les moyens en leur pouvoir; et chaque matin, il s'en revenait à son camp avec d'amples provisions. Un jour qu'il était à la recherche de fruits sauvages, il trouva un ours mort devant le canon d'un fusil qu'on avait mis là, tout exprès en affût. Il ramassa l'arme et le gibier et les emporta chez lui. Ses amis de la plantation s'y prirent de manière à lui procurer quelques munitions, et dans les jours sombres et humides, il s'aventura d'abord à chasser autour de son camp. Actif et courageux, il devint peu à peu plus hardi et se hasarda plus au large en quête de gibier. C'était dans une de ces excursions que je venais de le rencontrer. Il m'assura que le bruit que j'avais fait en traversant le bayou l'avait empêché de tuer un beau daim. « Il est vrai, ajouta-t-il, que mon vieux mousquet rate bien souvent. »

» Les fugitifs, quand ils m'eurent confié leur secret, se levèrent tous deux de leur siège, et les yeux pleins de larmes : « Bon maître, au nom de Dieu, faites quelque chose pour nous et nos enfants! » me dirent-ils en sanglotant. Et pendant ce temps, leurs pauvres petits dormaient d'un profond sommeil, dans la douce paix de leur innocence! Qui donc aurait pu entendre un pareil récit sans émotion? Je leur promis de tout mon cœur de les aider. Tous deux passèrent la nuit debout pour veiller sur mon repos; et moi, je dormis serré contre leurs marmots, comme sur un lit du plus moelleux duvet.

» Le jour éclata si beau, si pur, si joyeux, que je leur dis que le ciel même souriait à leur espérance, et que je ne doutais pas de leur obtenir un plein pardon. Je leur conseillai de prendre leurs enfants avec eux, et leurs promis de les accompagner à la plantation de leur premier maître. Ils obéirent avec empressement; mes ibis furent accrochés autour du camp, et comme un *Memento* de la nuit que j'y avais passée, je fis une entaille à plusieurs arbres; après quoi je dis adieu, peut-être pour la dernière fois, à ce champ de cannes, et bientôt nous arrivâmes à la plantation.

Le propriétaire, que je connaissais très bien, me reçut avec cette généreuse bonté qui distingue les planteurs de la Louisiane. Une heure ne s'était pas écoulée, que le fugitif et sa famille se voyaient réintégrés chez lui; peu de temps après, il les racheta de leurs propriétaires, et les traita avec la même bonté qu'auparavant. Ils purent donc encore être heureux, — comme le sont généralement les esclaves dans cette contrée,—et continuer à nourrir l'un pour l'autre ce tendre attachement, source de leurs infortunes, mais aussi en définitive de leur bonheur. J'ai su que, depuis, la loi avait défendu de séparer ainsi les esclaves d'une même famille sans leur consentement. »

Cet histoire, que nous donnons sans commentaire, prouve ce qu'étaient, à cette époque, les dures lois de l'esclavage, heureusement abolies aujourd'hui.

Sa voix et ses haillons n'annonçaient rien de bon (page 126)

CHAPITRE VIII

CE matin-là, par un clair soleil, deux grands breaks emportaient, vers la forêt voisine, les hôtes du châteaux et ceux de la villa. Il semblait aux jeunes filles que la campagne voulût se faire plus belle en leur honneur. Sous l'abri protecteur des grands arbres, le coucou, que nous connaissons déjà, répétait les deux notes qui constituent tout son répertoire; le loriot, le joli merle d'or, exécutait les curieuses roulades qui semblaient partir en même temps de tous les coins du bois. Le merle noir sonnait sa fanfare; la grive musicienne lui donnait la réplique pendant que de toutes parts les petits oiseaux babillaient leur chanson matinale.

Une longue promenade sous la futaie, le long des sentiers fleuris, fut suivie d'un joyeux déjeuner sur l'herbe. Et ces imposantes scènes sylvestres reportaient la pensée de M. Johnson vers les grandes forêts de son pays, à l'époque où la plupart étaient encore inexplorées et où de vaillants naturalistes ne craignaient pas de se lancer à la découverte des trésors cachés sous leur ramure. La poursuite d'un oiseau ou la recherche d'un nid les entraînait à faire des centaines de milles à l'aventure, tantôt recevant des pionniers, déjà établis dans ces déserts, l'hospitalité la plus cordiale, tantôt s'exposant à de périlleuses aventures, ou même à de terribles dangers, sans que rien les détournât de leur vocation.

Pendant que les éclats de rire des promeneurs se mêlent, sans le troubler, au grand concert des hôtes ailés des bois, nous allons emprunter à l'historien des oiseaux d'Amérique deux de ces scènes qu'il a retracées avec tant de verve et de vérité. Voici d'abord, un délicieux tableau de l'hospitalité dans les bois :

« Croyez-moi, écrit-il, l'hospitalité reçue de l'habitant des forêts, qui ne peut offrir que l'abri de son humble toit, et partage avec vous les provisions qui lui suffisent à peine pour les besoins de chaque journée, voilà celle qui, entre toutes, est agréable au voyageur, et dont son cœur ne perd jamais le souvenir.

» J'avais déjà fait dans les bois plusieurs centaines de milles, en compagnie de mon fils, jeune garçon de quatorze ans, lorsque nous arrivâmes près d'une rivière aux eaux limpides et sur le bord opposé de laquelle j'aperçus une habitation. Nous la traversâmes en canot, et bientôt nous nous arrêtions devant la maison, qui justement était une auberge où nous résolûmes de passer une partie de la nuit. Nous étions, l'un et l'autre, extrêmement fatigués, et je fis avec l'hôte un arrangement pour nous conduire environ cent milles plus loin, dans une légère voiture à la Jersey; nous devions repartir au lever de la lune.

» Il pouvait être deux heures avant l'aurore, quand la lune aux rayons d'argent commença de poindre au-dessus de la forêt. Nous partîmes au bon trot, dansant sur la charrette comme des pois dans un crible. Le chemin, — tout juste assez large pour nous laisser passer, — était sillonné d'ornières profondes, et barré çà et là de troncs d'arbres et de vieilles souches par-dessus lesquels nous nous lancions bravement, sans ralentir notre train. Le maître de l'auberge, M. Flint, notre conducteur, nous avait vanté sa parfaite connaissance du pays; aussi nous abandonnâmes-nous avec confiance à sa direction, lorsqu'il nous proposa de nous mener par la traverse, au plus court; et nous allions, cahotés tout du long et faisant de droite et de gauche de fréquents détours pour ne pas nous rompre le cou sur les monceaux de bois qui obstruaient le passage. La journée avait commencé par promettre du beau temps; mais comme il avait gelé blanc depuis plusieurs nuits, on s'attendait à un changement prochain. Malheureusement, il arriva bien avant que nous eussions regagné la route. La pluie tomba par torrents, le tonnerre grondait, les éclairs nous aveuglaient. Nous n'étions encore qu'au matin, mais la tourmente nous avait plongés dans une nuit complète, noire, effroyable. Notre voiture n'était pas couverte; mouillés et transis, nous gardions un morne silence, avec la perspective de passer la nuit sous le chétif abri que pourrait nous procurer notre véhicule.

» Que faire?... S'arrêter! c'était encore pis que d'avancer. Nous lâchâmes donc la bride aux chevaux, avec un reste d'espoir qu'ils sauraient nous tirer de ce mauvais pas. Tout à coup, ils ralentirent leur course; nous vîmes briller dans le lointain une faible lumière; et, presque au même instant, des chiens se mirent à aboyer. Nos chevaux, arrêtés par une haute clôture, commencèrent de leur côté à hennir, tandis que moi, j'appelais de toutes mes forces; et nous eûmes bientôt une réponse. En même temps, une torche de pin s'agita dans les ténèbres, en s'avançant vers nous. Elle était portée par un esclave nègre qui, sans prendre le temps de nous adresser aucune question, nous recommanda de longer la haie, en disant que le maître l'avait envoyé pour conduire les étrangers à la maison. Nous le suivîmes tout réconfortés; et, peu de temps après, nous arrivions à la porte d'une petite cour, dans laquelle nous aperçûmes une modeste cabane.

» Sur le seuil, se tenait un jeune homme de grante taille et de bonne mine, qui nous invita à descendre de voiture et à lui faire l'amitié d'entrer. Sans cérémonie, nous acceptâmes, et pendant que nous mettions pied à terre, la conversation s'engagea :

« Un mauvais temps, Messieurs. Mais qui donc a pu vous amener par ici? Il faut que vous ayez perdu votre chemin, car il n'y a pas de route à vingt milles à la ronde. »

— Il n'est que trop vrai, nous l'avons perdu, répondit M. Flint; mais en revanche nous avons trouvé un gîte, et grand merci pour votre réception!

— Ma réception, répliqua l'habitant des bois, n'est pas bien magnifique, après tout; mais vous êtes ici en sûreté, et c'est le principal... Elisa, Elisa, continua-t-il en se retournant vers sa femme, aie soin de préparer quelque chose pour les étrangers... Et toi, Jupiter,— s'adressant au nègre, —apporte du bois et rallume le feu..... Elisa, appelle les garçons, et traite les étrangers du mieux que tu pourras..... Approchez, Messieurs; ôtez ces habits mouillés et séchez-les au feu..... Elisa, vite, donne des bas et des vêtements secs. »

» Pour ma part, connaissant mes compatriotes comme je les connais, je n'étais pas beaucoup surpris de tout cela; mais mon fils, qui, comme je l'ai dit, avait à peine quatorze ans, faisait tout bas la remarque en se rangeant auprès de moi, que nous étions bien heureux d'avoir rencontré de si braves gens.

» M. Flint, pendant ce temps, mettait la main aux chevaux qu'il conduisait sous un hangar; et la jeune femme allait et venait pour tout préparer, d'un air si empressé et si aimable, qu'elle semblait évidemment nous dire que tout ce qu'elle en faisait n'était qu'un plaisir pour elle.

» Deux jeunes nègres avancèrent un moment leur grosse face pour nous regarder, puis disparurent en appelant les chiens; et bientôt après les cris du poulailler nous apprenaient qu'on s'occupait activement de nous. Jupiter apporta de nouveau bois dans l'âtre dont la flamme illumina toute la maisonnette; enfin, M. Flint et notre hôte étant rentrés, nous commençâmes réellement alors à goûter toutes les douceurs de l'hospitalité.

« —C'est bien dommage, observa l'habitant des bois, que nous n'ayons eu le bonheur de vous avoir il y a aujourd'hui trois semaines; car c'était le jour de nos noces : mon père nous avait donné de quoi garnir le buffet, et vous auriez pu faire meilleure chère. Malgré cela, si vous aimez le jambon et les œufs, on pourra vous en donner, et même un petit poulet sur le gril. Je n'ai pas de whisky; mais, mon père a de fameux cidre, et je vais vous en chercher. »

» Je demandai si son père demeurait loin :

« — Seulement à trois milles, Monsieur, et je vais être de retour avant qu'Elisa ait fricassé le souper. »

» En effet il sortit, et l'instant d'après nous entendions le galop de son cheval. La pluie tombait toujours à torrents; et alors, moi aussi, je fus frappé de l'extrême bonté de notre hôte.

» D'après toutes les apparences, l'âge du couple aimable —sous le toit duquel nous avions trouvé l'abri — ne dépassait pas, à eux deux, la quarantaine. On voyait bien qu'ils n'étaient pas riches et n'avaient qu'à peine pour se suffire à eux-mêmes; mais la générosité de leurs jeunes cœurs était sans bornes. La cabane, nouvellement bâtie, avait été construite de troncs de tulipier soigneusement rabotés et polis : tout y respirait la plus grande propreté; même les grossières pièces de bois qui formaient le plancher paraissaient tout récemment lavées et séchées. Plusieurs robes et jupons, d'une étoffe commune mais solide, étaient pendus aux poutres, d'un côté de la cabane, tandis que l'autre était couvert de vêtements à l'usage d'un homme. Un grand rouet avec des rouleaux de laine et de coton occupait l'un des coins; dans l'autre, se dressait un petit buffet contenant la modeste batterie de cuisine, en plats neufs, verres, assiettes et autres ustensiles d'étain. La table n'était pas grande non plus, mais toute neuve et aussi polie, aussi luisante que peut l'être du noyer. Le seul lit que je vis était entièrement l'œuvre de l'industrie domestique, et la courte-pointe montrait suffisamment combien la jeune épouse était habile à manier la navette et le fuseau. Une belle carabine ornait le manteau de la cheminée; et, le devant du feu était de telles dimensions, qu'on eût dit qu'il avait été disposé tout exprès pour y ménager place à de nombreux hôtes.

» Le jeune noir s'occupait à moudre du café; le pain fut pétri des belles mains de l'épouse, et placé à mesure, pour la cuisson, sur une plaque au-devant du feu; le jambon et les œufs déjà chantaient dans la poêle; en avant de l'âtre, au-dessus des cendres chaudes, deux poulets sur le gril se gonflaient et fumaient à faire envie; enfin la nappe était mise, tout était prêt, quand les pas du cheval annoncèrent le retour du mari. Il entra, apportant un baril de cidre de deux gallons (1); et vraiment ses yeux pétillaient de plaisir en disant :

« Tu ne sais pas, Elisa! mon père qui voulait nous voler

(1) Environ huit litres.

l'Hirondelle

L'HIRONDELLE s'est, sans façon, emparée de nos demeures; elle loge sous nos fenêtres, sous nos toits, dans nos cheminées. Elle n'a point du tout peur de nous. On dira qu'elle se fie à son aile incomparable; mais non : elle met aussi son nid, ses enfants à notre portée. Voilà pourquoi elle est devenue la maitresse de la maison. Elle n'a pas pris seulement la maison, mais notre cœur. Dans un logis de campagne où mon beau-père faisait l'éducation de ses enfants, l'été, il leur tenait la classe dans une serre où les hirondelles nichaient, sans s'inquiéter du mouvement de la famille, libres dans leurs allures, tout occupées de leur couvée, sortant par la fenêtre et rentrant par le toit, jasant avec les leurs très haut, et plus haut que le maître, lui faisant dire, comme disait saint François : « Sœurs hirondelles ne pourriez-vous vous taire. » Le foyer est à elles. Où la mère a niché, nichent, la fille et la petit-fille. Elles y reviennent chaque année; leurs générations s'y succèdent plus régulièrement que les nôtres. La famille s'éteint. se disperse, la maison passe à d'autres mains; l'hirondelle y revient toujours; elle y maintient son droit d'occupation. C'est ainsi que cette voyageuse s'est trouvée le symbole de la fixité du foyer. Elle y tient tellement que la maison réparée, démolie en partie, longtemps troublée par les maçons, n'en est pas moins souvent reprise et occupée par ces oiseaux fidèles de persévérant souvenir. L'hirondelle est l'oiseau du retour! Si je l'appelle ainsi, ce n'est pas seulement pour la régularité du retour annuel, mais par son allure même, et la direction de son vol, si varié, mais pourtant circulaire, et qui revient toujours sur lui. Elle tourne et vire sans cesse; elle plane infatigablement autour du même espace et sur le même lieu, décrivant une infinité de courbes gracieuses qui varient, mais sans s'éloigner.

(MICHELET)

L'hirondelle, presque universellement aimée et respectée, aime à placer son nid sous la sauvegarde de l'homme.

nos étrangers; il allait venir ici, les prier de l'accompagner chez lui, comme si nous n'avions pas, à nous deux, de quoi les bien recevoir! Au moins, voilà du liquide... Allons, Messieurs, à table, et que chacun fasse de son mieux! »

» Il n'était pas besoin de nous exciter; et moi, pour savourer plus délicieusement mon repas, je pris une chaise de la façon du mari, par préférence à celles qu'on appelle *windsor*, et dont une demi-douzaine garnissaient la cabane. La mienne était rembourrée d'un morceau de peau de daim proprement tendue, et procurait un siège très confortable.

» La femme reprit alors ses fuseaux; et le mari, après avoir rempli une bouteille d'un cidre pétillant, s'assit auprès du feu pour sécher ses habits. Le bonheur dont il jouissait éclatait dans ses yeux, lorsqu'à ma demande il se mit à nous raconter en gros l'état de ses affaires et ses projets.

« J'aurai, nous dit-il, vingt-deux ans, vienne Noël prochain. Mon père quitta la Virginie étant jeune, et s'établit sur la grande étendue de pays où il vit encore. A force de travailler, il n'a pas trop mal réussi. Nous étions neuf enfants; la plupart sont mariés et établis dans le voisinage. Le brave homme a partagé aux uns la terre qu'il possédait déjà, et en achète de surplus pour les autres. Il a y deux ans qu'il m'a donné celle que j'occupe; et pour un plus beau morceau, il n'est pas facile d'en trouver. J'ai défriché, j'ai planté et je me trouve avoir champs et verger. Mon père m'a aussi donné un fonds de bétail, quelques chiens, quatre chevaux et deux nègres. Je campais ici ordinairement pendant mes travaux; puis, quand j'ai voulu me marier avec la jeune femme que vous voyez à son rouet, mon père m'a aidé à élever cette hutte. Par hasard, il s'est trouvé que ma femme avait aussi un nègre, et nous avons commencé notre ménage aussi bien que beaucoup d'autres; et Dieu aidant, nous pourrons..... Mais, Messieurs, vous ne mangez pas..... Elisa, m'est avis que ces messieurs ne refuseraient pas un peu de lait. »

» La jeune femme arrêta son rouet, et nous demanda, d'une voix douce, lequel nous préférions du lait caillé ou du lait doux,—car il faut que vous sachiez que le lait caillé est regardé, par nombre de fermiers, comme un régal.

» Et l'on apporta du lait caillé et du lait doux; mais, pour ma part, je préférai m'en tenir au cidre.

» Le souper fini, nous nous rapprochâmes tous du feu, et de nouveau la conversation s'engagea. A la fin, notre bon hôte s'adressant à sa femme :

« Elisa, lui dit-il, j'imagine que ces messieurs ne seraient pas fâchés de se coucher; vois donc quel lit tu pourras leur donner. »

Elisa regarda son mari en souriant :

« Mais, Willy, nous n'avons qu'à dédoubler le nôtre et en étendre la moitié pour nous sur le plancher, où nous dormirons très bien. Quant au reste, nous l'arrangerons pour ces messieurs du mieux que nous pourrons. »

» A cela, je m'opposai tout d'abord, et proposai de coucher sur une couverture, auprès du feu; mais ni Willy ni Elisa ne voulurent en entendre parler. En conséquence, ils déménagèrent une partie de leur lit qu'ils installèrent sur le plancher; et, après de longs débats, il fallut bel et bien nous y étendre. Les nègres furent envoyés à leur cabine, et M. Flint nous endormit tous avec une interminable histoire qui ne tendait à rien moins qu'à nous prouver comme quoi il était vraiment extraordinaire qu'il eût fini par s'égarer.

» Le lendemain, à l'aurore, M. Speed, notre hôte, se leva, mit le nez à la porte, et bientôt se retournant, nous assura qu'il faisait trop mauvais pour qu'on pût songer à partir. Je crois, en vérité, qu'il en était bien aise! Mais moi, j'avais hâte de continuer ma route, et je priai M. Flint de voir à préparer ses chevaux. Cependant Elisa était debout aussi, et je vis qu'elle disait quelque chose à l'oreille de son mari, qui se mit à crier tout haut :

« Certainement, Messieurs, vous ne partirez pas sans prendre un morceau, et c'est moi qui me charge de vous remettre dans votre route. »

» J'eus beau dire et beau faire, le déjeuner fut préparé, et il fallut le manger. Le ciel s'était un peu éclairci, et sur les neuf heures, nous remontions en voiture : Willy, à cheval, marchait devant ; et, en assez peu de temps, il nous eut conduits dans un chemin que nous n'eûmes qu'à suivre pour regagner enfin la grande route. C'est là que nous nous separâmes de notre hôte des bois, avec un regret d'autant plus vif, qu'il ne voulut rien accepter d'aucun de nous. Bien loin de là, il dit avec un sourire, à M. Flint, qu'il espérait que d'autres fois encore, il pourrait prendre le chemin le plus long pour le plus court ; et, nous souhaitant un bon voyage, il s'en retourna au trot de son cheval, vers sa gentille Elisa et son heureux domaine.»

Mais l'histoire qui va suivre prouve que le voyageur ne devait pas toujours compter sur la génereuse hospitalité d'hommes simples et vertueux :

« Lors de mon retour du haut Mississipi, je me trouvai obligé de traverser une de ces vastes prairies qui varient agréablement l'aspect parfois monotone du paysage. Il faisait un temps superbe ; autour de moi tout était frais, souriant et épanoui comme au sortir des mains du Créateur. Mon havre-sac, mon fusil et mon chien composaient tout mon bagage et toute ma compagnie. Quoique sans fatigue et bien équipé pour la marche, je ne me pressais cependant pas, attiré, tantôt par l'éclat d'une belle fleur, tantôt par les gambades de quelques faons autour de leur mère, charmants animaux qui paraissaient aussi éloignés de toute idée de danger que je l'étais moi-même !

» Je continuai ainsi très longtemps ; je vis le soleil disparaître au-dessous de l'horizon, et je ne découvrais aucune apparence d'un pays boisé. De toute la journée, je n'avais aperçu rien qui ressemblât à figure humaine. L'espèce de sentier que je suivais n'était qu'une vieille trace d'Indiens; et comme l'obscurité s'étendait rapidement sur la prairie, je commençais à désirer d'atteindre au moins un taillis, où je pusse me retirer et dormir. A mes côtés et sur ma tête voletaient déjà les hulottes, attirées par le bourdonnement des cerfs-volants dont elle font leur nourriture; et, dans le lointain, les hurlements des loups me donnaient enfin l'espoir de toucher bientôt à la lisière de quelque bois.

» En effet, je ne tardai pas à en apercevoir un devant moi, et immédiatement mon regard fut frappé par l'éclat d'une lumière vers laquelle je me dirigeai, dans la ferme persuasion qu'elle provenait d'un campement d'Indiens errants. Je m'étais trompé. A sa clarté, je pus me convaincre qu'elle brillait dans l'âtre d'une pauvre et chétive cabane, et qu'entre moi et le foyer passait et repassait une grande figure, qui paraissait tout occupée des soins de son misérable intérieur.

» J'approchai, et me présentant à la porte, je vis une grande femme à laquelle je demandai si je ne pourrais pas obtenir, sous son toit, un abri pour la nuit. Elle me répondit « oui »; mais sa voix refrognée et ses haillons jetés négligemment autour d'elle n'annonçaient rien de bon. J'entrai cependant, pris une sellette de bois et m'assis tranquillement au coin du feu. Tout d'abord, mon attention se porta sur un jeune Indien robuste et bien fait qui se tenait silencieusement, les coudes sur les genoux et la tête appuyée entre les mains. Auprès de lui, un arc de fortes dimensions reposait contre les poutres grossières de la cabane, et à ses pieds étaient quantité de flèches et deux ou trois peaux de raton. Il ne faisait pas un mouvement et paraissait même ne pas respirer. Accoutumé à la manière d'être des Indiens, et sachant que la présence d'un étranger civilisé n'a pas le privilège de beaucoup exciter leur curiosité (circonstance qui, dans nombre de pays, est considérée comme une preuve de l'apathie de leur caractère), je lui adressai la parole en français, car c'est une langue assez fréquemment connue, — du moins par lambeaux, — parmi le peuple de ces contrées. Il releva la tête, pointa son doigt vers l'un de ses yeux, tandis que l'autre m'adressait un regard aquel je ne pouvais me méprendre. Sa figure était couverte de sang; voici ce qui était arrivé : une heure auparavant, comme il s'apprêtait à décocher une flèche contre un raton à la cime d'un arbre, le trait, glissant sur la corde et partant en arrière, était entré avec une telle violence dans son œil droit, que du coup il l'avait predu pour toujours.

» J'avais faim; je m'informai de ce que l'on pourrait me donner. Quant à un lit, rien de semblable n'existait dans toute la hutte; en revanche, de larges peaux d'ours non tannées, et des cuirs de buffle, étaient empilés dans un coin. Je tirai une belle montre de mon sein, en disant à la bonne femme qu'il se faisait tard et que j'étais fatigué. La vue de ce bijou, — dont la richesse ne lui avait point échappé, — sembla produire sur son esprit un effet vraiment électrique. Elle s'empressa de me répondre qu'il y avait abondance de venaison et un morceau de buffle fumé, et que si je voulais écarter les cendres, j'y trouverais un gâteau. Mais ma montre avait vivement frappé son imagination, et il fallut satisfaire sa curiosité en la lui montrant tout de suite. Je tirai la chaîne d'or qui la retenait à mon cou et la lui présentai. Elle resta devant, en extase, admira sa beauté, me demanda ce qu'elle me coûtait et passa la chaîne autour de son énorme cou, en s'écriant que la possession d'un pareil trésor la rendrait bien heureuse. Sans aucun soupçon, et me regardant comme parfaitement en sûreté dans ce lieu, quelque retiré qu'il fût, j'avais fait peu d'attention à ses paroles et à ses mouvements. Je partageai tranquillement, avec mon chien, un bon souper de venaison, et ne fus pas longtemps sans avoir satisfait aux exigences de mon appétit.

» Cependant, l'Indien s'était levé de son siège, comme si sa souffrance eût redoublé; il passa et repassa devant moi, à plusieurs reprises, et une fois me pinça si fort au côté, que j'eus peine à retenir un cri de douleur et de colère. Je le regardai; son œil rencontra le mien, mais son regard m'imposa silence d'un air si dominateur, que j'en ressentis le frisson dans tous mes os. Il se rassit, tira d'un étui crasseux son grand couteau, en examina le fil, comme je ferais de celui d'un rasoir que je soupçonnerais d'être émoussé; puis, il le remit dans l'étui, prit derrière lui son tomahawk, et remplit sa pipe de tabac, tout en continuant à me lancer des regards significatifs, chaque fois que notre hôtesse tournait le dos.

» Jamais, jusqu'à ce moment, mes sens ne s'étaient éveillés à l'idée d'un danger pareil à celui dont je soupçonnais maintenant la présence. Je rendis à mon compagnon regard pour regard, et restai bien convaincu que, quels que fussent les ennemis qui me menaçaient, lui du moins ne serait pas du nombre.

» Je redemandai ma montre à la vieille femme, la remontai; et, sous prétexte de regarder quel temps il pourrait faire le lendemain matin, je pris mon fusil et sortis de la cabane. Je glissai une balle dans chaque canon, donnai un coup à mes pierres pour les mettre en état, renouvelai mes amorces; puis, je rentrai en disant que le temps me semblait avoir belle apparence. Alors, je pris quelques peaux d'ours et m'en fis un tapis sur lequel je me couchai, ayant eu soin d'appeler à mes côtés mon chien fidèle et de placer mon fusil sous ma main. Quelques minutes après, je paraissais plongé dans un profond sommeil.

» Il ne s'était écoulé que très peu de temps, lorsque le bruit de plusieurs voix se fit entendre; et, du coin de l'œil, je vis entrer deux grands gaillards taillés en hercules et portant, suspendu à une perche, un daim qu'ils avaient tué. Ils déposèrent leur fardeau et se firent apporter du whisky, dont ils se versèrent de copieuses rasades. M'ayant aperçu ainsi que l'Indien blessé, ils demandèrent ce que faisait là cette canaille, — parlant de l'Indien, — qu'ils savaient ne pas comprendre un mot d'anglais. La mère, — car la vieille femme était leur mère, — leur commanda de parler plus bas, leur dit, en me montrant, qu'il y avait une montre; et les tirant à l'écart, engagea avec eux une conversation dont il ne m'était pas difficile de deviner le but. J'avertis doucement mon chien en lui donnant une petite tape; il remua la queue, et je vis, avec un inexprimable plaisir, ses beaux yeux noirs se fixant alternativement sur moi et sur le ténébreux trio du coin. J'en étais certain, il avait compris mon danger. L'Indien échangea avec moi un dernier coup d'œil.

» Les deux garnements s'en étaient tellement donné à boire et à manger, que je les regardais déjà comme hors de combat; et les fréquentes visites des lèvres malpropres de la mégère à la bouteille de whisky devaient bientôt, sans doute, la réduire au même état. Qu'on juge de ma stupeur, quand je vis ce démon incarné se saisir d'un grand couteau de cuisine et s'en aller droit à la meule pour l'aiguiser. Je la vis verser de l'eau sur la machine en mouvement, et s'acquitter avec tout le soin et les précautions voulues de sa dangereuse opération. Une sueur froide m'inondait tout le corps, malgré ma ferme résolution de me défendre jusqu'à l'extrémité. Son travail fini, elle se dirigea vers ses fils, qui chancelaient sur leurs jambes : — Voici, leur dit-elle, pour lui faire promptement son affaire; allons! mes garçons, expédiez-moi ça... et vite à la montre!

» Je me retournai, armai tout doucement mon fusil; d'un léger coup, je fis signe à mon chien, et me tins prêt à m'élancer et à brûler la cervelle au premier qui essayerait d'attenter à ma vie. Déjà je touchais à l'instant fatal, et cette nuit eût peut-être été ma dernière en ce monde; mais la Providence veillait. C'en était fait : l'infernale sorcière s'avançait en silence, pas à pas, pour prendre son temps et mieux me frapper, pendant que ses fils seraient engagés avec l'Indien; plusieurs fois je fus sur le point de bondir et de l'étendre sur le carreau..... mais une autre punition l'attendait. . . . .

» Tout à coup la porte s'ouvre, et je vois entrer deux hommes vigoureux armés chacun d'une carabine. D'un saut je suis sur pied, en leur criant qu'il était grand temps qu'ils arrivassent.

» Leur raconter tout, fut l'affaire d'un instant. D'abord on s'assura des deux ivrognes; puis la femme, en dépit de sa résistance et de ses vociférations, subit le même sort. L'Indien ne se contenait plus et dansait de joie. Il nous donna à entendre que la douleur l'ayant empêché de dormir, il n'avait cessé d'avoir l'œil sur nous. On peut croire que nous ne songeâmes guère au sommeil; nous passâmes le reste de la nuit à causer; et les deux étrangers me racontèrent une aventure où ils s'étaient eux-mêmes trouvés dans une semblable situation. Enfin parut l'aurore brillante et vermeille, amenant l'heure du châtiment pour nos prisonniers.

» Maintenant, ils étaient tout à fait de sens rassis; on leur délia les pieds, mais les bras restèrent toujours attachés; nous les poussâmes dans le milieu des bois, et les ayant soumis au traitement que les *régulateurs* (1) font subir à de pareils coupables, nous mîmes le feu à la ca-

(1) Ce châtiment consiste, suivant la gravité des circonstances, dans l'injonction de quitter la contrée, avec défense de n'approcher jamais d'aucune habitation; dans une punition corporelle infligée sur le lieu même; et, s'il s'agit de récidive de vol, ou bien de meurtre, dans la peine de mort. Quelquefois, pour les cas désespérés, après que la tête a été séparée du tronc, on la fiche sur un pieu pour servir d'exemple aux autres. C'est ce qui se pratique encore quelquefois aux Etats-Unis, sous le nom de *loi de lynch*.

bane et donnâmes toutes les peaux ainsi que le mobilier au jeune guerrier indien. Cette exécution finie, nous nous dirigeâmes, le cœur léger, vers les défrichements.

» Durant l'espace de vingt-cinq années environ, alors que mes courses vagabondes me conduisaient dans toutes les parties de nos Etats, c'est la seule fois que ma vie ait été menacée par mes semblables. Au fait, les voyageurs courent si peu de danger dans toute l'étendue de l'Union, qu'il suffit d'y avoir vécu, pour que la pensée même n'en vienne pas à l'esprit pendant la route, et vraiment je ne puis me rendre compte de mon aventure qu'en supposant que les habitants de la cabane n'étaient pas des Américains (1).

» — Croiriez-vous, ajouta le narrateur, qu'à quelques milles seulement du lieu où cela m'arriva et où, il n'y a pas plus de quinze ans, on ne trouvait pas une seule habitation d'homme civilisé, et à peine quelques bicoques du genre de celles où je faillis passer un si mauvais quart d'heure, de larges routes sont maintenant ouvertes, la culture a converti les bois en champs fertiles, des auberges ont été construites, et que l'on peut s'y procurer en grande partie ce que, nous, Américains, nous appelons le *comfort* ds la vie. C'est ainsi que tout marche dans notre riche, dans notre libre patrie! »

Les jeunes filles rentrèrent à la *Villa des Roses*, avec le regret de ne pouvoir acclimater dans leur volière, ou retenir dans le parc du château, tous les jolis oiseaux dont elles avaient suivi les ébats et écouté les chants.

(1) Cette assertion est peut-être risquée.

Les oiseaux-mouches

CHAPITRE IX

OUR répondre à un désir depuis longtemps exprimé par ses compagnes, Laura se préparait à faire l'histoire des colibris ou oiseaux-mouches, dont il avait été question à propos des roitelets. Les jeunes filles étaient seules, assises sous la véranda ornée de plantes fleuries, qui servait de vestibule à la volière. Cédant à un sentiment délicat, qui fut apprécié de Renée et de Marguerite, la jeune Américaine commença la petite conférence familière par la description admirable que Buffon nous a laissée de l'oiseau-mouche :

« De tous les êtres animés, voici les plus élégants pour la forme, et les plus brillants pour les couleurs. Les pierres précieuses et les métaux polis par notre art, ne sont pas comparables à ce bijou de la nature; elle les a placés dans l'ordre des oiseaux, au dernier degré de l'échelle de grandeur. Son chef-d'œuvre est le petit oiseau-mouche; elle l'a comblé de tous les dons qu'elle n'a fait que partager aux autres oiseaux : légèreté, rapidité, prestesse, grâce et riche parure, tout appartient à ce petit favori. L'émeraude, le rubis, la topaze brillent sur ses habits; il ne les souille jamais de la poussière de la terre, et, dans sa vie tout aérienne, on le voit à peine toucher le gazon par instants; il est toujours en l'air, volant de fleurs en fleurs; il a leur fraîcheur comme il a leur éclat; il vit de leur nectar, et n'habite que les climats où sans cesse elles se renouvellent.

» C'est dans les contrées les plus chaudes du Nouveau-Monde que se trouvent toutes les espèces d'oiseaux-mouches. Elles sont assez nombreuses, et paraissent confinées entre les deux tropiques; car ceux qui s'avancent en été dans les zones tempérées, n'y font qu'un court séjour; ils semblent suivre le soleil, s'avancer, se retirer avec lui, et voler sur l'aile des zéphyrs à la suite d'un printemps éternel. »

Tous les naturalistes, même les plus graves, ne peuvent assez célébrer la beauté des oiseaux-mouches.

« Est-il un homme, dit Audubon, — en parlant de l'oiseau-mouche à gorge de rubis, — qui, voyant cette mignonne créature balancée sur ses petites ailes bourdonnantes, au sein des airs où elle est suspendue comme par magie, voltigeant d'une fleur à l'autre, d'un mouvement aussi gracieux qu'il est vif et léger, poursuivant sa course d'un bout à l'autre de notre vaste continent, et produisant, partout où elle se montre, des ravissements toujours nouveaux; est-il un homme qui, ayant observé cette étincelante particule de l'arc-en-ciel, ne s'arrête pour admirer et ne tourne à l'instant sa pensée pleine d'adoration vers le tout-puissant Créateur, vers celui dont chacun de nos pas nous découvre les merveilleux ouvrages, dont les conceptions sublimes nous sont manifestées de toutes parts dans son admirable système de création? Non, sans doute, un tel être n'existe pas! Tous, par un touchant effet de sa bonté, il nous a trop bien doués de ce sentiment si naturel et si noble : l'admiration!

» Le soleil, revenant vers nous, n'a pas plus tôt ramené le printemps et réveillé la vie dans ces millions de plantes qui vont épanouir feuilles et fleurs à ses fécondants rayons, qu'on voit s'avancer, sur ses ailes féeriques, le petit oiseau-mouche, visitant avec amour chaque calice embaumé qui s'entr'ouvre, et, tel qu'un fleuriste soigneux, en retirant les insectes dont la présence, fatale aux éclatantes corolles, les eût bientôt fait se pencher languissantes et flétries. Se balançant dans l'air, on le voit plonger son œil attentif et brillant jusque dans leurs plus secrets replis, tandis que, du bout de ses ailes, aux mouvements aériens, et qui vibrent si rapides et si légères, il évente et rafraîchit la fleur, sans en offenser la structure fragile, et produit un délicieux murmure, bien propre à bercer et engourdir les insectes qu'il endort. Alors, pour s'en emparer, le moment est propice : l'oiseau-mouche introduit dans la coupe fleurie son bec long et délicat, projetant sa langue à double tube, d'une sensibilité exquise, et qu'imprègne une salive glutineuse; il en touche chaque insecte l'un après l'autre, et le retire de son lieu de repos, pour être aussitôt englouti. Tout cela se fait en un moment; et l'oiseau, quand il quitte la fleur, a si peu sucé de son miel liquide, qu'elle doit, je l'imagine, regarder ce larcin comme un bienfait, puisqu'il l'a délivrée, en même temps, des attaques de ses ennemis.

» Les prairies, les champs, les vergers et même les plus

profonds ombrages des forêts sont visités tour à tour; et partout le petit oiseau trouve plaisir et nourriture. La beauté de sa gorge, son éclat éblouissant, désespèrent véritablement toute comparaison : tantôt elle étincelle des reflets du feu, et l'instant d'après passe au noir de velours le plus foncé; en dessus, son corps élégant resplendit d'un vert changeant; et quand il fend les airs, c'est avec une prestesse, une agilité qu'on ne peut concevoir; quand il se meut d'une fleur à l'autre, en haut, en bas, à droite, à gauche, on dirait un rayon de lumière. C'est ainsi qu'il remonte jusqu'aux parties nord les plus reculées de notre pays, suivant avec grand soin les progrès de chaque saison, et se retirant avec non moins de précaution aux approches de l'automne.

» Que ne puis-je vous faire partager les transports que j'ai éprouvés moi-même en épiant leurs évolutions que l'œil suit à peine, en contemplant leurs tendres manifestations, alors qu'en un couple charmant, deux de ces délicieux petits êtres, vrais favoris de la nature, se préparent à construire leur nid; que ne puis-je vous dire comment le mâle gonfle ses plumes et sa gorge, et semblant danser sur ses ailes, tourbillonne autour de sa compagne si délicate; avec quelle rapidité il plonge vers une une fleur et revient le bec chargé, pour le lui offrir; comme il l'évente de ses petites ailes, ainsi qu'il évente les fleurs, et lui donne dans son bec l'insecte ou le miel qu'il n'a été chercher que pour lui plaire; comme ses attentions sont accueillies avec bonheur; comme il redouble alors de courage et de soins; comme il ose même donner la chasse au gobe-mouche tyran, et ramener grand train jusque chez eux le martin et l'oiseau bleu; et comme enfin, sur ses ailes retentissantes, il revient triomphant et joyeux. Toutes ces marques de sincérité, de fidélité et de courage, tout cela je l'ai vu; mais je ne peux le peindre ni le décrire.

» S'il vous était donné de jeter seulement un regard sur

le nid de l'oiseau-mouche et de voir, comme je l'ai vu, les deux jeunes nouvellement éclos, guère plus gros qu'un bourdon, nus, aveugles et si faibles, qu'ils peuvent à peine lever leur petit bec pour recevoir la nourriture de leurs parents; s'il vous était donné de voir ces parents pleins de crainte et d'anxiété, passant et repassant à quelques pouces seulement de votre visage, allant se poser sur une branche que vous touchez presque de la main, et attendant avec tous les signes du plus violent désespoir le résultat de votre inquiétante visite; ah! vous comprendriez alors l'angoisse profonde d'un père et d'une mère menacés de la mort imprévue d'un enfant bien-aimé! Et quel plaisir de voir, en vous retirant, l'espérance renaître au cœur des parents, lorsque, après avoir examiné le nid, ils trouvent que vous n'avez point touché à leurs doux nourrissons! Tel, et plus grand encore, est le ravissement d'une mère... d'une autre mère, lorsqu'elle entend le médecin, après avoir visité la couche de son fils malade, l'assurer que la crise est passée et que son enfant est sauvé! Voilà de ces scènes qui nous apprennent à partager la joie et la douleur, et qui portent tout homme qui en a été témoin à faire sa plus chère étude du désir de contribuer au bonheur des autres, et de réprimer en soi ces mouvements qui, par caprice ou méchanceté, pourraient leur causer du mal.

» J'ai vu des oiseaux-mouches, dans la Louisiane, dès le 10 de mars; cependant leurs apparition dans cet Etat varie comme dans tous les autres; et ils sont quelquefois en retard d'une quinzaine, ou, quoique plus rarement, en avance de quelques jours. Dans les districts du centre, ils n'arrivent pas d'ordinaire avant le 15 avril, mais plus habituellement aux premiers jours de mai. Je n'ai pu m'assurer par moi-même s'ils émigrent de jour ou de nuit; mais je suis porté à penser que c'est plutôt pendant la nuit; car, à chaque instant du jour, on les voit occupés à chercher leur nourriture; ce qu'ils ne pourraient faire s'ils avaient, en ce moment, de grands voyages à accomplir. Dans leur vol, ils traversent l'espace en longues ondulations, s'enlèvent à une certaine distance, puis retombent en décrivant une courbe; mais l'exiguïté de leurs corps empêche de les suivre plus de cinquante ou soixante pas, en se forçant beaucoup la vue.

» Une personne assise dans son jardin, près d'une althée en fleurs, sera tout à coup surprise d'entendre le bourdonnement de leurs ailes, et aussi vite de voir à quelques pas d'elle l'oiseau lui-même. L'instant d'après, elle regarde; déjà, hors de portée de l'oreille et des yeux, la petite créature a disparu comme un trait au haut des airs. Ils ne descendent jamais sur la terre, mais se posent aisément sur les jeunes pousses et les branches où ils se meuvent de côté, en pas agréablement cadencés, ouvrant et refermant leurs ailes, s'éplumant, se secouant, et faisant toute leur petite toilette avec adresse et propreté. Ils aiment particulièrement à étendre une aile, puis l'autre, en passant chaque tuyau de plume tout du long en travers de leur bec; et l'aile, ainsi lissée, devient quand le soleil brille, d'un éclat merveilleux. En un instant, et sans la moindre difficulté, ils s'élancent de dessus la branche, et paraissent doués d'une remarquable puissance de vue, puisqu'ils poussent droit au martin ou à l'oiseau bleu, quoique distants de cinquante ou soixante pas, et les atteignent avant même qu'ils ne se soient aperçus de leur approche. Il semble que pas un oiseau ne veuille résister à leurs attaques; mais ils sont, à leur tour, quelquefois pourchassés par les plus grosses espèces de bourdons; et ils ne s'en inquiètent nullement, grâce à la supériorité de leur vol qui, dans le court espace d'une minute, les emporte bien loin de ces insectes aux mouvements pesants.

» Le nid de cet oiseau-mouche est de la nature la plus délicate. L'extérieur se compose d'une légère couche de lichen gris trouvé sur les branches d'arbres ou sur de vieilles palissades, et si proprement arrangé tout alentour, qu'à quelque distance il paraît faire partie de la branche même ou de la tige à laquelle il est attaché. Ces petites écailles de lichen ont été agglutinées ensemble avec la salive de l'oiseau. La couche qui vient ensuite est formée de substances cotonneuses, et la plus intérieure, de fibres comme de la soie provenant de diverses plantes, toutes extrêmement fines et moelleuses. Sur ce lit si confortable et si doux, et comme en contradiction avec cet axiome que, plus les espèces sont petites, plus le nombre des œufs est considérable, la femelle en dépose deux seulement qui sont d'un blanc pur et d'une forme ovale très prononcée. Il ne faut que six jours pour leur éclosion, et chaque couple élève, par saison, deux couvées : en une semaine, les jeunes sont prêts à voler; mais ils ont besoin d'être nourris pendant une autre semaine encore. Ils reçoivent l'aliment du bec de leurs parents qui le leur dégorgent à la manière des pigeons. J'ai des raisons de croire que les jeunes ne sont pas plus tôt en état de se suffire à eux-mêmes, qu'ils s'associent avec d'autres nouvelles couvées, pour accomplir leur migration, à part des vieux oiseaux; car, j'ai quelquefois observé vingt ou trente de ces jeunes oiseaux-mouches qui s'étaient donné rendez-vous à un groupe de bignonias, sans que j'y pusse apercevoir un seul vieux. Ce n'est qu'au printemps qui suit la naissance qu'ils prennent tout l'éclat de leurs couleurs, cependant la gorge du mâle reflète déjà vivement ses teintes de rubis, même avant qu'il ne nous quitte à l'automne.

» L'oiseau-mouche à gorge de rubis a un goût tout particulier pour les fleurs à corolle longuement tubulée; la pomme épineuse, la fleur trompette, ou *bignonia radicans*, sont spécialement favorisées de ses visites, et après elles, le chèvrefeuille, la balsamine des jardins et les espèces sauvages qui croissent au bord des étangs, des

Cinq ou six œufs roux, parsemés de points couleurs brique, trouvent place dans le nid du rouge-gorge, le charmant oiseau ami des hommes.

ruisseaux et des profondes ravines. Mais chaque fleur, jusqu'à la violette des champs, lui fournit sa part de subsistance. Sa nourriture se compose principalement d'insectes, surtout de coléoptères, qu'avec d'autres petites mouches on trouve communément dans son estomac. Quant aux premiers, il se les procure dans les fleurs mêmes, mais il prend les dernières, pour la plupart, en volant; de sorte que cet oiseau pourrait être considéré comme un fin gobe-mouche.

» Le nectar, ou miel, qu'ils sucent des différentes fleurs étant de lui-même insuffisant pour les soutenir, ils en font usage plutôt pour étancher leur soif. J'en ai vu plusieurs retenus isolément en captivité ; on leur donnait des fleurs artificielles faites exprès, et dans les corolles desquelles on avait mis du miel ou du sucre dissous dans l'eau. Les prisonniers se nourrissaient de ces substances exclusivement, mais rarement vivaient plusieurs mois; et quand on les examinait après la mort, on les trouvait extrêmement amaigris. D'autres, au contraire, qu'on entretenait deux fois par jour de fleurs fraîches des bois ou des jardins, étant placés dans une chambre, avec les fenêtres simplement fermées par des gazes à moustiques, au travers desquelles pouvaient passer les insectes, vécurent ainsi toute une année, et on ne leur rendit la liberté que parce que la personne qui les gardait avait à faire un long voyage. On avait eu soin de maintenir la chambre chaude pendant les mois d'hiver; et, dans la basse Louisiane, la température, même en cette saison, descend rarement assez pour produire de la glace. On a essayé parfois d'en emprisonner ainsi quelques-uns dans nos Etats du centre, mais je n'oserais dire qu'aucun ait pu y supporter un seul hiver.

» L'oiseau-mouche ne fuit pas l'homme, autant que le font, en général, les autres oiseaux ; fréquemment il s'approche des fleurs qui garnissent les fenêtres, et même vient les chercher jusque dans les appartements dont les fenêtres ont été laissées ouvertes pendant la grande chaleur du jour, et revient, quand il n'est pas troublé, aussi longtemps que les fleurs ne sont pas fanées.

» Cette espèce abonde dans la Louisiane, pendant les mois du printemps et de l'été ; et partout où, dans les bois, se rencontre quelque belle tige de bignonia, on est à peu près sûr de voir voltiger un ou deux oiseaux-mouches, et même, par moments, des troupes de dix et douze. Ils sont querelleurs, se livrent de fréquents combats dans les airs. Que l'un d'eux soit occupé à butiner dans une fleur, et qu'un autre s'en approche, immédiatement on les voit s'enlever tous deux, en poussant de petits cris, et tournoyant en spirale jusqu'à perte de vue. La bataille finie, le vainqueur revient aussitôt à sa fleur.

» Si, par une comparaison, je pouvais vous donner quelque idée de leur mode de voler et de l'effet qu'ils produisent quand ils sont emportés sur leurs ailes, je vous dirais, à part la différence de couleur, qu'un gros sphinx bourdonnant d'une fleur à l'autre, et en ligne droite, ressemble à l'oiseau-mouche plus qu'aucun autre objet que je connaisse. »

On peut dire que le colibri est le véritable oiseau du paradis. On le voit fendre les airs, aussi rapide que la pensée ; il vous frôle le visage, et à l'instant il disparaît pour revenir, presque au même moment, voler de fleur en fleur. On dirait un rubis, et quelques secondes plus tard une topaze, une émeraude, une paillette d'or étincelante. Il n'y a pas, sur la terre, d'oiseau au port plus gracieux, aux couleurs plus vives que ces singuliers petits habitants de l'Amérique.

Si tous les naturalistes sont unanimes dans leur admiration pour les colibris, il n'en est plus de même quand il s'agit de leur assigner une place dans le système. Forment-ils une seule famille ? Constituent-ils un ordre ? Ces questions ne sont pas encore universellement résolues.

On ne peut nier que les colibris ne ressemblent en plusieurs points à d'autres oiseaux ; mais, en réalité, on ne peut les placer dans aucun des ordres établis. Leur type est parfaitement spéciale ; et, leurs mœurs diffèrent totalement de celles des autres volatiles. Ces petits *bourdonneurs,* représentent en quelque sorte les insectes parmi les oiseaux ; leurs mouvements, leur nourriture, tout leur être, en un mot, a des analogies indéniables avec celui de certains insectes, des papillons notamment. Les colibris sont des oiseaux quand ils se posent ; ce sont des insectes quands ils se meuvent.

Ces oiseaux varient beaucoup sous le rapport de la taille ; il en est qui sont grands comme des roitelets ; d'autres ne sont guère plus forts qu'une grosse mouche. Le corps est allongé, ou du moins le paraît, car la queue est généralement longue. Chez les quelques espèces qui n'ont qu'une queue courte et rudimentaire, on voit que le corps est vigoureux et trapu. Le bec est mince, allongé, finement aciculé, droit ou légèrement recourbé, tantôt de la longueur de la tête, tantôt plus long ; chez quelques-uns même, il est aussi long que la moitié du corps. Les pattes des colibris sont remarquablement petites et délicates. Les ailes sont longues, étroites, légèrement recourbées en faucille ; la queue est très diversement conformée. Le plumage de ces oiseaux est assez roide, et abondant relativement à leur taille ; il n'est pas uniforme sur toutes les parties du corps ; c'est ainsi que certains colibris ont la tête surmontée d'une huppe plus ou moins longue ; que d'autres portent une collerette en éventail autour de la poitrine, ou des touffes de plumes qui simulent une barbe.

Le docimaste porte épée, beau colibri remarquable par ses reflets métalliques de cuivre et d'or, de vert bronzé, de brun pourpre, est un oiseau de vingt-trois centimètres de longueur totale, sur lesquels onze centimètres appartiennent au bec.

L'eutoxère aigle a le dos d'un vert brillant, la tête surmontée d'une huppe d'un noir brunâtre, la poitrine jaune et les ailes d'un brun pourpre; son bec vigoureux est recourbé en faucille et sa queue est conique.

L'oréotrochile du Chimborazo est une belle espèce à la tête et à la gorge d'un bleu-violet brillant; le dos est d'un brun-olivâtre. Au milieu de la gorge, l'oiseau porte une tache triangulaire allongée d'un vert étincelant et séparée du blanc de la poitrine par une bande d'un noir satin; les ailes son d'un brun-pourpre.

Le topaze vulgaire peut rivaliser de beauté avec tous les autres colibris. Le sommet de la tête et une bande qui entoure la gorge sont d'un noir velouté; le corps est d'un rouge-cuivré tirant sur le rouge-grenat à reflets dorés; les couvertures de la queue sont vertes; la gorge dorée est à reflets vert-émeraude ou jaune topaze, suivant l'incidence de la lumière; les ailes sont d'un brun-rouge. Le corps de l'oiseau n'a guère plus de deux centimètres, tandis que la paire de longue plumes de la queue, qui dépassent toutes les autres en se croisant, atteignent une longueur de huit centimètres; ces deux plumes, d'un brun châtain, tranchent sur les autres qui sont d'un rouge-brun.

Les lophornis, vulgairement *elfes superbes,* sont des colibris ravissants. Chez le mâle, le cou porte une collerette composées de plumes étroites, longues, de couleurs superbes et que l'oiseau peut étaler ou rabattre à volonté. Le lophornis splendide a les plumes du corps d'un vert de bronze, la huppe qui surmonte la tête d'un rouge-brunâtre; une étroite bande blanche traverse le bas du dos; la face est verte a reflets magnifiques; la collerette est formée de plumes d'un brun rouge-clair, avec une tache d'un vert brillant à l'extrémité; les ailes sont brun-pourpre et la queue rouge-brun foncé; le bec d'un rouge-clair a la pointe brune.

Mais, je ne puis entreprendre de décrire tous ces merveilleux oiseaux dont les espèces sont fort nombreuses.

Les colibris appartiennent exclusivement à l'Amérique; on croyait autrefois qu'ils étaient limités à la zone torride; mais on sait maintenant qu'ils se trouvent dans toute l'étendue du Nouveau-Continent partout où la terre est capable de produire des fleurs. Le naturaliste, que l'amour de la science pousse à gravir les hauts sommets, les a vus nicher dans les régions dévastées par les tourmentes de neige, là où il s'attendait tout au plus à apercevoir un condor. On peut dire que chaque contrée, chaque localité même a ces espèces propres. Les oréotrochilidés ne quittent pas les montagnes où ils vivent. D'autres qui peuplent les vallées chaudes et brûlantes où ne se fait jamais sentir le moindre zéphyr, ne les quittent pas pour s'élever sur les hauteurs. De même que les montagnes et les vallées, les forêts et les steppes ont leurs colibris spéciaux. Plus que tous les autres oiseaux, ces bijoux de la nature ont leur existence liée à la présence de certaines fleurs; ils sont dans la relation la plus intime avec le monde végétal. Telle fleur où celui-ci trouve sa nourriture, n'est jamais visitée par celui-là. De la forme du bec, on peut déjà conclure que certaines espèces ne peuvent vivre que de certaines fleurs, et sont incapables de prendre leur nourriture dans d'autres fleurs.

L'existence des colibris étant essentiellement dépendante de la végétation, il est évident que les régions tropicales doivent être surtout riches en espèces. On se tromperait cependant, si l'on croyait que les forêts des terres basses où la végétation atteint son plus haut développement, sont le paradis des colibris. Ce n'est pas que ceux-ci dédaignent les fleurs magnifiques qui croissent dans ces régions; au contraire, ils volent en grand nombre autour d'elles et les visitent : ce qui détermine la richesse d'une contrée en espèces de colibris, ce n'est pas le nombre, mais bien la variété des fleurs.

Le colibri cause toujours une certaine surprise : on croirait voir un être enchanté. Il se montre sans qu'on sache d'où il est venu, et l'instant d'après, il a disparu. Quand on en a aperçu un, dans l'Amérique du Nord, on ne tarde pas à en voir partout. Un matin, à notre réveil on nous dit : « Les colibris sont arrivés. » Nous les vîmes d'abord sur un tulipier en fleur, et bientôt après il y en avait partout en grand nombre; mais ce nombre diminua rapidement. Il me semble que c'est en grandes bandes que les colibris émigrent et pénètrent dans les villes et dans les jardins. Le vol de ces petits oiseaux a quelque chose de singulier : on les prendrait presque pour des insectes. Ils volent d'un arbre à l'autre avec tant de rapidité qu'on peut à peine les apercevoir; mais, devant chaque objet que frappe leur attention, ils s'arrêtent quelque temps, se soutenant dans les airs, le corps relevé, les ailes agitées de mouvements si rapides qu'on ne voit que leurs reflets.

« Nous trouvâmes, dit un observateur, un superbe tulipier, tout couvert de fleurs, et nous ne tardâmes pas à apercevoir les colibris qui en occupaient toutes les branches. Ils décrivaient des cercles au-dessus de la cime; ils tournoyaient autour des branches les plus inférieures, tantôt disparaissant dans l'ombre du feuillage, tantôt faisant reluire au soleil leurs vives couleurs. De loin, on aurait presque dit un essaim d'abeilles ou d'autres insectes; ils battent des ailes à coups aussi précipités que les frelons, et leurs ailes en deviennent presque invisibles et ne ressemblent plus qu'à un voile très indistinct. Cela se voit surtout lorsqu'ils se tiennent devant la corolle d'une fleur, pour y chercher leur nourriture. »

Tant que l'oiseau-mouche demeure à une même place, on ne perçoit pas le bruit que font ses ailes; mais lorsqu'il vole rapidement d'un endroit à l'autre, il fait entendre un bruit perçant, tout particulier, variable suivant les espèces Instinctivement, on en vient à l'idée de regarder l'oiseau-mouche comme un papillon. « Au premier pas que je fis dans les savanes de la Jamaïque, dit de Saussure, je vis un brillant insecte vert, au vol rapide, venir à plusieurs reprises se glisser entre les ramuscules déliés d'un arbuste. J'étais émerveillé de sa dextérité extraordinaire pour échapper à un coup de filet; et, lorsque je parvins à le saisir, quelle ne fut pas ma surprise en trouvant au fond de mon filet, non pas un insecte, mais un oiseau! C'est qu'en effet, les colibris n'ont pas seulement la taille des insectes, ils en ont aussi le mouvement, le port, le genre de vie. »

Les oiseaux-mouches ne sont nullement muets, comme on l'a prétendu; lorsqu'ils se perchent sur quelque branche basse pour s'y reposer, ils font entendre de temps à autre un cri faible et tremblant. « Le colibri nain, dit un naturaliste, est le seul qui chante réellement. Au printemps, on le voit, dès le lever du soleil, perché sur la plus haute branche d'un manglier ou d'un oranger, et là, on l'entend lancer son chant, — faible et peu varié, il est vrai, mais harmonieux, — et le soutenir pendant dix minutes.»

Tant que les colibris se meuvent en liberté, on ne peut apprendre à les connaître qu'imparfaitement. Leur agitation et leur pétulance continuelles, la rapidité de leurs mouvements, leur petitesse, leur nombre, tout contribue à rendre les observations difficiles; mais on s'aperçoit cependant qu'ils savent distinguer leurs amis de leurs ennemis, ce qui leur nuit de ce qui leur est utile; que là où on les respecte, ils sont confiants et sans crainte, tandis qu'ils sont timides et peureux là où ont les chasse.

On sait combien les opinions des naturalistes ont été faussées au point de vue du régime des oiseaux-mouches. En voyant ces charmants oiseaux enfoncer leur bec long et délicat, dans la corolle des fleurs, on leur a naturellement attribué un régime en rapport, à certains égards, avec leur beauté; on a donc cru qu'ils vivaient de nectar.

On regardait leur langue comme un cylindre creux, et on supposait qu'ils devaient, avec elle, aspirer les sucs des plantes. Badier fut le premier qui, en 1778, découvrit que les colibris se nourrissaient d'insectes. Il nous apprit que si tous les colibris que l'on avait essayé de nourrir avec de l'eau sucrée ou du sirop étaient rapidement morts, cela tenait à ce que, en liberté, ils n'avalent que par accident le nectar, et qu'ils se nourrissent de petits insectes, notamment de ceux qui vivent dans la corolle des fleurs.

« Jusqu'à présent, écrivait Wilson, on a cru que les colibris se nourrissaient du miel des fleurs ; un ou deux observateurs modernes, seulement, ont signalé dans leur estomac des fragments d'insectes. Pour mon compte, j'ai vu pendant des heures entières, par les beaux jours d'été, un colibri chasser les petits insectes, les prendre à la façon des gobe-mouches, mais avec une agilité qui laisse loin derrière elle celle de ces oiseaux. »

« Bullock écrivait en 1825 : « J'ai souvent observé les oiseaux-mouches chassant leur proie dans le Jardin des Plantes de Mexico. Un colibri avait pris possession d'un oranger en fleur; il s'y tenait tout le jour, attrapant les petites mouches que les fleurs y attiraient. Souvent j'ai vu ces oiseaux prendre au vol des mouches et d'autres insectes ; et, en les disséquant, j'en ai trouvé des débris dans leur estomac. »

Le dindon sauvage d'Amérique.

CHAPITRE X

illiam aimait passionnément la chasse ; mais, à cette époque de l'année, il n'aurait pu, en France, se livrer à son plaisir favori sans se mettre en contravention avec la loi. Il s'en dédommageait en racontant les exploits cynégitiques qu'il avait accomplis. M. Johnson qui, plus d'une fois, avait été le guide et le compagnon d'aventures de son neveu, plaçait souvent la conversation sur ce terrain ; et M. Delmas, le négociant tranquille qui n'avait jamais tenu, au bout du canon de son fusil, d'autre gibier que le lièvre ou le lapin, la caille ou la perdrix, tombait en admiration devant les prouesses du narrateur. Le jeune homme, en effet, comme beaucoup de ses compatriotes, avait mené de front la chasse et le commerce; et, quoiqu'il eût moins de trente ans, il avait poursuivi l'émou dans l'île de Van-Diémen, le nandou dans les pampas de la Bolivie; et il avait tiré le dindon sauvage dans les vastes forêts où se sont réfugiés les derniers représentants de ces précieux et magnifiques oiseaux.

La grande taille et la beauté du dindon sauvage, sa chair délicate et hautement appréciée; enfin, cette circonstance qu'il est la souche de la race domestique répandue dans les deux continents, le recommandent comme l'un des plus intéressants oiseaux indigènes de l'Amérique. La volière de Renée ne renfermait pas de dindons sauvages, mais les jeunes filles pouvaient entendre les *glou-glou-glou!*.. des dindons domestiques qui se pavanaient dans la basse-cour de la villa, et elles désiraient connaître le genre d'existence de ceux de ces oiseaux qui vivent encore en liberté. William ne se fit pas prier pour raconter ses longues courses, souvent infructueuses, dans la forêt. Et comme il est assez rare de se trouver aujourd'hui en face du dindon sauvage, nous nous permettrons de substituer au récit forcément incomplet du neveu de M. Johnson, les pages pleines de fraîcheur que nous a laissées, sur ce sujet, l'historien des oiseaux d'Amérique :

» Le dindon sauvage n'émigre qu'irrégulièrement, et ce n'est qu'irrégulièrement aussi qu'il va par troupes. Comme se rapportant à la première de ces circonstances, je noterai qu'aussitôt que les fruits des forêts deviennent plus abondants dans une partie de la contrée que dans une autre, on voit les dindons se diriger petit à petit vers ce point, en trouvant de plus en plus de nourriture, à mesure qu'ils approchent du lieu qui en est le mieux pourvu; et c'est ainsi qu'ils s'en vont, troupe après troupe, se suivant les uns les autres, jusqu'à ce qu'un district soit entièrement abandonné, tandis qu'un autre se trouve inondé de ces nouveaux venus. Mais comme ces migrations n'ont rien de périodique et couvrent une vaste étendue de pays, il devient indispensable d'indiquer de quelle manière elles s'accomplissent.

» Vers le commencement d'octobre, lorsqu'à peine quelques graines et quelques fruits sont tombés des arbres, ces oiseaux s'attroupent et se mettent lentement en marche vers les riches vallées de l'Ohio et du Mississipi. Les *coqs d'Inde,* réunis par sociétés de dix à cent, cherchent leur nourriture à part des poules; tandis que celles-ci se tiennent seule à seule, emmenant chacune sa jeune couvée, alors aux deux tiers venue, ou bien se joignent à d'autres familles qui forment ensemble des compagnies de soixante à quatre-vingts individus. Mais toutes, elles sont fort attentives à éviter la rencontre des vieux coqs, qui, lors même que les jeunes ont acquis leur complet développement, se battent avec eux, et souvent les détruisent par des coups répétés sur la tête. Vieux et jeunes, cependant, s'avancent dans la même direction et par terre, à moins que leur voyage ne soit interrompu par le cours d'une rivière, ou qu'un chien de chasse ne les force à prendre la volée. Quand ils ont rencontré une rivière, on les voit gagner les plus hautes éminences aux environs, et souvent demeurer là tout un jour, quelquefois deux, comme pour délibérer. Tant que cela dure, on entend les coqs *glouglouter,* appeler et faire grand bruit; ils s'agitent, font la roue, comme s'ils cherchaient à élever leur courage au niveau d'une si périlleuse aventure; même les mères et les jeunes se laissent aller parfois à ces démonstrations emphatiques : elles étalent leur queue, tournent l'une autour de l'autre, font entendre un bruit sourd, et exécutent des sauts extravagants. A la fin, quand l'air paraît calme et qu'autour d'elle tout est tranquille, la bande entière monte au sommet des plus hauts arbres, d'où, à un signal consistant en un simple *cluck, cluck,* donné par le chef de file, les voilà qui s'envolent vers la rive opposée. Les vieux, et ceux qui sont en bon état, l'atteignent aisément; mais les jeunes et les moins robustes tombent fréquemment à l'eau, où cependant, ils ne se noient pas; ils ramènent leurs ailes tout près du corps, étendent leur queue pour se soutenir, allongent le cou, et détachant à droite et à gauche de vigoureux coups de pattes, nagent rapidement vers le bord. En approchant, s'ils le trouvent trop escarpé pour prendre terre, ils cessent un moment tous leurs mouvements, et se laissent aller au courant jusqu'à quelque endroit abordable, et arrivés là, par un violent effort, ils parviennent généralement à se tirer de l'eau.

» Quand ils sont parvenus aux lieux où le fruit abonde, ils se partagent en plus petites troupes, composées d'individus de tout âge confusément mêlés, et dévorent tout devant eux. Cela arrive vers le milieu de novembre. Parfois ils deviennent si familiers après ces longs voyages, qu'on en a vu s'approcher des fermes, se réunir aux volailles domestiques, et entrer dans les étables et dans les granges pour chercher la nourriture. Ainsi rôdant à travers les forêts et vivant de leurs produits, ils passent l'automne et une partie de l'hiver. . . . .

» Vers le milieu d'avril, quand la saison est sèche, les poules s'occupent à chercher une place pour déposer leurs œufs. Elles tâchent de la dérober, autant que possible, aux yeux de la corneille; car cet oiseau ayant l'habitude de les guetter lorsqu'elles se rendent à leur nid, attend dans leur voisinage, qu'elles le quittent un moment, pour enlever et manger les œufs. Le nid, composé seulement de quelques feuilles sèches, repose par terre, dans un trou que la femelle creuse au pied d'une souche, ou dans la cime tombée de quelque arbre à feuilles mortes; quelquefois sous un buisson de sumac et de ronces, ou bien enfin, au bord d'un champ de cannes, mais toujours en place sèche. Les œufs, couleur de crème brouillée, pointillés de roux, sont rarement au nombre de vingt. Il y en a plus souvent de dix à quinze ; quand la poule va pondre, elle s'approche toujours de son nid avec une extrême précaution, presque jamais deux fois de suite par le même chemin, et avant de quitter ses œufs, elle n'oublie pas de les couvrir de feuilles ; de sorte qu'on peut bien voir l'oiseau, mais qu'il est très difficile de mettre la main sur le nid. De fait, on en trouve peu, à moins qu'on en fasse partir la mère à l'improviste, ou qu'un lynx à l'œil perçant, un renard, ou une corneille, après avoir sucé les œufs, n'en aient dispersé les coquilles aux environs.

» Lorsqu'un ennemi passe en vue de la mère, pendant qu'elle pond ou qu'elle couve, jamais elle ne bouge, à moins qu'elle ne se doute qu'on l'ait aperçue ; au contraire, elle se foule encore plus bas, en attendant que le danger soit éloigné. J'ai pu souvent m'approcher d'un nid qu'auparavant je savais être là ; mais j'avais bien soin de prendre un air d'indifférence, sifflant et me parlant à moi-même ; et la poule restait parfaitement tranquille, au lieu que si je voulais m'avancer vers elle avec précaution, elle ne me laissait jamais approcher même jusqu'à vingt pas. J'étais sûr alors de la voir se lever d'un trait ; la queue étendue et pendant d'un côté, elle courait à une distance de vingt ou trente verges ; puis là, reprenant contenance et d'un pas superbe, elle se mettait à se promener comme si de rien n'était. Rarement elle abandonne son nid, lors même que quelqu'un l'a découvert ; mais j'ai lieu de croire que jamais elle n'y retourne quand un serpent ou un autre animal a sucé de ses œufs. Plusieurs poules s'associent quelquefois, et cela, je pense, pour leur mutuelle sûreté : elles déposent leurs œufs dans le même nid et élèvent ensemble leurs petits ; une fois, j'en trouvai trois qui couvaient sur quarante-quatre œufs. Dans ces circonstances, le nid est constamment gardé par l'une des femelles, de sorte qui ni corneille, ni corbeau, ni peut-être même la fouine n'osent en approcher.

» La mère ne quitte jamais les œufs quand ils sont près d'éclore; aucun péril ne peut l'y déterminer tant qu'il lui reste vie. Elle souffrira même qu'on l'entoure, qu'on l'emprisonne, plutôt que de les abandonner. Un jour, je fus témoin d'une éclosion de petits dindons; j'avais guetté le nid dans l'intention de m'emparer des jeunes avec la mère. Je me cachai contre terre à quelques pas seulement, et je la vis se lever à moitié sur ses jambes, jeter sur ses œufs un regard inquiet, glousser d'un ton qui lui est particulier dans de telles occasions, éloigner soigneusement chaque coquille à moitié vide, puis, avec son ventre, caresser et sécher les nouveaux-nés qui, tout chancelants encore, cherchaient à se tenir debout et à faire déjà leur chemin hors du nid. Oui, j'ai vu tout cela et j'ai laissé la mère et ses petits aux soins de Celui qui leur avait donné la vie, qui m'a créé moi-même, et qui, bien mieux que moi, devait subvenir à leurs besoins! Je les ai vus tous sortir de la coquille, et une minute après, roulant, culbutant, se pousser l'un l'autre en avant, par un instinct admirable, et dont nul ne peut scruter le mystère.

» Avant de quitter le nid, en compagnie de sa jeune couvée, la mère se secoue brusquement, épluche, rajuste ses plumes, et prend un aspect tout différent. Elle incline alternativement les yeux en l'air et de côté, allongeant le cou pour s'assurer s'il n'y a pas dans le voisinage de faucon ou d'autre ennemi; puis, les ailes entr'ouvertes, elle se met en marche tout doucement, et glousse à petit bruit, pour maintenir son innocente progéniture bien auprès d'elle. Comme c'est dans l'après-midi que l'éclosion a lieu d'ordinaire, la couvée revient souvent au nid, mais pour y passer la première nuit seulement. Après cela, ils commencent à s'aventurer plus au loin et se tiennent sur les terrains élevés et onduleux; car la mère craint beaucoup la pluie pour sa jeune famille encore si tendre et que revêt une sorte de léger duvet d'une délicatesse extrême.

» Au bout d'une quinzaine environ, les jeunes quittent le sol où ils étaient toujours restés jusque-là, et s'envolent à la nuit sur quelques basses branches très grosses pour s'y abriter, en se partageant, de chaque côté, en deux parts à peu près égales, sous les ailes profondément recourbées de leur bonne et tendre mère. Ensuite, ils quittent le bois pendant le jour et s'approchent des clairières naturelles ou des prairies. Là, ils trouvent abondance de fraises, de mûres sauvages et de sauterelles, et prospèrent sous la bienfaisante influence des rayons du soleil. Ils aiment aussi à se rouler dans les fourmilières abandonnées pour débarrasser le tuyau de leurs plumes naissantes, des pellicules écailleuses prêtes à se détacher, et se préserver de l'attaque des tiques et des autres insectes qui ne peuvent souffrir l'odeur de la terre où ont logé des fourmis.

» Maintenant, les jeunes dindons croissent rapidement; ils peuvent s'élever promptement de terre à l'aide de leurs fortes ailes, et en gagnant avec facilité les plus hautes branches, se garantir eux-mêmes des attaques imprévues du loup, du renard, du lynx, et même du couguar.

» Vers ce temps les vieux coqs se sont rassemblés; il est probable que tous alors ils quittent les districts reculés du nord-ouest, pour gagner le Wabash, l'Illinois, la rivière Noire, et le voisinage du lac Erié.

» Des nombreux ennemis du dindon sauvage, les plus formidables, après l'homme, sont le lynx, le hibou de neige et le grand-duc de Virginie. Le lynx suce les œufs et est très adroit à s'emparer des vieux comme des jeunes, ce qu'il exécute de la manière suivante : quand il a découvert une troupe de ces oiseaux, il les suit à distance pendant quelque temps, jusqu'à ce qu'il soit bien assuré de la direction dans laquelle ils vont continuer de s'avancer. Alors, par un rapide circuit, il se porte en avant de la troupe, se couche en embuscade, et quand les dindons arrivent, saute d'un bond sur l'un d'eux et le prend. Un jour que je me reposais dans les bois, au bord du Wabash, j'observai deux beaux coqs qui, sur une souche près de la rivière, s'occupaient à s'éplucher et à faire leur toilette; tout à coup l'un d'eux se précipite dans l'eau, et j'aperçois l'autre se débattant sous les griffes d'un lynx.

» Lorsqu'ils sont attaqués par les deux grandes espèces de hiboux mentionnées plus haut, ils doivent souvent leur salut à une manœuvre qui ne laisse pas que d'être remarquable : comme ils perchent habituellement en société, sur des branches nues, ils sont aisément découverts par leurs ennemis les hiboux, qui, sur leurs ailes silencieuses, s'approchent et voltigent autour d'eux pour faire une reconnaissance. Cela, néanmoins, s'effectue rarement sans qu'ils soient aperçus par les dindons; et à un simple *cluck* de l'un d'eux, toute la troupe est avertie de la présence du meurtrier. A l'instant, ils sont debout, attentifs aux évolutions du hibou qui, après en avoir choisi un pour victime, fond dessus comme un trait, et s'en emparerait infailliblement si, à l'instant même, le dindon baissant la tête et restant immobile, ne renversait sa queue sur son dos. Alors l'assaillant, ne rencontrant plus qu'un plan mollement incliné, glisse le long sans faire de mal au dindon; et celui-ci, sautant aussitôt à terre, en est quitte pour la perte de quelques plumes.

» On ne peut pas dire que ces oiseaux s'en tiennent à un seul genre de nourriture, puisqu'ils mangent de l'herbe, du blé, des fruits et des baies de toutes sortes. J'ai souvent trouvé dans leur jabot des hannetons, des grenouillettes et de petits lézards.

» Mais aujourd'hui, ils sont devenus extrêmement sauvages; et du moment qu'ils aperçoivent un homme, — qu'il

L'Alouette

L'OISEAU des champs par excellence, l'oiseau du laboureur, c'est l'alouette, sa compagne assidue qu'il retrouve partout dans son sillon pénible pour l'encourager, le soutenir, lui chanter l'espérance... ESPOIR! c'est la vieille devise de nos Gaulois, et c'est pour cela qu'ils avaient pris comme oiseau national cet humble oiseau si pauvrement vêtu, mais si riche de cœur et de chant. La nature semble avoir traité sévèrement l'alouette. La disposition de ses ongles la rend impropre à percher sur les arbres. Elle niche à terre, tout près du pauvre lièvre et sans autre abri que le sillon. Que de soucis, que d'inquiétudes!.. Mais, l'oiseau national, à peine hors de danger, retrouve toute sa sérénité, son chant, son indomptable joie... L'alouette est la fille du jour. Dès qu'il commence, quand l'horizon s'empourpre et que le soleil va paraître, elle part du sillon comme une flèche, porte au ciel l'hymne de la joie. Sainte poésie, fraîche comme l'aube, pure et gaie comme un cœur d'enfant! Cette voix sonore, puissante, donne le signal aux moissonneurs. « Il faut partir, dit le père; n'entendez-vous pas l'alouette? » Elle les suit, leur dit d'avoir du courage; aux chaudes heures, les invite au sommeil, écarte les insectes. Sur la tête penchée de la jeune fille à demi-éveillée elle verse des torrents d'harmonie. « Aucun gosier, dit Toussenel, n'est capable de lutter avec celui de l'alouette pour la richesse et la variété du chant, l'ampleur et le velouté du timbre, la tenue et la portée du son, la souplesse et l'infatigabilité des cordes de la voix. L'alouette chante une heure d'affilée sans s'interrompre d'une demi-seconde, s'élevant verticalement dans les airs jusqu'à des hauteurs de mille mètres, courant des bordées dans la région des nues pour gagner plus haut, et sans qu'une de ses notes se perde dans cet immense trajet. » C'est un bienfait donné au monde que ce chant de lumière, et vous le retrouvez presque en tout pays qu'éclaire le soleil. Persévérante réclamation de l'aimable nature!

(MICHELET.)

L'alouette, née dans le sillon, semble sans cesse vouloir porter vers le ciel des flots d'harmonie.

soit de la race blanche ou rouge,—instinctivement ils s'en éloignent. Leur mode habituel de progression est ce qu'on appelle la *marche*, durant laquelle on les voit ouvrir en partie et successivement chaque aile qu'ils replient ensuite l'une sur l'autre, comme si le poids en était trop lourd. D'autres fois, ayant l'air de s'amuser, ils font plusieurs pas en courant, les deux ailes ouvertes, et s'en éventant les flancs à la manière des volailles domestiques; enfin, ils se mettent à sauter deux ou trois fois en l'air et à se secouer. En cherchant la nourriture parmi les feuilles ou dans les terrains meubles, ils se tiennent la tête haute, et sont continuellement sur le qui-vive; mais dès que leurs jambes et leurs pieds ont fini l'opération, on les voit immédiatement piquer du bec, et saisir l'aliment dont la présence, je suppose, leur est fréquemment indiquée, pendant qu'ils grattent, par le sens du toucher que possède leur pied. Cette habitude de gratter et d'écarter les feuilles sèches dans les bois, leur est fatale; en effet, les places qu'ils mettent ainsi à nu, peuvent avoir deux pieds de large; et quand elles sont fraîches, on juge que les oiseaux ne sont pas loin. Durant les mois d'été, ils fréquentent les sentiers et les routes aussi bien que les champs labourés, pour se rouler dans la poussière et se débarrasser des tiques dont ils sont infestés en cette saison, en même temps que des moustiques qui les tourmentent considérablement.

» Lorsqu'après une grande chute de neige, le temps tourne à la gelée, de manière à former une croûte dure à la surface, les dindons restent sur leurs branches pendant trois ou quatre jours et quelquefois plus; ce qui prouve qu'ils sont capables de supporter une abstinence prolongée. Cependant, s'il y a des fermes dans le voisinage, ils quittent les arbres et se hasardent jusque dans les étables et autour des tas de blé, pour se procurer de la nourriture. Durant la fonte des neiges, ils voyagent à des distances extraordinaires; et il est inutile alors de chercher à les suivre, car pas un seul chasseur n'est de force à tenir le pas avec eux. Ils ont une manière de courir en se jetant de çà et de là et en se dandinant, qui, si gauche qu'elle paraisse, ne leur permet pas moins de devancer tout autre animal; souvent, quoique monté sur un bon cheval, il m'a fallu renoncer à les atteindre.

» Les bons chiens éventent ces oiseaux, quand ils sont en grandes troupes, à des distances surprenantes, je crois ne pas exagérer en disant à un demi-mille. Si le chien sait bien son métier, il s'élance à plein galop et sans rien dire, jusqu'à ce qu'il aperçoive le gibier; alors, donnant aussitôt de la voix, il pousse aussi promptement que possible au beau milieu de la troupe, et les force à s'envoler dans toutes les directions. C'est un grand avantage pour le chasseur, car si les dindons s'en vont tous du même côté, ils quitteront bientôt leur première retraite et se renvoleront; mais quand on est parvenu à les disperser ainsi, pourvu que le temps soit calme et couvert, un homme au fait de cette chasse, peut les retrouver à son aise, et les descendre à plaisir.

» Quand ils se sont posés sur un arbre, il est parfois très difficile de les apercevoir, ce qui tient à ce qu'ils y restent parfaitement immobiles. Si l'on peut en découvrir un lorsqu'il est accroupi sur sa branche, rien de plus facile que de s'en approcher, et sans la moindre précaution. Mais s'il se tient droit sur ses jambes, il faut alors prendre bien garde; car du moment qu'il vous aperçoit, le voilà qui part, et souvent à une telle distance, que ce serait en vain qu'on voudrait le suivre.

» En hiver, beaucoup de nos chasseurs émérites les affûtent au clair de lune, sur la branche où ils resteront souvent sans s'effrayer d'une première décharge, eux qui fuiraient à la vue d'un hibou; et c'est ainsi que des troupes presque entières peuvent être abattues par des tireurs habiles. On en détruit aussi de grandes quantités au moment, hélas! qu'ils en valent le moins la peine, c'est-à-dire au commencement de l'automne, alors qu'ils cherchent à traverser les rivières, ou bien immédiatement après qu'ils ont touché le bord.

» A propos de ces chasses aux dindons, permettez-moi de vous rapporter un épisode dans lequel j'ai figuré moi-même, et qui n'est pas sans quelque intérêt.

» Je cherchais du gibier, une après-midi, tard, dans l'automne. J'entendis glousser une poule; je regardai, et l'ayant aperçue perchée sur une clôture, je me dirigeai vers elle; tout en m'avançant lentement et avec précaution, je crus entendre aussi les notes glapissantes de quelques coqs, et je m'arrêtai pour écouter dans quelle direction ils venaient. Quand je m'en fus bien assuré, je courus au-devant d'eux, me cachai le long d'un gros tronc d'arbre qui était tombé, armai mon fusil, et attendis avec impatience le moment propice. Les coqs continuaient de glapir en réponse à la poule qui, pendant tout ce temps, restait sur sa palissade. Je jetai les yeux par-dessus la souche, et vis environ cinquante gros dindons qui s'avançaient majestueusement et tout à découvert, juste vers l'endroit où je me tenais en embuscade. Ils vinrent si près de moi, que je pouvais aisément distinguer le point brillant de leurs yeux. Enfin, je leur envoyai mon coup de fusil qui en coucha trois par terre; les autres, au lieu de s'envoler, se mirent bravement à faire la roue autour des cadavres de leurs camarades; et si je ne me fusse, en quelque sorte, reproché comme un meurtre, de tirer mon second coup sans nécessité, j'en aurais encore tué au moins un.

» Pour peu que vous soyez un amateur de chasse, vous n'entendrez pas non plus sans intérêt le récit suivant que je tiens de la bouche d'un honnête fermier :

« Les dindons étaient très abondants dans son voisinage; ils s'étaient adonnés à ses champs de blé, au moment même où le maïs venait de sortir de terre, et ils en détruisaient des quantités considérables. Notre homme jura de se venger de cette maudite engeance. Il ouvrit une longue tranchée dans un endroit favorable, y répandit beaucoup de blé, et ayant chargé jusqu'à la gueule une fameuse canardière, il la plaça de façon à pouvoir tirer la détente par le moyen d'une longue corde, tout en restant complètement caché aux yeux des dindons. Dès que ceux-ci eurent aperçu le blé dans la tranchée, ils ne se firent pas prier pour faire place nette, sans cesser, pour cela, leurs ravages dans les champs. La tranchée fut de nouveau remplie, et un beau jour, lorsqu'il la vit toute noire de dindons, le fermier se mit à siffler très fort. A ce bruit, la bande entière lève la tête, alors il tire la ficelle et le coup part! Vous eussiez vu les dindons décampant dans toutes les directions, en déroute complète et frappés d'épouvante Quand il courut à la tranchée, il en trouva neuf sur le champ de bataille; les autres ne jugèrent pas à propos de renouveler leurs visites au blé, de toute la saison. »

« La méthode la plus commune et la plus fructueuse pour se procurer des dindons, c'est celle *des cages*. On les établit dans la partie du bois où l'on a remarqué que ces oiseaux se perchent d'habitude, et on les construit de la manière suivante : On coupe de jeunes arbes de quatre à cinq pouces de diamètre, et on les fend en pièces longues de douze à quatorze pieds. Deux de celles-ci sont couchées sur le sol, parallèlement l'une à l'autre et à une distance de dix à douze pieds; deux autres sont pareillement placées en travers et au bout des premières, à angle droit; et ainsi de suite, on en couche de nouvelles les unes sur les autres, jusqu'à ce que la construction ait atteint une hauteur d'environ quatre pieds. On la recouvre alors de semblables traverses de bois placées à trois ou quatre pouces l'une de l'autre; et, par-dessus le tout, on met une ou deux grosses souches, pour le charger et le rendre plus solide.

Cela fait, il faut ouvrir une tranchée large et profonde d'environ dix-huit pouces, sous l'un des côtés de la cage dans laquelle elle vient déboucher obliquement et par une pente assez abrupte; puis on la continue en dehors, à une certaine distance, de façon qu'elle atteigne insensiblement le niveau du sol aux environs; enfin, sur une partie de la tranchée, en dedans de la cage et touchant à sa paroi, on établit quelques petits bâtons formant une sorte de pont qui peut avoir un pied de large. La trappe ainsi terminée, le chasseur répand au centre quantité de blé d'Inde; il en met aussi dans la tranchée, et a soin d'en jeter çà et là quelques poignées au travers du bois; cela se répète à chaque visite qu'il fait à sa cage, après que les dindons l'ont aperçue.

» Un dindon n'a pas plus tôt découvert la traînée de blé, qu'il pousse un *gluck* retentissant, et donne avis de cette bonne aubaine à toute la bande; à ce signal, chacun d'accourir. D'abord ils commencent par glaner les grains épars aux alentours; puis finissent par s'engager dans la tranchée qu'ils suivent l'un après l'autre, en se pressant le long du passage au-dessous du pont. De cette manière, quelquefois toute la troupe entre; mais plus ordinairement cinq ou six seulement, car ces oiseaux sont alarmés par le moindre bruit, même par le simple craquement d'une branche, dans les temps de gelée. Ceux qui sont en dedans, après s'être gorgés de grain, redressent la tête, et essaient de sortir par le haut ou les côtés de la cage. Ils passent et repassent sur le pont, ne s'imaginant jamais de regarder en bas, et sans avoir l'instinct de reprendre, pour s'échapper, le chemin par où ils sont venus. Ils restent là, jusqu'au retour du chasseur qui ferme le passage et met la main sur ses prisonniers.

» On m'a parlé de dix-huit dindons pris ainsi, en une seule fois; moi-même j'ai eu pour mon coupte nombre de ces cages, mais je n'y en ai jamais trouvé plus de sept d'un même coup. Un hiver, je fis le total de ce que l'une d'elles m'avait produit · en deux mois seulement, j'y en avais pris soixante-seize! Quand ces oiseaux abondent, on est quelquefois fatigué d'en manger, et les propriétaires des cages négligent de les visiter pendant plusieurs jours ou même des semaines entières, de sorte que les pauvres prisonniers périssent de faim; car, quelque étrange que cela paraisse, rarement recouvrent-ils leur liberté en s'avisant de descendre dans la tranchée et de retourner sur leurs pas. Plus d'une fois j'en ai trouvé quatre, cinq et même dix de morts dans une cage, par pure négligence. Là, où les loups et les lynx sont nombreux, ils savent très bien rendre visite à la cage et la débarrasser de son butin, avant le propriétaire. Un matin, j'eus la satisfaction de prendre, dans une des miennes, un beau loup qui, lorsqu'il m'avait vu, s'était tapi, croyant que je passerais dans une autre direction.

» Les dindons sauvages s'approchent souvent des dindons domestiques, se battent avec eux, les chassent et s'approprient leur nourriture.

» A Henderson, sur l'Ohio, j'avais chez moi, parmi beaucoup d'autres oiseaux sauvages, un superbe dindon élevé par mes soins dès sa première jeunesse, puisque je l'avais pris n'ayant probablement pas plus de deux ou trois jours. Il s'était rendu si familier, qu'il suivait tout le monde à la voix, et était devenu le favori du petit village; toutefois, il ne voulut jamais se percher avec les dindons domestiques, mais régulièrement, il se retirait à la nuit, sur le toit de la maison, où il demeurait jusqu'à l'aurore. Quand il eut deux ans, il commença à voler dans les bois, y passant la plus grande partie du jour, pour ne revenir à l'enclos que quand la nuit approchait. Il continua ce genre de vie jusqu'au printemps suivant où je le vis plusieurs fois s'envoler de son perchoir, sur la cime d'un grand cotonnier, au bord de l'Ohio, puis après s'y être un moment reposé, reprendre son essor jusqu'à la rive opposée, bien que la rivière, en cet endroit, n'eût pas moins d'un demi mille de large; mais toujours il revenait à la tombée de la nuit. Un matin, de très bonne heure, je le vis s'envoler vers le bois, dans une autre direction, mais sans faire grande attention à cette circonstance. Cependant, plusieurs jours se passèrent, et l'oiseau ne reparut plus.

» Quelque temps après, j'étais à la chasse, me dirigeant vers certains lacs aux environs de la Rivière Verte. J'avais fait à peu près cinq milles, lorsque j'aperçus un bel et gros dindon qui traversait le sentier devant moi, et s'en allait en se prélassant tout à son aise. C'était le moment où la chair de ces oiseaux est dans sa vraie primeur, et je lançai mon chien qui partit au galop. Il approchait déjà du dindon, et je voyais à ma grande surprise, que celui-ci n'avait pas beaucoup l'air de s'en émouvoir. Junon allait sauter dessus, quand soudain elle s'arrêta et tourna la tête vers moi. Je courus, et jugez de mon étonnement, lorsque je reconnus mon oiseau favori lequel, ayant lui-même reconnu le chien, n'avait pas voulu fuir devant lui; bien qu'assurément la vue d'un chien étranger n'eût pas manqué de lui faire retrouver à l'instant toutes ses jambes! Par hasard, un de mes amis passait par-là, à la recherche d'un daim blessé; il prit l'oiseau sur sa selle, devant lui, et le réintégra au domicile. Le printemps suivant, il fut tué par mégarde, ayant été pris pour un dindon sauvage; mais on me le rapporta, après qu'on l'eut reconnu au ruban rouge qu'il portait toujours autour du cou. »

L'astrild ondulé et le padda oryzivore.

CHAPITRE XI

La saison était si belle et les relations de voisinage si agréables que les habitants de la villa ne faisaient plus à Paris, que de rares apparitions. M. Delmas, obligé de s'y rendre de temps en temps pour ses affaires, oubliait rarement la volière de Renée. Il était connu d'un marchand d'oiseaux qui ne manquait jamais de le prévenir, quand ses correspondants lui expédiaient quelques nouvelles cargaisons de charmants captifs. C'est ainsi qu'un jour, il rapporta, dans une petite cage, de mignons *bengalis* que Marguerite reconnut, tout de suite, pour en avoir vu de semblables en liberté, au Sénégal. Il y avait des *amadines* et des *spermestes,* aussi communs là-bas, disait Marguerite à ses compagnes, que chez nous les pinsons, les linottes et les chardonnerets à qui, du reste, ils ressemblent beaucoup par certains côtés, tout en ayant leur type bien spécial.

— Ces oiseaux, disait la nièce de M. Delmas, malgré la beauté de leur plumage, la douceur de leurs mœurs, la facilité avec laquelle on les apprivoise, ne sont pourtant guère aimés des colons dont ils pillent les plantations.

— C'est comme ici les moineaux, dit Laura ; le jardinier dit qu'il voudrait les voir exterminés jusqu'au dernier, car ils dévorent tous nos fruits.

— Le jardinier a tort, reprit Renée, et les moineaux, dont nous reparlerons, si vous voulez, sont meilleurs que leur réputation. Peut-être en est-il de même des bengalis.

— Au Sénégal, reprit Marguerite, il faut, de toute nécessité éloigner les bengalis des récoltes, et l'homme les tue sans pitié; mais ils ont encore de nombreux ennemis, dans les oiseaux de proie, les chats sauvages, les serpents et les grands lézards qui les poursuivent sans merci.

Les amadines sont des oiseaux gais, vifs, éveillés, qui animent tous les lieux qu'ils habitent. Rarement ils sont solitaires; ils vivent en familles, parfois même en bandes excessivement nombreuses. Hors la saison des nids, on les voit errer sans cesse et partout, cherchant leur nourriture et chantant avec ardeur; mais leurs chants ne peuvent rivaliser avec ceux des oiseaux de France; il est caractérisé par des notes douces et traînantes . on dirait la voix d'un ventriloque. Depuis longtemps, beaucoup d'amadines se vendent sur nos marchés, sous le nom de *bengalis;* pas un navire de la côte occidentale d'Afrique n'arrive sans avoir une cargaison de ces charmants oiseaux qui trouvent, en Europe, de nombreux amateurs.

En les soignant bien, ils supportent la captivité pendant des années.

L'*amadine à collier* est un oiseau bien connu sous le nom significatif de *cou coupé;* il a environ quatorze centimètres de longueur. Le mâle est d'une teinte fauve difficile à bien préciser; le dos, plus foncé que le ventre est ondulé de noir. Une large bande, d'un rouge carmin, s'étend d'un œil à l'autre, en passant sur les joues et la gorge qui sont blanches. Chez la femelle, les couleurs sont moins vives et le collier rouge n'existe pas. On connaît cet oiseau depuis plusieurs siècles comme un habitant de l'Afrique occidentale; mais on le rencontre également, et en très grand nombre, sur les côtes orientales. Dans le bassin du Nil, par exemple, on trouve l'amadine à collier dans toutes les forêts clair-semées des steppes. Elle évite le désert proprement dit, et n'apparaît, — mais alors en très grand nombre, — que dans la zone pluvieuse. Elle ne se trouve pas dans les forêts vierges qui bordent les deux rives du Nil, ou, du moins, ne s'y hasarde-t-elle que par accident, et sans jamais y séjourner. Ces grandes forêts, en effet, ne lui fournissent pas une nourriture aussi abondante que les endroits où le sol est tapissé de graminées et de plantes basses. L'amadine becquette les fruits; mais, ce sont les graines, et surtout les graines de graminées, qui forment sa principale nourriture.

Dans l'Afrique orientale, on rencontre d'ordinaire les amadines à collier par bandes de dix à quarante individus; elles ne s'isolent qu'à la saison des nids. Souvent plusieurs sociétés se réunissent et errent ensemble par le pays. Elles s'approchent des villages où on les voit sautiller parmi les branches des arbres ou courir sur le sol. Elles descendent à terre le matin, pour chercher leur nourriture, mais ne grimpent guère le long des herbes comme le font d'autres espèces voisines. Les trouble-t-on, elles s'envolent jusqu'à un arbre voisin, lissent et peignent leur plumage, et se mettent à chanter. Dès que tout est redevenu tranquille, elles reviennent à terre. Un oiseau de proie apparaît-il, aussitôt toute la bande s'envole avec la rapidité de la flèche, et va chercher un abri dans un buisson épais et épineux, où elle se trouve en sûreté. Au milieu de la journée, les amadines se reposent; elles se tiennent sur les branches d'un arbre bien touffu et s'y abandonnent à un demi-sommeil. Après-midi, elles retournent à la pâture.

Dans le bassin supérieur du Nil, les amadines n'ont à craindre que les petits oiseaux de proie et quelques carnassiers. Les habitants du Soudan ont pour ces oiseaux un certain respect; ils se contentent de les éloigner de leurs cultures quand ils y causent des dommages; ce n'est donc pas là qu'on capture ces oiseaux : on y en voit pas un seul en cage. C'est, comme nous l'avons dit, de l'Afrique occidentale, qu'il en arrive le plus en Europe. Les bords de la Gambie paraissent être la source où vont puiser les oiseleurs qui mêlent presque toujours aux amadines à collier d'autres espèces voisines. Réunies par centaine dans une cage, ces oiseaux auxquels on ne donne cependant qu'une pauvre nourriture, nous arrivent pour la plupart en vie; mais amaigris, déplumés, misérables. Quelques semaines de repos et des soins intelligents suffisent pour les remettre en état.

On tient les amadines dans de grandes volières, où elles vivent en bonne intelligence avec les autres oiseaux; ou bien on les met par couple, dans une petite cage, si l'on veut les faire nicher. Ces mignonnes petites bêtes, aussi douces et aussi aimantes que les tourterelles, sont très agréables en captivité, et il est peu de passereaux exotiques qu'il soit plus facile de faire nicher. Si on les tient suffisamment au chaud, et qu'on ne trouble pas leur quiétude, les amadines construisent le nid, avec des herbes sèches, du foin, le duvet de certaines plantes qu'on met à leur disposition; ce nid, qui est ovale, est fermé à la pointe supérieure et offre une ouverture latérale. Le père et la mère travaillent à son édification, couvent alternativement, nourrissent et élèvent les jeunes. Chaque couvée est de quatre à cinq œufs finement ponctués de rouge. Au bout de quinze jours d'incubation, les jeunes naissent couverts d'un épais duvet. On les nourrit d'abord de jaune d'œuf; les parents leur donnent, plus tard, de la salade, des graines de pois, de plantain, de mouron, de crucifères, de laiteron, qu'ils ont ramollies dans leur jabot.

Les *spermestes* ressemblent aux amadines; mais ils ont le bec plus gros et plus fort. Le spermeste à capuchon, plus connu sous le nom vulgaire de *petite pie*, est l'espèce la plus connue du genre; il est originaire du Sénégal et de la Gambie.

— J'ai eu, dit Marguerite, une paire de spermestes à capuchon et un couple d'amadines à collier dans la même volière, qui avait deux petites saillies garnies de fil de fer, destinées à recevoir la nourriture des captifs. Je remarquai que mes oiseaux avaient l'habitude de s'y tenir, non seulement la nuit, mais encore le jour, et de s'y reposer. Je voulus voir si, pour y arriver, ils passeraient par une ouverture étroite, et je plaçai devant l'entrée du petit compartiment, une feuille de carton de deux doigts de large : cela ne les empêcha nullement ni d'entrer, ni de sortir. Je remplaçai le carton par un plus grand, et je finis par ne plus laisser qu'une ouverture du diamètre d'une pièce de cinq francs : cela ne gêna nullement mes oiseaux; bien au contraire, ils semblaient prendre un certain plaisir à franchir l'ouverture; entrer, sortir étaient un manège incessant.

» Le même jour, je mis dans la cage des matériaux propres à la construction d'un nid : des plumes, du fil, du crin, des aigrettes de chardon. Jusque-là, amadines et spermestes avaient vécu en paix; mais, à partir de ce moment, la guerre éclata; il s'agissait de savoir à qui appardrait la meilleure place. Jamais, auparavant, je n'avais remarqué de dispute entre eux; peu leur importait, semblait-il, dans laquelle des saillies ils passaient la nuit. Mais tout à coup, leurs sentiments furent changés. Il s'agissait, en effet, de trouver un endroit pour nicher; et, naturellement, de s'emparer du meilleur. La paix était troublée; les amadines, d'ordinaire fort tranquilles, donnaient de vigoureux coups de bec à droite et à gauche. Très irritables, les spermestes étaient arrivés à un tel degré d'excitation que les amadines durent céder la place. Après plusieurs heures de lutte, je pensai qu'il était prudent de séparer les combattants; je laissai les spermestes libres du terrain et mis les amadines dans une autre cage. Les deux spermestes se mirent à examiner les matériaux que j'avais placés dans la volière; ils portèrent le fil dans leur demeure, laissant de côté les autres substances. Après en avoir amassé une certaine quantité, la femelle chercha, avec sa tête, à en fixer une couche contre le toit grillagé de la petite saillie; mais à chaque effort qu'elle faisait, les matériaux qu'elle soulevait retombaient. Cela ne la décourageait pas, et elle s'efforçait sans cesse de couvrir son nid. Je me décidai à lui venir en aide, et pensai y parvenir en lui donnant des matériaux plus solides : des brins de foin me semblèrent devoir lui convenir. En effet, je n'avais pas retiré ma main, que les deux oiseaux se précipitèrent sur ces nouveaux matériaux; témoignant en quelque sorte, par leur ardeur, que c'était bien là ce qu'il leur fallait. Chacun prit dans son bec quelques brins de foin, et les porta dans la demeure qu'ils avaient choisie. Les oiseaux laissèrent tomber ces brins à l'entrée du nid; ils les enfoncèrent avec leur tête au milieu du fil; puis, ils en élevèrent une couche contre le toit de la saillie; ils y revinrent à plusieurs reprises; et, lorsque cette couverture eut assez d'épaisseur et de solidité, ils enfoncèrent du fil au milieu du foin. Finalement, la construction fut assez serrée pour que les matériaux puissent passer entre les barreaux et qu'aucun rayon de lumière ne pénétrât dans le nid. Les courageuses petites bêtes ne mirent pas plus de trois heures à construire la charpente de ce nid. Le soir venu, les spermestes s'endormirent, et le lendemain matin, de très bonne heure, ils prirent à peine le temps de manger et de boire, retournèrent à leur nid, le rembourèrent des substances les plus molles que je leur avais données : crin, aigrettes de chardons; mais, ils ne touchèrent pas au plumes. Bientôt le nid fut parfait, et les oiseaux n'en sortaient guère que pour boire et manger; je supposai qu'il contenait des œufs et que les spermestes couvaient, non pas alternativement, mais simultanément. Au bout de cinq semaines, ne sachant à quoi m'en tenir, je me décidai à découvrir un peu le nid; et je vis, non sans surprise, et à ma plus grande joie, plusieurs petits nouvellement éclos. La mère les couvrait anxieusement de son corps; je ne pus m'assurer bien exactement de leur nombre, car elle les défendait avec ardeur, prodiguant à mes doigts de vigoureux coups de bec, chaque fois que j'essayai de découvrir sa demeure.

» Habituellement, je donnais à mes oiseaux des pois, des graines variées, de la salade, des feuilles vertes dont ils mangeaient surtout les nervures; mais, à partir de ce moment, je fis ramollir les graines dans l'eau avant de les leur donner; j'y ajoutai des œufs de fourmis cuits dans du lait; les parents parurent très satisfaits de ces nouveaux aliments. Seize jours après leur naissance : les petits quittèrent le nid, mais très timidement; les parents les poussaient par derrière, les attiraient en leur tendant des aliments. Ils avaient tout leur plumage et presque la taille des vieux. Après quelques jours, ils devinrent capables de prendre eux-mêmes leur nourriture. Cependant, comme tous les jeunes oiseaux, ils aimaient à se laisser nourrir; ils se rangeaient ordinairement en ligne, entre leurs parents, s'appuyant d'un côté à leur père, de l'autre à leur mère. Ce charmant tableau de famille était troublé dès que l'appétit se mettait de la partie, ce qui ne tardait pas à arriver. Un petit cri plaintif se faisait subitement entendre : c'était le signal d'un tapage général, qui croissait d'autant plus que les parents s'y montraient le plus indifférents. Chaque petit se croyait le favori; chacun espérait que ses prières seraient écoutées de préférence aux prières des autres; et cependant, rien n'y servait. Ils se précipitaient alors, qui sur la mère, qui sur le père, pendant qu'un troisième, grimpé sur une petite branche, faisait entendre des cris toujours plus plaintifs, toujours plus lamentables. Les jeunes, cependant, pouvaient déjà se nourrir eux-mêmes, mais les parents semblaient les amener par la famine à devenir tout à fait indépendants. Le père, plus sévère, éloignait d'un coup de bec le mendiant trop importun; plus tendre, la mère finissait par céder, et allait chercher de la nourriture dans le seul but, peut-être, de faire cesser le tapage. Les petits attendaient son retour avec impatience, l'entouraient de tous côtés, à droite, à gauche, au-dessus, au-dessous; chacun paraissant le plus affamé; elle ne savait par lequel commencer.

» Tant que les petits étaient impuissants à satisfaire eux-mêmes leur appétit, les parents étaient plus tendres, et ne leur faisaient pas supporter d'aussi dures épreuves. Les jeunes aussi étaient moins impérieux. Ils étaient en ligne l'un près de l'autre, attendant leurs parents, impatiemment, c'est vrai, mais avec convenance. Pendant que la mère donnait à manger à celui qui était le plus près d'elle, les autres tendaient vers elle leur bec grand ouvert, tout en gardant leur place; peut-être ne se fiaient-ils pas encore assez à leurs pattes et à leurs ailes; puis, venait le tour du second, et rien n'était plus curieux que de voir la mère sauter sur le dos de son petit, et mettre les aliments dans son bec qu'il renversait fortement en arrière. Parfois, un jeune se hasardait à dépasser son voisin, à prendre place plus près de la mère. Souvent, celle-ci se perchait sur une branche, au-dessus de ses petits, et de là laissait tomber leur nourriture.

» Les parents donnaient de véritables leçons à leurs jeunes. Lorsqu'ils crurent le temps venu où les nourrissons devaient apprendre à manger par eux-mêmes, ils se mirent près de la mangeoire, et sans s'inquiéter des cris et des plaintes, prirent tantôt telle graine, tantôt telle autre. A la fin, les petits descendirent fort maladroitement, en voletant et en culbutant, sur le sol de la cage. Arrivés là, ils réclamèrent à grands cris leur nourriture, et finirent par arriver jusque près de la mangeoire. Le plus hardi se hasarda à saisir une graine ; puis, encouragé par le succès, une seconde. Ses frères l'imitèrent ; et, en quelques heures, ils savaient prendre leur nourriture.

» Les parents se dirigèrent ensuite vers leur abreuvoir, non pour boire, mais pour se baigner, ce qu'ils font plusieurs fois par jour, même lorsqu'ils couvent et qu'ils ont à réchauffer leurs petits. Souvent, je les ai vus secouer leurs plumes, s'essuyer légèrement, puis retourner à leur nid au sortir du bain. Les parents sont donc à l'abreuvoir ; ils se tiennent au bord du vase, boivent, puis plongent leur bec dans l'eau ; et, en agitant fortement la tête, ils lancent le liquide tout autour d'eux. Les jeunes les ont suivis : curieux, ils regardent faire leurs parents ; ils sont aspergés inévitablement. Au commencement, ils s'effrayent ; ils secouent leurs plumes ; mais bientôt ce bain leur plaît, et ils cherchent à imiter le père et la mère. Tout à coup, celle-ci disparaît dans l'eau, et lance une fine pluie sur ses élèves, qui se sauvent ; la mère court après eux ; et, se secouant, les mouille encore une fois. Le père se baigne à son tour ; les petits sont excités par l'exemple ; enfin, le plus courageux se hasarde ; il enfonce le bec dans l'eau ; il s'arrose ; puis, il avance une patte, et cherche à

Les moineaux se réunissent en bandes nombreuses qui se répandent quelquefois dans les prairies voisines des habitations.

prendre pied. Mais il perd l'équilibre, tombe à l'eau et en ressort aussitôt. Il fait un nouvel essai et constate qu'il n'y a pour lui aucun danger. Le second le suit; puis le troisième; et bientôt toute la bande va, à l'envi, se jeter à l'eau et se baigner tous les jours. »

Le récit des observations de Marguerite, avait vivement intéressé ses auditeurs. M. Delmas se réjouissait d'avoir ajouté à la collection de Renée les mignons bengalis dont elle possédait déjà plusieurs espèces.

— Il y a en Australie, dit Jenny, des oiseaux du même genre; mais ils sont bien plus beaux.

— Qu'est-ce donc que ces merveilleux oiseaux? demanda M. Johnson.

— Merveilleux, vous l'avez dit, mon oncle, reprit la jeune fille, car l'oiseau auquel je fais allusion s'appelle le *poëphile merveilleux*. Ce nom, il le mérite, car son plumage est véritablement splendide. Le sommet et les côtés de la tête sont d'un rouge carmin, bordés de noir en arrière; la gorge est noir; le cou est entouré d'un collier bleu de ciel qui passe insensiblement au vert en arrivant à la nuque; le dos est d'un beau vert; la queue bleu clair; les ailes bordées d'un brun jaunâtre. A la face inférieure du corps, le collier bleu est limité par une large bande transversale bleu lilas, qui recouvre tout le haut de la poitrine.

Les premiers voyageurs qui ont rencontré le poëphile, sur la côte nord de la Nouvelle-Hollande, ne savaient comment exprimer leur admiration; d'autres ne purent l'observer que très imparfaitement et le représentèrent sous différents plumages : « Je trouvai, dit l'un d'eux, près de la baie du Corail, une bande nombreuse de ces oiseaux qui cherchaient des graines, et se réfugièrent sur des arbres à gomme. Il ne s'en trouvait pas deux dont le plumage fût complet; la plupart n'avaient pas mué. Quelques-uns, à tête rouge, avaient des plumes noirs sous les plumes rouges; d'autres, à tête noire, avaient des places rouges. Deux prétendues espèces, — qui ne font en réalité qu'une seule et même espèce, — étaient là absolument confondues. »

Les mœurs des poëphiles ne diffèrent pas de celles des autres passereaux. Ils habitent les prairies de joncs et les fourrés de roseaux qui couvrent les bords des fleuves. Ils en mangent les graines qu'ils ramassent sur le sol, ou qu'ils détachent des épis en grimpant aux tiges. Sous ce rapport, ils rivalisent d'agilité avec les mésanges. Loin de fuir le voisinage de l'homme, ils semblent au contraire le rechercher; ils entrent dans les jardins et on en voit souvent dans l'intérieur des villes. Plusieurs espèces de poëphiles parcoureut le pays et y exploitent un domaine plus ou moins étendu. C'est en 1833 qu'on découvrit, dans la presqu'île de Cobourg, le poëphile merveilleux; mais cet oiseau y apparut en bien plus grand nombre, en 1845. Les nids sont établis parmi les roseaux comme ceux de la penduline; d'autres sont placés sur les arbres; et, l'on en a même trouvé dans les aires des grands rapaces. Un naturaliste ne fut pas peu surpris de voir des oiseaux si différents habiter en commun, et conserver de bons rapports pendant tout le temps qu'a duré l'éducation des petits.

« Le 3 octobre, dit-il, je trouvai un nid de poëphiles audessous et dans l'intérieur de l'aire d'un aigle où la femelle couvait. Mon compagnon noir, Natti, monta sur l'arbre, et m'apporta les deux nids; le petit passereau était sur une branche, tout auprès de son terrible ennemi voisin qui ne lui faisait aucun mal. » Depuis longtemps, il arrive en Europe de nombreux passereaux d'Australie; chaque navire en apporte une cargaison. Le poëphile merveilleux ne pouvait échapper à l'attention des oiseleurs; et, ce bel oiseau fait maintenant un des plus beaux ornements de nos volières.

M. Delmas demanda si les jolis oiseaux au bec rose,

grand et fort renflé, au plumage d'un gris cendré avec les flancs nuancés de rose, la tête et la gorge noires, les joues blanches et la queue noire, — qui habitaient un coin séparé de la volière, — venaient aussi d'Australie?

— Je ne pense pas, dit Jenny.

— Cet oiseau, reprit Renée, est le *padda* ou passereau des rizières; il habite en grand nombre Java et Sumatra. *Padda,* en chinois, désigne le riz non dépouillé de sa balle : ce passereau tire donc son nom de la substance dont il fait son principal aliment. On connaît depuis longtemps cet oiseau qui est représenté dans nombre de vieilles peintures chinoises. Chez nous, il a été étudié depuis plus de soixante ans; et, on en amène continuellement de grandes quantités en Europe. Le *padda oryzivore* est répandu dans tout le sud et l'est de l'Asie. L'espèce offre de nombreuses variétés; on en a vu d'un blanc superbe. Semblable à nos moineaux, le padda oryzivore habite exclusivement les lieux cultivés et y est très abondant. Lorsque les rizières sont sous l'eau, — du mois de novembre au mois de mars ou d'avril, — les paddas se tiennent par paires ou par petites familles dans les jardins, les bosquets, les buissons, où ils se nourrissent de graines, de petits fruits, d'insectes; souvent ils rôdent sur les routes où ils ne découvrent guère autre chose que des insectes. Mais, dès que les rizières commencent à jaunir, que l'eau s'en écoule, ils s'y rendent souvent en bandes innombrables et y causent de tels dégâts qu'on met tout en œuvre pour les éloigner.

Dans les endroits infestés d'ordinaire par ces pillards ailés, on dresse, dans le champ, une ou plusieurs guérites, montées sur quatre pieux en bambous, et d'où partent des fils, attachés de l'autre côté à des perches de bambous, plantées dans tout le champ; on suspend à ces fils de grandes feuilles sèches, des chiffons de couleur vive, des poupées, des crécelles, etc. Dans la guérite, comme une araignée dans sa toile, se tient un indigène, tous les fils en sa main ; il les tire, et aussitôt les feuilles sèches s'agitent, les chiffons se remuent, les crécelles font du bruit; et, effrayés, les paddas s'envolent. Après la moisson, jusqu'à l'entrée de la saison des pluies, vers le mois de novembre, ces oiseaux trouvent encore, dans les rizières, une nourriture abondante. Nombre d'épis sont restés à terre ; quantité de mauvaises herbes s'élèvent rapidement au milieu des chaumes, et leur offrent des graines en abondance. A ce moment, ils sont gras et fournissent, — les jeunes surtout, — un mets assez recherché.

A l'exception des enfants qui capturent des paddas pour s'en amuser, en leur attachant un fil à la patte et les faisant voler dans les rues, les marchands sont seuls à tenir des paddas captifs pour les vendre aux matelots et aux passagers. On trouve leurs nids tantôt sur des arbres élevés de diverses espèces, tantôt au milieu des nombreux parasites qui recouvrent les stipes des palmiers-arengs. Suivant l'endroit où il est placé, ce nid varie de forme et de grandeur; chaque couvée est de six à huit œufs.

Les paddas ne sont pas les plus recommandables des oiseaux de volière. Gourmands et querelleurs, ils empêchent les espèces plus faibles de s'approcher de la mangeoire, et ne s'apprivoisent jamais qu'incomplètement. Leur chant est insignifiant, et ils n'ont de remarquable que la beauté de leur livrée.

— Si les paddas ne sont pas originaires d'Afrique, dit Marguerite, j'ai souvent vu au Sénégal plusieurs des petits oiseaux, — variétés de bengalis, — qui s'ébattent gaiement dans la volière de ma cousine.

Voici, en effet, la *pytélie à poitrine dorée* qui n'atteint pas dix centimètres de longueur, avec son bec mince et ses pattes rouges, son dos olive, ses yeux entourés d'une bande rouge, sa gorge blanche, sa poitrine d'un beau jaune orange. Les navires venant de la côte occidentale d'Afrique apportent quantité de ces oiseaux; ce sont peut-être, de tous les *bengalis,* les plus communs sur les marchés d'Europe. Ils sont très agréables en cage; ils se montrent très affectueux pour leurs semblables et vivent en bonne harmonie avec les autres petits passereaux. Elégantes de formes, gracieuses dans leurs allures, les pytélies sont très recherchées; leur chant est peu étendu mais fort agréable; elles sont faciles à entretenir; il suffit de leur donner de petites graines; enfin, elles nichent en cage.

Voilà le mignon *sénégali nain,* ou sénégali rouge que les oiseleurs appellent simplement *petit sénégali.*

Ce oiseau a à peine neuf centimètres de longueur. Le mâle a un plumage splendide : la partie supérieure de la tête, la partie postérieure du cou, le dos, les ailes sont d'un brun foncé, passant au noir vers la queue; la face, la partie antérieure du cou, la poitrine sont d'un rouge carmin; le bec et les pattes sont rouges. Dans les contrées qu'il habite, le petit sénégali est si commun qu'il tient, en quelque sorte, la place de notre moineau domestique. On rencontre parfois, près des villages, des bandes innombrables de ces oiseaux, réunis souvent à d'autres passeraux; mais on le trouve aussi loin de toute habitation, dans les steppes, dans les montagnes. Le sénégali nain, — dont les mœurs sont celles des autres espèces du même groupe, — a pour lui non seulement la beauté du plumage, mais encore la gaieté et la grâce des mouvements. Tant que le soleil est au-dessus de l'horizon, il n'est pas tranquille une minute; c'est au plus, si au moment de la forte chaleur, il cherche, dans le feuillage épais des arbres verts, un abri contre les rayons brûlants. Il vole sans cesse de branche en branche, grimpe rapidement le long des troncs d'arbres, des murailles des maisons, court avec agilité sur le sol. C'est à peine si un autre passereau peut rivaliser avec lui par la légèreté du vol; mais aucun, certes, n'est aussi actif. Il est, en outre, très sociable et vit en bonne harmonie, non seulement avec ses semblables, mais encore avec d'autresoiseaux. Le petit sénégali mue à la fin de la saison sèche, et au commencement de septembre, c'est-à-dire aux premières pluies; il songe ensuite à construire son nid. Les bandes, alors, se disséminent par couples qui pénètrent hardiment dans les villes et les villages, cherchent un abri convenable sous le toit de chaume conique ou dans la hutte d'argile d'un indigène. Là, ils font, dans un trou, un grossier amas d'herbes desséchées, au centre duquel ils ménagent une cavité arrondie négligemment construite. Au besoin, les petits sénégalis nichent sur les arbres, ou même à terre. Les œufs sont blancs, lisses et arrondis, un peu plus gros que ceux du roitelet.

Ces petits oiseaux captivent infailliblement l'amitié de tous ceux qui ont appris à les connaître. Doux, confiants, très aimants, ils se recherchent sans cesse, et se tiennent, la nuit surtout, serrés les uns contre les autres.

On trouvait encore, au nombre des pensionnaires de Renée, le bengali à cordon bleu, ou simplement *cordon bleu, astrild papillon,* comme l'appellent les oiseleurs. Cet oiseau, d'environ douze centimètres de longueur, habite une grande partie de l'Afrique; les *cordons bleus* qui arrivent en Europe proviennent de tous les points de la côte occidentale; mais ils ne sont très très communs nulle part; ils ne se réunissent jamais en grandes bandes comme d'autres espèces de la même famille. Ces oiseaux, bien soignés, peuvent se conserver en cage pendant plusieurs années.

L'*astrild ondulé*, qui se rapproche beaucoup des bengalis, est également originaire de l'Afrique. Il est de couleur terre, avec la gorge semée de gris blanchâtre; la partie inférieure de la poitrine et les flancs sont rayés de rose Tout le plumage est soyeux, de couleur tendre, et finement ondulé aux parties supérieures.

L'astrild ondulé vit en petites troupes; mais quelquefois, on en rencontre, dans les forêts, des bandes extraordinairement nombreuses. Il se tient dans les buissons épais pour, de là, descendre sur le sol et y chercher des graines. C'est un des oiseaux les plus communs de la côte de Natal. En hiver, il s'y montre en quantités prodigieuses, visite les plantations, mais s'abat surtout là où le sol est couvert de mauvaises herbes montées en grains. On assure qu'il poursuit les termites au vol, comme beaucoup d'insectivores.

Le nid de l'astrid ondulé est placé près du sol, au milieu des hautes herbes ; il a la forme d'un melon, est fermé par en haut, et ne présente qu'une ouverture latérale. Il est composé de brins d'herbe extrêmement fins, enlacés à des chaumes, de branchettes qui forment la charpente, et pendent autour comme un chevelu. La mère pond quatre ou cinq œufs que les deux parents couvent alternativement.

Dans le nord-est de l'Afrique, on ne chasse ni ne prend les astrilds ; on pourrait, cependant, en capturer un très grand nombre à l'aide de filets de disposés dans les buissons où ces oiseaux cherchent un refuge contre les faucons. Sur la côte occidentale, au contraire, on en prend considérablement pour les vendre aux amateurs. Le charmant plumage des astrilds ondulés, leur port qui rappelle celui du faisan, leur voix agréable à éclat métallique, la faculté avec laquelle on les apprivoise, les font préférer à beaucoup d'autres petits oiseaux.

Il se tenait droit et menaçant (page 189)

CHAPITRE XII

Les deux familles s'étaient rendues ensemble à Paris et avaient passé une après-midi au Jardin d'Acclimation. Les palmipèdes de toutes sortes, oies et canards, avaient surtout attiré l'attention de M. Johnson et de son neveu; car la vue de certaines espèces de ces oiseaux leur rappelait quelques bonnes parties de chasse dans les immenses marais de leur pays d'origine. Il y avait là l'oie cendrée, espèce type de l'oie domestique; mais dont le port est plus fier, dont tous les mouvements sont plus rapides et plus élégants. William crut reconnaître à côté de celle-ci, l'oie du Canada sur les mœurs de laquelle Audubon nous a laissé des pages intéressantes.

« Supposons, dit l'intrépide naturaliste, que tout soit paix et sécurité autour d'un heureux couple d'oies du Canada, et que la mère repose tranquillement sur ses œufs. Le nid est placé sur le bord de quelque majestueuse rivière ou près d'un lac aux eaux dormantes. Au-dessus de la scène enchantée se déroule le clair azur des cieux; la lumière, en traînées brillantes, scintille à la surface des ondes, et des milliers de fleurs odorantes font, du marais naguère si triste, un séjour charmant. Le mâle passe et repasse effleurant l'élément liquide dont il semble être le roi. Tantôt il incline sa tête en décrivant une courbe gracieuse; tantôt il boit à petits coups pour étancher sa soif à loisir. Cependant le soleil a marqué midi; il rame alors vers le rivage pour prendre un moment la place de sa patiente et fidèle compagne. Déjà, au travers de la coquille, s'entendent les bégaiements de la tendre couvée; de leur bec frêle, les petits ont fait brèche aux murs de leur prison; et pleins de vie, alertes et mignons, ils hasardent au-dehors leurs pas chancelants et leur duvet si délicat. Bientôt ils se dirigent vers l'eau, à la suite de leurs parents inquiets; ils atteignent le bord du courant au milieu duquel se joue déjà la mère; l'un après l'autre, ils se risquent à tenter l'aventure, et maintenant les voilà tous qui glissent lentement sur les ondes. Quel délicieux spectacle! rasant la rive verdoyante, la mère guide doucement son innocente progéniture : à l'un, elle montre la graine des herbes flottantes; à l'autre, elle présente une rampante limace; ses yeux vigilants surveillent la cruelle tortue, l'orphie et le brochet vorace qui guettent la proie. La tête inclinée, elle regarde en haut, s'il n'y a pas de mouette ou d'aigle qui vole au-dessus d'eux. Qu'un oiseau rapace vienne pour les saisir à l'improviste, à l'instant elle plonge et sa couvée après elle; puis, ils vont reparaître parmi les joncs épais, en ne présentant d'abord que le bec hors de l'eau Enfin la mère a gagné la terre, et rassemble sa famille par un appel si bas et si doux, qu'il n'y a que les petits et le père pour en comprendre le sens. A présent, ils sont sauvés; et leur ennemi, qui ne sait ce qu'ils sont devenus, n'a plus qu'à renoncer à sa poursuite.

» Plus de six semaines se sont écoulées; le duvet des oisons, qui d'abord était moelleux et touffu, se change en une sorte de poil dur et roide; les tuyaux commencent à leur pousser au bord des ailes, leur corps se hérisse de plumes, ils sont déjà grands et forts. Vivant au sein de l'abondance, ils deviennent si gras qu'ils marchent avec peine; et comme ils ne peuvent encore voler, il faut les soins les plus assidus pour les préserver des nombreux dangers qui les menacent. Heureusement qu'ils croissent rapidement. Bientôt les jours brûlants d'août sont finis; ils sont alors en état de voler d'un bord à l'autre de la rivière; d'ailleurs, chaque nuit, la gelée blanche couvre la terre; et quand la glace a joint les deux rives, la famille se réunit à la famille voisine, laquelle, à son tour, se voit augmentée de plusieurs autres. Enfin, l'hiver s'annonce; ils ont prévu quelque violent tourbillon de neige : c'est le moment où les vieux, conducteurs de la troupe, donnent tous à la fois le signal du départ.

» Après avoir décrit de larges cercles, ils s'enlèvent au sein de l'air raréfié; et une heure au plus est employée à instruire les jeunes de l'ordre dans lequel ils doivent s'avancer. Maintenant le bataillon a ses chefs; il s'élance, se déployant tantôt sur un front étendu, tantôt sur une seule ligne, quelquefois en forme de triangle. Les vieux volent en tête, puis les jeunes successivement, selon leurs forces, les plus faibles composant toujours l'arrière-garde. Quand l'un se sent fatigué, il change de position dans les rangs, et se voit relevé de son poste par un autre qui vient, à son tour, fendre l'air devant lui; peut-être aussi que son père ou sa mère se tient un instant à ses côtés et l'encourage. Deux ou trois jours s'écoulent avant qu'ils atteignent un lieu où ils puissent se reposer sans rien craindre. La graisse dont ils étaient chargés au départ s'est épuisée rapidement; ils sont fatigués et sentent le dur aiguillon de la faim. Cependant, ils viennent d'apercevoir un vaste golfe et prennent leur vol dans cette direction. A peine descendus sur l'eau, ils nagent vers la côte, s'y arrêtent et regardent autour d'eux : les jeunes sont pleins de joie; les vieux, remplis d'inquiétude, car ils savent trop, par expérience, combien d'ennemis guettent depuis longtemps leur arrivée. Toute la nuit se passe en silence, mais non pas dans l'inaction. Tremblants, ils se hasardent parmi les herbes du rivage, pour apaiser les premiers besoins de la faim, et refaire un peu leurs forces; et dès que l'aurore commence à briller sur l'abîme, ils repartent,—leurs lignes étendues,—et voyagent ainsi jusqu'à ce qu'ils trouvent une station où ils espèrent vivre convenablement tout l'hiver. Enfin, après mille tourments et des pertes cruelles, ils ont joyeusement salué le retour du printemps, et se préparent à quitter des bords inhospitaliers et à se renvoler loin des embûches de l'homme, leur plus redoutable ennemi.

» L'oie du Canada paraît dans nos Etats du centre et de l'ouest, souvent dès le commencement de septembre, et ne se confine nullement au bord de la mer. Durant mon séjour dans l'Etat de Kentucky, je ne me rappelle pas avoir passé d'hiver sans en apercevoir d'immenses troupes, spécialement au voisinage d'Henderson, où j'en ai tué par centaines, aussi bien qu'aux chutes de l'Ohio et dans les marais environnants, qui sont remplis d'herbes et de diverses espèces de nénuphars dont elles recherchent avidement les graines. Tous les lacs situés à quelques milles du Missouri, du Mississipi et de leurs tributaires, en sont toujours abondamment fournis, depuis le milieu de l'automne jusqu'aux premiers jours du printemps; et là aussi j'en ai constamment vu, mais se tenant par couples isolés, et occupées à élever leurs petits. Il est plus que probable que ces oiseaux nichaient en foule dans les parties tempérées de l'Amérique du Nord, avant que la population blanche les eût envahies : c'est du moins ce qu'indiquent les rapports d'anciens et nombreux habitants de ces contrées, et ce que dit positivement le vieux général Clacrk, l'un des premiers colons des bords de l'Ohio. Il me racontait qu'une cinquantaine d'années auparavant (1), les oies sauvages étaient si communes durant toute l'année, qu'il avait l'habitude d'en nourrir ses soldats, alors en garnison près de Vincennes, sur le territoire qui dépend actuellement de l'Etat d'Indiana. Mon père, ayant descendu l'Ohio peu de temps après la défaite de Bradock (2), me répétait la même chose.

» Lorsqu'elle reste chez nous dans l'intention d'y nicher, l'oie du Canada commence à bâtir au mois de mars. Elle fait choix de quelque lieu retiré, pas trop éloigné de l'eau, généralement parmi de grands roseaux, ou même assez souvent sous des broussailles. Le nid, soigneusement composé d'herbes sèches, est spacieux, plat et presque à ras de terre. Je n'en ai vu qu'un seul élevé au-dessus du sol; il était placé sur le tronc d'un gros arbre, au milieu d'un petit étang, environ à vingt pieds de haut, et contenait cinq œufs. Comme l'endroit était tout à fait désert, je me gardai bien de troubler les parents, curieux de savoir comment ils s'y prendraient pour conduire leurs petits à l'eau. Mais en cela, je fus désappointé; car un jour que j'allais au nid, vers le temps où je croyais que l'incubation était près de se terminer, j'eus la mortifi-

(1) Il y a aujourd'hui près de 130 ans.

(2) Général anglais qui figura au siége de Québec, où il fut défait par les Français et une poignée d'Indiens.

cation de voir qu'un raton avait mangé tous les œufs, et que les oiseaux avaient abandonné la place.

» Un jour ou deux après leur éclosion, les petits suivent leurs parents à l'eau; mais, en général, ils reviennent à terre pour se reposer le soir au soleil couchant, et passer la nuit sous les ailes de leur mère, si tendre, si attentive à leur procurer bien-être et sécurité. Du reste, elle ne fait en cela qu'imiter l'exemple du père; car, tant que dure l'incubation, il ne la quitte jamais elle-même, sauf le temps strictement nécessaire pour chercher sa nourriture.

» C'est pendant cette saison des œufs que le père fait éclater sa force et son courage. J'en ai vu un qui semblait, à ce moment, plus grand et plus gros que de coutume, et dont tout le plumage en dessous paraissait d'un blanc magnifique. Trois années de suite, il revint au même marais, à quelques milles de l'embouchure de la Rivière Verte, dans le Kentucky; et chaque fois que je rendais visite à son nid, il se contentait de jeter sur moi un regard du plus profond dédain. Il se tenait droit et menaçant, et quand je me hasardais à quelques pas de son nid, baissant soudain la tête et la secouant comme s'il eût eu le cou disloqué, il ouvrait ses ailes et s'élançait en l'air directement pour m'attaquer. Telles étaient l'audace et la vigueur de ce fier champion, que deux fois il me frappa de son aile au bras droit, et pour un instant je crus qu'il me l'avait cassé. Après chaque effort de ce genre pour défendre sa compagne et son cher trésor, il retournait immédiatement vers eux, passait et repassait sa tête et son cou sur le plumage de la mère, et reprenait bientôt son attitude de défi.

» L'esprit toujours en quête d'expériences, j'entrepris d'adoucir le naturel de ce farouche habitant des eaux; et dès lors je ne manquai jamais d'avoir dans les mains plusieurs épis de blé que j'égrenais et jetais devant lui. Les premiers jours, il se montra inflexible; mais je réussis enfin, et une semaine ne s'était pas écoulée, que le mâle et la femelle venaient manger le blé jusque sous mes yeux. Cela me fit beaucoup de plaisir; et en répétant journellement ma visite, je parvins à les apprivoiser, si bien qu'avant la fin de l'incubation, ils me laissaient approcher à quelques pas, sans permettre néanmoins que je les touchasse. Je voulus bien essayer; mais chaque fois, le père m'appliqua sur les doigts de si furieux coups de bec, qu'il me fallut y renoncer. La beauté rare et le courage de ce père me donnaient grande envie de m'en emparer. J'avais noté l'époque probable où les petits devaient éclore; la veille, j'amorçai avec du blé un large espace que j'entourai d'un filet, et me tins en embuscade. Quand je le vis entré dedans, je tirai la corde et le fis ainsi prisonnier. Le lendemain matin, comme la mère allait pour conduire ses petits à la rivière, distante d'un demi-mille, je les pris tous, ainsi que la mère, qui était venue jusque sous ma main, cherchant à en sauver un du moins de sa pauvre famille. Je les emportai chez moi et dus recourir à un expédient assez cruel pour les empêcher de s'échapper : avec des ciseaux, je leur rognai à chacun le bout de l'aile, puis les lâchai dans le jardin, où j'avais fait creuser une petite pièce d'eau. Pendant plus de quinze jours, les deux vieux restèrent tout effarouchés, et je craignis même qu'ils n'abandonnassent le soin des jeunes; cependant, à force d'attention, j'eus la joie de pouvoir les élever, en leur fournissant en abondance des larves de locustes dont ils sont très friands, ainsi que de la farine de blé trempée dans l'eau; et toute la famille, se composant de onze individus, finit par prospérer. En décembre, le froid étant devenu très vif, je remarquai que le vieux père battait fréquemment des ailes et poussait un cri aigu, auquel sa compagne d'abord et ensuite chacun des jeunes répondaient l'un après l'autre; et que tous ensemble, se mettant à courir vers le sud, aussi loin que s'étendait leur prison, ils faisaient effort pour s'envoler. Je n'en perdis aucun de trois années. Tous, ils montraient une aversion particulière pour les chiens et les chats; mais les objets spéciaux de leur animosité étaient un vieux cygne et un coq d'Inde sauvage que je nourrissais à la maison. D'habitude, ils s'occupaient à débarrasser le jardin de chenilles et de limaçons. Ils m'endommageaient parfois quelque arbuste et quelque fleur; en somme, pourtant, je puis dire que j'aimais leur compagnie. Quand je quittai Henderson, je leur rendis à tous la liberté.

» Immédiatement après le complet développement de sa famille, l'oie du Canada se rassemble par troupes; mais elle ne recherche pas la compagnie des autres espèces. Partout où l'oie à front blanc, l'oie de neige, la bernache ou d'autres veulent partager avec elle le même étang, elle les force à se tenir à distance.

» Son vol est ferme, assez rapide et très prolongé. Une fois qu'elle a gagné les hautes régions de l'air, elle s'avance d'un mouvement constant et régulier. En s'élevant de terre ou de la surface de l'eau, elle a coutume de faire quelques pas en courant, les ailes toutes grandes ouvertes; mais quand elle est surprise et que ses plumes sont bien développées, un simple élan de son large pied palmé suffit pour lui faire prendre l'essor. Quand elles partent en troupe pour quelque long voyage, elles s'enlèvent à environ un mille dans l'air, et passent en se dirigeant tout droit vers le lieu de leur destination. Leurs clameurs, alors, s'entendent au loin, et l'on distingue très bien les divers changements qui s'opèrent dans l'ordre et la disposition de leurs rangs. En de telles circonstances, je le répète, elles s'avancent avec la plus grande régularité; néanmoins, lorsqu'aux premiers beaux jours on les voit s'en retourner du sud vers le nord, elles volent beaucoup plus bas, se posent plus souvent, et se laissent assez facilement mettre en désarroi, soit par la rencontre subite d'un épais brouillard, soit en passant au-dessus des villes et des bras de mer où elles peuvent apercevoir de nombreux vaisseaux. Alors la consternation s'empare de toute la bande; les rangs se rompent, elles se mêlent, ne font que tournoyer, et l'on entend une sorte de *can can* perpétuel qui ressemble au bruit confus d'une multitude en déroute. Quelquefois la troupe se sépare; et plusieurs individus, se détachant soudain des autres, prennent une direction opposée à celle qu'ils suivaient; puis, au bout d'un instant, comme ne sachant plus où aller, ils descendent, et une fois posés par terre, restent là étourdis et stupéfaits, de façon qu'on peut les tuer à coups de fusil et même à coups de bâton. C'est ce qui arrive assez souvent, m'a-t-on dit; et moi-même, j'ai plusieurs fois été témoin de pareilles scènes. De violents tourbillons de neige les troublent aussi considérablement; et quand elles s'en trouvent enveloppées, il y en a qui, en plein jour, vont donner de la tête contre les murs des signaux et des phares. Dans la nuit, la lumière de ces bâtiments les attire, et parfois toute une troupe se laisse ainsi prendre. Un simple changement de temps suffit également pour les arrêter ; et elles semblent en deviner l'approche, car, sans retard, elles font volte-face et reprennent, pendant plusieurs milles, le chemin du midi. Souvent des troupes entières reviennent de cette façon aux lieux qu'elles avaient quittés depuis une quinzaine. Même en hiver, elles savent prévoir avec une grande sagacité les variations de température, et se dirigent tantôt plus au nord, tantôt plus au sud, selon qu'il y doit faire meilleur pour vivre.

» Ces oiseaux sont moins farouches quand on les rencontre enfoncés dans l'intérieur des terres que lorsqu'ils se tiennent sur les bords de la mer; et moins ont d'étendue les lacs et les étangs qu'ils fréquentent, plus il est facile de les surprendre. Ils cherchent ordinairement leur nourriture à la manière du cygne et du canard, c'est-à-dire en enfonçant la tête sous l'eau, dans les étangs peu profonds,

l'Hiver

Quelle triste saison pour l'oiseau si gai de sa nature, si vif et si remuant pendant les beaux jours ! Beaucoup émigrent dès les premiers froids ; mais, il en est que rien ne peut arracher à leur pays de prédilection et qui restent nos compagnons fidèles dans la bonne comme dans la mauvaise fortune. Voyez-les frileusement blottis sous un abri de chaume qui les préserve des frimas, de la pluie qui tombe à torrents ; ils sont-là, serrés les uns contre les autres, les plumes hérissées, le regard terne, l'estomac vide, sans doute, attendant une éclaircie, un rayon de soleil, pour courir à la conquête d'une proie souvent bien difficile à découvrir. A moins pourtant qu'une main amie ne mette à leur portée quelques miettes de pain qui les réconfortent ainsi qu'on le fait dans certains pays. Rien n'est gracieux comme un enfant distribuant, pendant l'hiver, la nourriture aux petits oiseaux qui se sont établis dans le voisinage de la maison de ses parents. Il est largement payé de sa peine par la confiance que lui témoignent les charmantes créatures. Les oiseaux si timides, si farouches de leur nature, ont bientôt reconnu l'ami désintéressé qui les protège ; et, ils vivent avec lui dans une intimité que ne soupçonnent pas ceux qui ne les recherchent que pour les détruire, sans réfléchir aux dommages qui en résultent pour les récoltes de toutes espèces. Voyez les moineaux de nos jardins publics qui viennent sans crainte manger dans la main de quelque vieil habitué, et qui recueillent jusque sous les pieds des enfants les miettes échappées du gâteau ou du petit pain ! Pensez à nos amis les oiseaux quand la saison est mauvaise ; et dites-vous bien, surtout, que c'est dans ce moment de disette qu'ils ont le plus besoin d'être secourus. Reviennent le printemps, les beaux jours, le soleil et les fleurs, il vous récompenseront de votre aimable sollicitude en chantant à votre intention. Ceux qui n'ont pas essayé d'apprivoiser les oiseaux en liberté ne peuvent s'imaginer jusqu'à quel point ils sont sociables.

Les oiseaux sont amis de la lumière et du soleil ; ils redoutent la mauvaise saison et paraissent tristes par la pluie ou la neige.

au bord des lacs et des rivières, tandis que tout le devant du corps est submergé, et qu'ils ont les pattes et le derrière en l'air ; mais dans ce cas, jamais ils ne plongent. Lorsqu'ils paissent sur les champs ou les prairies, ils tranchent l'herbe de côté, ainsi que fait l'oie domestique; et après qu'il a plu, on les voit fouler rapidement la terre des deux pieds. comme pour en faire sortir les vers. Parfois ils barbotent dans l'eau fangeuse, mais bien moins fréquemment que les canards, et surtout que le canard sauvage. Ils recherchent avidement les champs de blé, quand la feuille est encore tendre, y passent souvent la nuit, et y commettent de grands dégâts. En quelque lieu qu'on les rencontre, et si loin que ce puisse être des demeures de l'homme, on les trouve toujours soupçonneux et sur le qui-vive. Pour la puissance de la vue et la subtilité de l'ouïe, il n'est peut-être pas d'oiseau au monde qui les surpasse. Ils se gardent les uns les autres, et pendant que la troupe repose, un ou deux mâles font sentinelle. La présence du bétail, d'un cheval ou d'un daim ne les étonnera pas; mais qu'il s'agisse d'un couguar ou d'un ours, sa venue est aussitôt annoncée; et si la troupe est par terre, dans le voisinage de quelque étang, tous ils se retirent à l'eau dans le plus profond silence, gagnent le large et restent là, attendant que le danger soit passé. Si l'ennemi s'acharne à les y poursuivre, les mâles commencent à pousser de grands cris, la troupe se forme en rangs serrés, et ils s'envolent tous à la fois, mais ordinairement sans présenter ni ligne ni angle, disposition qu'ils ne prennent que lorsqu'ils ont à parcourir une distance considérable. Leur ouïe est d'une finesse si extraordinaire, qu'au seul bruit des pas, ils reconnaissent, sans s'y tromper, à quelle sorte d'ennemi ils ont affaire. Rien qu'en entendant casser une branche sèche, ils distinguent avec un tact exquis si c'est un homme ou un daim qui s'approche. Une douzaine de grosses tortues se jettent en tumulte à l'eau, un alligator se laisse pesamment choir dans les marais, ne craignez pas que l'oie sauvage bouge ni s'en préoccupe; mois voilà que de là-bas, bien loin, arrive, faible et presque imperceptible, le bruit de la pagaie d'un Indien qui, par mégarde, a heurté contre les flancs de son canot ; soudain l'alarme est donnée, les têtes se dressent, et toutes, le regard tourné vers le lieu d'où vient le danger, elles surveillent, silencieuses, les mouvements de leur ennemi.

» Elles sont aussi extrêmement rusées. Quand elles croient n'avoir pas été aperçues, elles se glissent doucement parmi les hautes herbes, en baissant la tête, et restent parfaitement immobiles jusqu'à ce que le bateau soit passé. Je les ai vues, pour échapper aux regards du chasseur, quitter furtivement la surface gelée d'un grand étang et se réfugier dans les bois, puis revenir quand le chasseur s'était éloigné. Mais s'il y a de la neige sur la glace ou dans les bois, elles sont constamment en alerte, et s'envolent longtemps avant qu'on arrive à portée de les tirer, comme si elles savaient combien leur trace est plus aisée à suivre sur la blanche et perfide surface.

» Elles aiment à retourner aux lieux de repos qu'elles ont une fois choisis, et y reviennent sans cesse, tant qu'on ne les y tourmente pas trop. Chez nous, là où ont ne les trouble pas, elles vont rarement plus loin que les bancs de sable voisins des côtes et les rivages secs des lieux où elles trouvent leur nourriture. Dans d'autres pays, elles cherchent, à plusieurs milles, des retraites mieux appropriées, et dont l'étendue leur permette de découvrir le danger longtemps avant qu'il puisse les atteindre. Lorsqu'il s'en rencontre une de ce genre et qu'elles l'ont reconnue bien sûre, de nombreuses troupes s'y rassemblent, mais toujours par groupes séparés. C'est ainsi que, sur quelques-uns des immenses bancs de sable de l'Ohio, et du Missisipi on voit parfois, vers le soir, ces oiseaux réunis par milliers, et reposant en petites bandes qui se tiennent à quelques pieds l'une de l'autre, chacune avec ses sentinelles particulières. Dès l'aube toutes sont sur pied; elles arrangent leur plumage, font leur toilette, vont boire à l'eau voisine, et repartent pour les lieux où elles ont coutume de pâturer.

» Lors de ma première visite aux chutes de l'Ohio, sur les pentes rocailleuses et dénudées de ses rivages, j'en trouvai des multitudes qui s'y réfugiaient ordinairement pour la nuit. Les nombreux et larges canaux formant les îles abruptes de l'un et l'autre bord, comme aussi la rapidité des courants qui règnent entre elles, font de cet asile l'un des plus convenables qu'elles puissent désirer. Elles se retirent également sur les îles pendant l'hiver; mais alors leur nombre est bien diminué; et maintenant, aux environs de Louisville, ces oies sont devenues si farouches que, sur les étangs où elles viennent chaque matin pour manger, la moindre alerte, la simple détonation d'une arme à feu, les fait se renvoler immédiatement vers leurs rochers : et cependant, même ici, le danger les menace encore; car, assez souvent il arrive qu'une troupe entière s'abatte à demi-portée de fusil d'un chasseur à l'affût dans une pile de bois flotté, dont il sait se faire un abri, qui généralement leur devient funeste. J'ai connu un gentleman, propriétaire d'un moulin situé en face Rock-Island, et qui s'amusait à bombarder ces pauvres oies, à la distance d'un quart de mille, au moyen d'un petit canon chargé à balles; et si je ne me trompe, M. Tarascon en jetait ainsi bas plus d'une douzaine à chaque coup. Cela se pratiquait à la pointe du jour, alors que les malheureuses n'étaient occupées qu'à se remettre les plumes en ordre. Mais cette guerre d'extermination ne pouvait durer : les oies désertèrent le roc fatal, et le redoutable canon du puissant meunier ne dut pas lui servir plus d'une semaine.

» Sur l'eau, l'oie du Canada se meut avec une grâce remarquable, et sa manière d'être, en général, ressemble beaucoup à celle du cygne sauvage, auquel je la crois alliée de très près. Quand c'est à l'aile qu'on l'a blessée, elle plonge parfois à une petite profondeur, et s'échappe avec une prestesse étonnante, toujours dans la direction du rivage. Dès qu'elle l'a touché, vous la voyez se traîner parmi les herbes ou les broussailles, le cou tendu un ou deux pouces au-dessus de terre, et marchant si doucement, qu'à moins d'avoir l'œil constamment dessus, on est presque certain de la perdre. Si on la tire sur la glace et qu'elle se sente frappée, elle se met aussitôt à fuir, mais fièrement et d'un pas assuré, de manière à vous faire croire qu'elle n'a aucun mal; et elle ne cesse de crier bruyamment, comme à l'ordinaire; mais, du moment qu'elle a gagné le bord, elle devient silencieuse, et disparaît.

» Un jour, sur la côte du Labrador, je fus vraiment surpris de l'habileté avec laquelle l'un de ces palmipèdes, alors dans sa mue, et par conséquent tout à fait incapable de s'envoler, sut manœuvrer, tout le temps, pour se dérober à notre poursuite. On l'aperçut d'abord à quelque distance de la rive : à l'intant, le bateau fut lancé après elle; mais s'étant mise à nager de toutes ses forces, elle faisait mine de vouloir gagner directement la terre, et quand nous n'en fûmes plus qu'à quelques pas, elle plongea. Nous ne savions ce qu'elle était devenue; chacun se tenait sur la pointe des pieds pour voir à quel endroit elle allait reparaître, lorsque, par hasard, l'homme qui était au gouvernail venant à baisser les yeux vers la poupe, l'aperçut presque sous le bout de notre barque, son corps toujours enfoncé dans l'eau, et ramant vigoureusement des deux pieds, pour marcher de conserve avec nous. Le marin essaya de la prendre; mais, avec la rapidité de la pensée, elle passait d'un côté à l'autre, à l'avant, à l'arrière, et jamais il ne put mettre la main dessus. Enfin, charmé de trouver tant d'esprit dans *une oie,* je demandai la grâce de la pauvre bête, et nous la laissâmes s'en aller en paix.

» C'est du milieu de septembre à celui d'octobre que les oies du Cadana font leur première apparition dans l'ouest et le long des côtes de l'Atlantique. Un chasseur habile, et qui d'abord a eu soin de tuer les vieux, est presque sûr d'avoir ensuite les jeunes, moins rusés, et dont l'habitude est de revenir manger aux lieux que les parents leur avaient d'abord indiqués. On n'a qu'à les attendre aux étangs connus, et généralement on fait bonne chasse. Pour moi, cette sorte d'affût n'a jamais été bien de mon goût : dès que paraissait un autre oiseau dont j'avais envie, je me mettais à courir après, et les oies en profitaient pour s'envoler; mais si je n'en ai guère tué moi-même, en revanche j'en ai vu tuer beaucoup. Je vous demanderai la permission de vous raconter une ou deux anecdotes qui ont trait à ce genre d'exercice. »

« Je connais intimement l'un des meilleurs chasseurs qui soient dans tous les pays de l'ouest. Force, adresse, patience et courage, il possède toutes ces qualités de premier ordre pour un pareil métier. Souvent, à minuit, je l'ai vu monter un cheval vigoureux et rapide, alors que le thermomètre marquait zéro, que la terre était couverte de neige et de glace, et que le verglas enveloppait complètement les arbres. Mais que lui importe? Il part au petit galop, son cheval est ferré à neuf, et personne ne sait où il va, personne excepté moi, qui suis à ses côtés. Sa valise contient notre déjeuner, force munitions et autres provisions nécessaires. La nuit est noire et passablement rude; mais, il connaît les bois comme pas un chasseur du Kentucky, et moi, sous ce rapport, je ne lui en céderais guère. Nous marchons depuis longtemps, et les premiers rayons du jour commencent à poindre ; nous savons parfaitement où nous sommes : nous avons fait juste vingt milles. Les cris de la chouette nébuleuse interrompent seuls le silence mélancolique de l'heure matinale. Nous attachons nos chevaux à un arbre, et maintenant, à pied, sans faire de bruit, nous nous dirigeons vers un *long étang,* où des troupes d'oies ont coutume de venir chercher leur nourriture. Aucune n'est encore arrivée; mais déjà toute la surface de l'eau, libre de glace, est couverte de canards, de macreuses, de pilets et de sarcelles aux ailes bleues et vertes. Le fusil de mon ami, comme le mien, porte loin, et l'occasion est bien tentante! A plat ventre, nous rampons jusqu'au bord de l'étang; puis, un genou en terre, nous mettons en joue et le coup part! La détonation résonne, répétée par mille échos dans les profondeurs de la forêt, et l'air est rempli de canards de toute espèce. Nos chiens se sont jetés à la nage au milieu des glaçons, et en quelques minutes nous avons devant nous un petit tas de gibier. Cela fait, nous rentrons sous bois, et nous nous séparons pour gagner chacun un côté de l'étang. A juger par moi de l'état des doigts de mon camarade, nous ne serions certes pas capables de mettre un seul bouton; nous grelottons, nos pieds se crispent, nos dents claquent..... mais voici venir les oies! On entend retentir, au haut des airs, leur cri bien connu : *hauk, hauk, awhauk, awhauk;* elles tournoient, tournoient; puis par un mouvement gracieux, descendent sur l'eau, où elles s'amusent d'abord à se baigner et à prendre leurs ébats; bientôt elles regardent autour d'elles, car la faim les presse. A ce moment, il peut y en avoir vingt; mais il en arrive vingt autres, et en moins d'une demi-heure, nous en avons devant nous une centaine. Mon ami, qui connaît son affaire, a passé par-dessus ses habits une sorte de chemise d'un blanc de neige, et quelque attentif que je sois à observer ses mouvements, je reste convaincu qu'il est impossible de les suivre, même pour l'œil perçant de l'oie qui se tient en sentinelle. Pan! pan! fait son grand fusil, et la troupe, en désarroi, s'enlève, gagnant de mon côté. Dès que je les vois à portée, je me mets debout : les oies éperdues piquent droit en l'air;

je presse l'une après l'autre les détentes, et l'aile brisée, déjà morts, deux de ces oiseaux viennent lourdement tomber à mes pieds. Ah! que n'avons-nous d'autres fusils! Nous ramassons notre butin, retournons à nos chevaux. attachons ensemble par le cou oies et canards, et les jetant de travers sur nos selles, repartons pour une nouvelle expédition.

» Une autre fois, mon ami, seul pour le moment, se dirige vers les chutes de l'Ohio, et comme de coutume atteint le bord du fleuve, longtemps avant le jour. Son cheval, bien dressé, plonge au milieu des tourbillons du rapide courant, et parvient, non sans peine, à déposer son intrépide cavalier sur une île où il prend terre, tout mouillé et transi. Le cheval sait ce qu'il a à faire aussi bien que son maître; et pendant que l'un broute aux environs, celui-ci s'approche tout doucement d'une pile de bois flotté qu'il savait être là, et se cache dedans. Son fameux chien Neptune est sur ses talons. Enfin, à la lueur incertaine et grisâtre de l'aube, il commence à entrevoir les oies; il tire, plusieurs restent sur place; mais une, qu'il a bien blessée, s'envole et va s'abattre dans la *chute indienne*. Neptune saute après : déjà le terrible courant l'entraîne lui-même; alors le chasseur siffle son cheval, qui, les oreilles dressées, accourt au galop. Il l'enfourche, s'élance avec lui au milieu des flots perfides, d'une main saisit le gibier, de l'autre soutient son chien; et après de longs efforts, le cavalier et le cheval parviennent à mettre le pied sur la rive indienne. Tout autre que cet homme, dont je ne fais que vous rapporter fidèlement les moindres exploits, y eût depuis longtemps péri; mais s'il affronte ainsi la fatigue et le danger, c'est bien moins pour le profit, que pour le plaisir que trouve son excellent cœur à distribuer son gibier entre ses nombreux amis.

» Dans l'est, c'est autre chose, les chasseurs tuent les oies pour le gain, et s'y prennent d'une façon différente. Quelques-uns les attirent au moyen d'oies artificielles; d'autres, avec des oies véritables. Ils restent en embuscade souvent des heures de suite, et en détruisent un nombre immense; mais comme cette chasse n'offre guère d'agrément, je n'en parlerai pas davantage.

» Dans ces contrées, l'oie du Canada se nourrit principalement d'une herbe longue, à feuilles linéaires, l'*algue marine,* et en même temps d'insectes aquatiques et de petits crustacés, genre d'aliment qui lui fait perdre l'agréable saveur qu'a sa chair, lorsqu'elle ne vit que de plantes d'eau douce, de blé et d'herbe. Elle se tient à une petite distance des rivages, devient plus farouche, diminue de volume et est bien inférieure, comme mets, à celles qui visitent l'intérieur du pays.

» Un autre artifice assez curieux qu'on emploie pour tuer ces oiseaux, et que j'ai pratiqué moi-même avec beaucoup de succès, consiste en ceci. Dans le sable des bancs que les oies ont contume de fréquenter pendant la nuit j'enfonçai un tonneau jusqu'à quelques pouces du haut, et m'installais dedans à l'approche du soir, ayant eu soin de tirer par-dessus quantité de broussailles, et de placer sur le sable mon fusil. Parfois des oies venaient s'abattre tout près de moi, et de cette manière j'en ai tué souvent plusieurs d'un seul coup; mais ce stratagème s'use bientôt, et n'est bon au plus que pour quelques mois. Même au plus rude de l'hiver, ces oiseaux, par leurs mouvements continuels dans l'eau, peuvent la maintenir libre, sur une certaine étendue, et empêcher la glace de prendre aux endroits les plus profonds d'un étang. Lorsque le hasard, ou autre cause, leur réserve ainsi de ces espaces ouverts à la surface des marais, des étangs ou des lacs, elles ne manquent pas d'en profiter, et le chasseur peut les y fusiller tout à son aise.»

Le tisserin à tête d'or et son nid.

CHAPITRE XIII

EPUIS la veille, toute une colonie de Parisiens s'était installée chez M. Johnson. Parmi les hôtes du château se trouvait un vieux professeur du Muséum, ami de M. Delmas, qui avait voulu visiter la volière de Marguerite et en avait loué la parfaite installation et la bonne tenue. Maintenant, les visiteurs circulaient par petits groupes dans les allées du parc et dans celles des jardins, où s'ébattaient de nombreux oiseaux dont personne ne troublait jamais la sécurité. Des mésanges inspectaient conscieusement les grands pommiers en fleurs dans lesquels, plus d'une fois, elles avaient niché ; quand, tout à coup, sous les yeux des promeneurs, un hanneton vint étourdiment s'abattre dans les herbes, à proximité des oiseaux. Ce fut alors un intéressant spectacle : deux mésanges, comme deux chiens bien dressés, se mirent en arrêt devant le succulent gibier; elles étaient là, les plumes hérissées, la huppe relevée; mais hésitant à se précipiter sur le gros coléoptère qui, de son côté, faisait de vains efforts pour fuir. Bientôt, la voracité naturelle de ces oiseaux, leur besoin de détruire sans cesse, dominèrent leur crainte et firent cesser leurs incertitudes : en moins de temps qu'il n'en faut pour le raconter, le malheureux hanneton fut broyé, déchiqueté, et vint s'engouffrer dans l'estomac des charmantes, mais cruelles mésanges.

Les jeune filles interrogeaient du regard le vieux professeur qui inclina la tête en souriant pour indiquer qu'il les avait comprises; et qui, sans plus se faire prier, donna d'intéressants détails sur les mœurs des petits chasseurs d'insectes.

— La nature, vous le voyez, mesdemoiselles, dit-il sans interrompre la promenade, a été prodigue envers les mésanges; elle les a armées d'un bec solide, de petites griffes qui leur permettent de s'accrocher aux branches les plus rugueuses comme les plus lisses, et les a parées de belles et vives couleurs : le gris, le jaune, le bleu, le vert, je dirais presque la soie et le velours enrichissent leur plumage, et leur physionomie, bien caractéristique, ne manque pas d'originalité. Elles habitent communément les grands bois, les taillis, les vergers; et, on les trouve souvent sur les saules qui bordent les ruisseaux. Depuis le moment où elles sortent du nid, jusqu'au printemps de l'année suivante, les mésanges volent en troupes; mais, malgré l'apparence d'union que semblent indiquer ces petites colonies vagabondes, on aurait tort de croire qu'elles ont beaucoup d'attachement les unes pour les autres. Très sociables avec l'homme, elles sont, entre elles et les autres oiseaux, le type de la malice cruelle. Si nous devons les aimer et les protéger, c'est surtout à cause des incalculables services qu'elles nous rendent en détruisant les ennemis de nos récoltes. La plupart des insectes qui vivent sur les arbres ou qui y abritent leurs œufs ou leurs larves, leur servent de nourriture. Leur bec fin et pointu leur permet de fouiller dans tous les plis, dans toutes les fentes, dans toutes les gerçures de l'écorce; leur œil perçant, ne laisse pas une branche inexplorée. Il y en a qui, pendant l'été, voltigent comme des colibris, de fleur en fleur, pour saisir les insectes que le suc visqueux des étamines et du pistil retient prisonniers. L'inquiète activité de ces oiseaux est étonnante; ils voltigent en errant d'arbre en arbre, de branche en branche; ils s'accrochent et se suspendent indifféremment contre toutes les parties et ne restent jamais dix secondes à la même place. Ce sont les plus féconds de tous les oiseaux : ils ont douze, quinze petits et quelquefois plus. On a calculé qu'un couple de mésanges détruit plus de 120,000 larves ou insectes pour élever sa couvée; et, d'après ces chiffres, on peut juger de quel secours elles sont pour la conservation de nos jardins et de nos vergers.

Hardis et courageux, ces oiseaux savent combattre jusqu'à la mort : pris, liés, garrotés, ils piquent du bec à coups redoublés leur persécuteur; ils insultent à sa victoire, et appellent à leur secours, par des cris multipliés, tous les membres de leur tribu qui s'empressent d'accourir, et dont quelques-uns sont souvent victimes du zèle qu'ils n'ont pu contenir.

La grande mésange ou *mésange charbonnière*, très commune en France, doit cette dernière appellation à l'habitude qu'elle a contractée de placer son nid dans les crevasses qui, généralement, ne manquent pas aux huttes que les charbonniers construisent dans les bois et dans les forêts, ou peut-être aussi à la couleur dominante de son plumage : c'est la plus grande espèce de la famille. Elle a le dos vert olive; le sommet de la tête et la gorge sont noirs; les plumes des ailes et celles de la queue sont d'un gris bleuâtre, tandis que les côtés de la tête et une ligne placée au-dessus de l'œil sont blancs. Le vieux naturaliste Belon l'a appelée *mésange nonnette;* dans beaucoup de campagne, elle est connue sous le nom de *cendrille*. Cet oiseau aime les grands bois; mais on le rencontre également dans les montagnes, dans les plaines, dans les marais, sur les buissons; et, il n'est guère de grands jardins où il ne se trouve. La mésange charbonnière réunit à elle seule toutes les qualités et tous les défauts des oiseaux de la même famille. Elle monte et descend à la manière des pies; elle est vive et gaie, curieuse et active, courageuse et vindicative.

C'est chose rare que de la voir pendant quelques moments immobile ou de mauvaise humeur. Toujours joyeuse, elle saute et grimpe au milieu des branches, des buissons, des haies; elle se montre à la cime d'un arbre; un instant après, elle se balance, la tête en bas, à l'extrémité de quelque petit rameau; elle fouille un tronc d'arbre creux; elle se glisse dans chaque trou, dans chaque crevasse, et elle exécute tous ces mouvements avec une rapidité, une vivacité qui tiennent parfois du comique. Une curiosité extraordinaire la possède; elle examine, elle flaire et tâte, si l'on peut ainsi dire, tout ce qui attire son attention; mais, elle ne le fait pas immodérément; elle montre, au contraire, dans toutes ses actions, la plus grande prudence. Elle sait parfaitement fuir le chasseur, éviter l'endroit où il y a péril pour elle, et cependant elle n'est pas craintive.

Si la mésange charbonnière contracte avec l'homme de bonnes et solides amitiés, il n'en est pas de même avec les autres oiseaux; elle se montre méchante, surtout avec les faibles; et, disons-le tout de suite, elle est d'une lâcheté sans pareille quand elle suppose qu'un danger la menace. La vue d'un oiseau de proie; un bruit qui ne lui est pas familier; un chapeau ou un chiffon jeté en l'air, la remplissent de terreur. Lorsqu'elle est parvenue à renverser un petit oiseau, elle lui enfonce ses ongles dans la poitrine, et lui ouvre le crâne à coups de bec pour se repaître de sa cervelle. En hiver, lorsque les autres insectes font défaut, elle n'hésite pas à s'emparer des abeilles; et, pour cela, elle procède de la façon la plus ingénieuse : elle approche de l'ouverture de la ruche, et frappe contre les parois. Un tumulte s'élève dans l'intérieur, et bientôt quelques abeilles sortent pour chasser la perturbatrice. Mais celle-ci saisit sans hésiter la première qui se montre; elle l'emporte sur une branche, la prend entre ses pattes, lui ouvre le corps, mange la chair, abandonne les téguments et s'empresse de revenir chercher une nouvelle victime. Pendant ce temps, le froid a fait rentrer les abeilles, la mésange frappe de nouveau contre la ruche et saisit encore la première qui se hasarde au-dehors.

Cette mésange établit son nid dans les trous des arbres, dans les lézardes des murailles, sous les toits des maisons isolées, dans les nids abandonnés de la pie ou de la corneille. Elle le fabrique avec de la bourre, de la mousse, de l'herbe desséchée, de la laine, en un mot avec des substances douces et moelleuses. Dans certaines contrées, on prépare pour cet utile oiseau des nids artificiels : ce sont des morceaux de bois troués, quelquefois de vieux sabots que l'on suspend dans les arbres et que l'on place à une bonne exposition. Les mésanges s'y établissent; et, leur présence suffit souvent pour assurer la conservation de la récolte. Il vous serait facile d'avoir ici, dans le parc ou dans les arbres du verger, des nids artificiels de mésanges.

— Je veux, dit Laura, que le jardinier place dans nos

arbres des fragments creux, bien rugueux, de vieux troncs moussus, qui orneront le paysage en même temps qu'ils serviront d'asile aux mésanges.

— La charbonnière, reprit le savant narrateur, n'est pas difficile à capturer; elle s'apprivoise très vite, et l'on dirait qu'elle a, de tout temps, vécu en cage. Mais il est imprudent de la mettre avec d'autres oiseaux. Celles qui vivent en liberté peuvent être dressées à venir manger dans la main.

La mésange à longue queue n'est guère plus grosse que le roitelet; mais, les nombreuses et longues plumes effilées dont elle est couverte la font paraître beaucoup plus grosse qu'elle ne l'est en réalité; les paysans l'appellent *meunière*. Elle se reconnaît facilement à sa paupière d'un beau jaune très apparent; le sommet de la tête est blanc; et elle a, aux tempes, une tache noire qui entoure la tête; le plumage du dos est châtain-clair, bigarré de pourpre et de noir; les ailes et la queue sont brun foncé. Cette queue est singulièrement étagée : les deux plumes du milieu ne sont pas aussi longues que les deux qui suivent de chaque côté et qui sont les plus longues de toutes. La mésange à longue queue, — qui souvent habite les bois, — fréquente de préférence, en hiver, les jardins et les vergers. Elle fait son nid à un ou deux mètres du sol, l'attache aux branches dans leur enfourchement, et le construit de telle manière que le petit édifice ressemble à un œuf placé sur un de ses bouts. Il y a une, et quelquefois deux ouvertures latérales opposées l'une à l'autre, pour sortir et rentrer. L'intérieur du nid est doublé de duvet; le dehors est construit avec de la mousse, des lichens, de la laine, des toiles d'araignées, le tout entrelacé avec beaucoup d'art. C'est de tous les oiseaux, l'espèce qui, à chaque couvée, donne le plus grand nombre d'œufs. Il arrive fréquemment que cette mésange laisse sa longue queue entre les mains de l'oiseleur; aussi Belon l'a-t-il nommé « *perd sa queue.* » Au printemps, on la voit souvent pendue par les pieds à l'extrémité des branches; l'hiver, elle vole en butinant, d'arbre en arbre.

La *mésange bleue,* que nous avons vue à l'œuvre il n'y a qu'un instant, est à peu près de la grosseur d'une fauvette. Le dessus de sa tête est orné de plumes longues, un peu effilées, d'une belle couleur bleue, azurée et luisante, que l'oiseau hérisse ou relève à volonté, ce qui arrive très fréquemment; la queue offre les même teintes; le dessus du corps et le cou sont d'un vert blanchâtre passant au jaune à la partie inférieure, à la poitrine et au bas de la gorge, avec une tache violet obscur à la naissance du cou; la tête est entourée d'une raie blanche qui s'étend sur les joues. La mésange bleue, très commune dans nos campagnes, fréquente les bois, les pépinières, les jardins et les vergers; elle se réfugie, pendant l'hiver, dans les troncs d'arbres creux ou dans les crevasses des murailles pour y passer la nuit; et, c'est là, qu'au printemps, elle fait son nid. Quelques plumes, du crin, des poils sont les matériaux qu'elle emploie et qu'elle dispose sans art; elle pond de douze à quinze œufs; le père et la mère couvent alternativement et s'occupent l'un et l'autre de l'éducation des petits. Il est curieux, au printemps, de voir le père cherchant à charmer sa compagne par ses mouvements gracieux et par son gazouillement. Sautillant à travers les branches, se balançant à l'extrémité des rameaux, il babille avec elle; il s'élance de la cime d'un arbre à un autre assez éloigné, en planant, les ailes presque immobiles, les plumes hérissées, ce qui le fait paraître plus gros qu'il n'est réellement. Mais ses ailes sont trop faibles pour qu'il puisse se diriger horizontalement; il fend l'air en décrivant une ligne fortement oblique de haut en bas : c'est là une allure que l'on n'observe pas chez les autres mésanges. En automne, on rencontre ces oiseaux par bandes nombreuses.

On rencontre quelquefois, au bord des ruisseaux, la *mésange moustache*, remarquable par la belle bande noire, veloutée, qui orne sa tête et s'étend en pointe, comme des moustaches, de chaque côté du cou. Son nid, artistement composé de brindilles d'herbes sèches, de fleurs, de duvet et de mousse, est attaché par des filaments de plantes, au-dessus des eaux, soit aux roseaux, soit aux branches de petits arbustes Cette mésange, de mœurs très douces, vit d'insectes et de semences de roseaux; elle ne craint pas l'approche de l'homme, et on aime à la voir courir, sur le sable ou sur les feuilles de nénuphar, avec la même élégance, la même grâce que les bergeronnettes.

Toutes les espèces de mésanges travaillent également à la conservation des récoltes; il faut donc respecter leurs nids, empêcher les enfants de les détruire, de leur tendre des pièges; et prendre des mesures pour faciliter leur multiplication en établissant des nids artificiels.

Cette conclusion semblait indiquer l'intention du vieux professeur d'arrêter là sa dissertation; mais Renée lui dit qu'elle avait vu, dans le midi, une autre espèce de mésange dont le nid, fort curieux, défiait les attaques des serpents et des animaux de proie; et force fut au savant ornithologiste de continuer son entretien.

— Vous voulez parler, Mademoiselle, reprit-il en souriant, de la *rémiz penduline*, charmante mésange au manteau d'un roux grisâtre, à la tête d'un gris cendré, à la poitrine nuancée de rose avec une ligne noire qui, du bec, s'étend à la région auriculaire en passant par l'œil; et, qu'on ne rencontre guère que dans les roseaux et les saussaies. Par sa vivacité, son agilité, sa hardiesse, la rémiz penduline est bien digne de la famille à laquelle elle appartient. Elle a les mouvements et les cris des autres mésanges; elle grimpe admirablement le long des roseaux au milieu desquels elle se tient soigneusement cachée, et fait entendre, presque sans interruption, un cri retentissant.

Les fauvettes fréquentent nos jardins, nichent volontiers dans nos arbustes et aiment à s'ébattre parmi les fleurs.

Elle explore sans relâche tous les coins et recoins de son domaine. Son vol est rapide, mais saccadé, et elle évite, autant qu'elle le peut, de franchir de grands espaces découverts. Elle se nourrit d'insectes, de leurs larves et de leurs œufs; et, faute de cette nourriture qu'elle préfère, elle se contente de manger des graines de roseaux et d'autres plantes marécageuses. Elle arrive assez régulièrement, tous les ans à la même époque, aux lieux où elle niche. C'est de tous les oiseaux de nos contrées, celui qui construit son nid avec le plus d'art. Ce nid, en effet, n'est fixé que par son extrémité supérieure; et comme celui des tisserins ou tisserands, curieux oiseaux d'Afrique, il est généralement suspendu au-dessus de l'eau. Il est facile d'observer la façon ingénieuse dont la rémiz penduline construit son nid, car elle est très confiante et ne se gêne pas pour continuer son œuvre en présence même de l'homme. Elle le place ordinairement, dans les marais, aux extrémités des branches des saules et à une hauteur de trois ou quatre mètres de la surface du sol. Le couple déploie une très grande ardeur à construire l'édifice : et malgré cette activité, on a peine à comprendre qu'ils puissent achever une œuvre pareille en moins de quinze jours. Lorsque l'époque de la construction du nid est venue, c'est-à-dire vers les mois d'avril ou mai, la rémiz penduline fait choix d'un rameau mince, pendant, présentant une ou plusieurs bifurcation à peu de distance de son point d'origine; elle entoure ce rameau de laine, quelquefois de poils ou de filaments d'écorce. Entre les branches de la bifurcation, elle fixe les parois latérales du nid; elle les tisse jusqu'à ce qu'elles dépassent assez ces branches pour qu'elle puisse les rattacher par en bas l'une à l'autre, et former ainsi un plancher aplati. Ce nid, ainsi ébauché, ressemble à un panier à bords plats; les parois extérieures sont ensuite solidifiées : l'oiseau se sert à cet effet du duvet des peupliers ou des saules qu'il agglutine au moyen de sa salive et qu'il fixe avec des filaments d'écorce, de la laine et des poils. A ce moment, l'oiseau commence à construire une petite ouverture latérale circulaire, qui n'est pas la seule : le nid en a deux; l'une est munie d'un couloir de trois à cinq centimètres de long; l'autre reste ouverte. Une de ces ouvertures est fermée plus tard; enfin, la rémiz dispose, au fond de son nid, une couche d'environ un pouce d'épaisseur de duvet végétal; et la construction est terminée.

Le nid achevé représente une bourse d'environ vingt centimètres de longueur et douze centimètres de diamètre sur les côtés de laquelle se trouve une ouverture ressemblant assez au goulot d'une bouteille, et placée tantôt horizontalement, tantôt obliquement en bas. Il est impossible de le confondre avec celui d'aucun autre oiseau. Le père et la mère couvent alternativement les sept ou huit œufs qu'il contient; ils élèvent leurs petits avec sollicitude, leur donnent à manger des chenilles, des larves, des insectes.

Un de mes amis a eu, pendant assez longtemps, jusqu'à quatorze jeunes rémiz; il les nourrissait avec du fromage doux mêlé à des cœurs de poulets hachés menus. Elles prenaient cette nourriture sans répugnance; elles étaient très douces et s'apprivoisèrent rapidement; elles avaient toujours faim et sortaient du nid douillet qu'on leur avait préparé pour voler vers leur maître dès qu'elles l'apercevaient après une courte absence.

La rémiz penduline chante bien : elle a plusieurs notes gazouillantes très agréables, d'autres un peu dissonnantes. Son cri ressemble à celui de la mésange bleue. Elle a en outre un sifflement perçant, lent, prolongé, celui-là très désagréable. Comme les autres mésanges, elle fait entendre presque tout le jour un cri faible et plaintif. Lorsqu'elle a peur, elle crie en ouvrant largement le bec. Ses allures sont comiques, surtout lorsque saisissant avec sa patte, comme avec une main, une proie plus grosse qu'à l'ordinaire, elle la porte à son bec et la mange. En captivité, elle prend d'ordinaire ses aliments avec l'un de ses doigts antérieurs, le talon reposant sur le perchoir; plus rarement, elle applique sa patte sur un gros morceau, le fixe avec son doigt postérieur contre le perchoir et le déchire à coups de bec. Elle se tient perchée le corps droit, toujours prête à s'élancer. Elle aime à grimper aux barreaux de sa cage et de son perchoir, se suspend la tête en bas, travaille avec son bec, se relève, s'abaisse et continue ce manège pendant des heures entières.

— Vous avez parlé, Monsieur, dit Marguerite, des tisserins qui ont attiré l'attention des personnes les plus étrangères à l'histoire naturelle, non par leur beauté, mais par l'art avec lequel ils construisent leurs nids. J'en ai vu plusieurs fois en Afrique; je suis sûre que mes compagnes aimeraient à entendre l'histoire de ces intéressants oiseaux.

— Si j'ai parlé des *tisserands,* à propos des mésanges, c'est seulement à cause de la façon dont les uns et les autres disposent et suspendent leurs nids; mais là s'arrête la ressemblance.

Les *plocéidés* ou *tisserands* sont des passereaux de grande ou de moyenne taille suivant les espèces; ils ont généralement le corps élancé, le bec long, de grandes ailes, un plumage quelquefois splendide. Partout où vivent ces oiseaux, ils sont en très grand nombre; et, ils sont remarquables par un instinct social extraordinairement développé : partout ils forment des colonies. Après l'époque de la nitée, ils se réunissent par grandes bandes, souvent de plusieurs milliers d'individus. Ils errent longtemps dans la contrée; puis, après la mue, ils reviennent à l'arbre qui a été le berceau de leur famille, ou, tout au moins, dans le voisinage. Là, alors, pendant plusieurs mois, règne une grande activité; la construction des nids demande beaucoup de temps; et soit caprice, soit toute autre raison, ces oiseaux détruisent souvent un nid à peu près terminé pour en recommencer un autre. Dans tout l'intérieur de l'Afrique, les nids des *tisserands* donnent à certains arbres une splendide parure. Ces artistes ailés ne travaillent point au hasard; et, ils donnent la préférence aux grands végétaux dont la cime ombrage un cours d'eau. Après les mimosas, c'est le jujubier qu'ils préfèrent.

Les colonies de plocéidés pourraient être regardées comme caractéristiques pour l'intérieur de l'Afrique; elles donnent aux arbres une physionomie originale et toute particulière. Les constructions sont assez solides pour résister pendant des années, au vent et à la pluie; il en résulte que, sur un même arbre, à côté des nids de la colonie actuelle; il existe encore des édifices de trois ou quatre générations précédentes. Ces nids se trouvent dans toute l'Afrique centrale, dans la montagne comme dans la plaine, dans les forêts les plus désertes comme au voisinage immédiat des villages; mais on les rencontre surtout sur les arbres dont les branches pendent sur des rivières, des lacs, des vallées profondes; et, ces édifices constituent des constructions très artistiques formées de petites branches, de racines, le plus souvent d'herbes flexibles entrelacées, tissées même, et paraissant agglutinées par la salive de l'oiseau. Leur forme, leur position varient beaucoup : parfois le mâle se fait un nid spécial où il demeure pendant que la femelle est en train de couver. Certaines espèces les construisent tellement près les uns des autres que le tout semble ne constituer qu'un seul édifice. D'autres font de grands nids comprenant trois, quatre chambres. La plupart de ces nids servent de berceau aux jeunes, ou de chambre de repos et de chant au mâle.

Les indigènes de l'Afrique orientale regardent ces constructions avec indifférence; d'autres peuplades, au contraire, les ont bien observées et en ont fait le sujet de leurs légendes. Dans plusieurs de ces nids, on a trouvé des petites boules de terre glaise; et, les naturels expliquent cette particularité en disant que l'oiseau y enchâsse des vers luisants pour éclairer sa demeure : cette idée est au moins ingénieuse.

D'après d'autres naturalistes, la solidité du nid de l'espèce appelée *baya* a donné naissance à cette croyance : que celui qui peut ouvrir un de ces nids, sans en rompre un seul chaume, y trouve une boule d'or. Il y a beaucoup d'autres traditions; mais la plus répandue et peut-être aussi la plus gracieuse est celle du ver luisant.

Les tisserands se nourrissent de semences, surtout de céréales, de graines de roseaux; ils font en outre une chasse active aux insectes, avec lesquels ils nourrissent leurs petits. Ce n'est qu'après la saison des couvées, quand ils sont réunis en bandes immenses, qu'ils pillent les champs et les plantations. Ils forcent les habitants, surtout ceux des pays pauvres, dont les champs sont le seul avoir, à se défendre contre eux. Cependant, dans le Soudan oriental, on se contente de les épouvanter.

Les faucons et les éperviers, sont pour ces oiseaux, des ennemis terribles. Les jeunes sont bien gardés; aucun singe, ces grands pilleurs de nids; aucun carnassier ne peut se hasarder sur les minces branches où est exposé leur berceau; le ravisseur, suivant la situation du nid, tombe à terre ou dans l'eau avant d'avoir pu atteindre sa proie. Quelques espèces, le *mahali,* par exemple, mettent leur nid encore plus en sûreté en le garnissant d'épines, la pointe tournée en dehors. Dans l'intérieur de leur nid, jeunes et vieux sont donc parfaitement en sûreté.

Plusieurs espèces de tisserands sont amenés par les oiseleurs, sur les marchés d'Europe : presque tous viennent de la côte occidentale d'Afrique, et le prix en est assez minime. Si on les soigne bien et qu'on leur donne occasion d'exercer leur talent, on peut en éprouver un réel plaisir. Leur chant n'a rien de bien plaisant; mais, par contre, ils tissent avec activité et charment ainsi les regards de l'observateur.

Parmi ces oiseaux, le *républicain social* est un des plus connus; le gris domine dans son plumage; cependant les plumes des flancs sont noires; il a près de vingt centimètres de longueur sur lesquels six centimètres appartiennent à la queue. Les anciens voyageurs font déjà mention de cet oiseau; l'un deux dit à peu près ceci : « Au pays des Namaques, il y a des forêts de mimosas qui fournissent beaucoup de gomme, et dont les branches offrent une nourriture abondante aux girafes. Leurs branches, très étendues, et leurs troncs aplatis abritent des oiseaux qui vivent en communauté pour se défendre contre les enfants qui, sans cette précaution, détruiraient tous leurs œufs. La structure de leurs nids est très remarquable. A huit cents ou à mille, ils habitent sous un toit commun qui, comme un toit de chaume, recouvre une grande branche et ses rameaux, et déborde les nids qui pendent au-dessous, de telle façon qu'aucun serpent, qu'aucun carnassier n'y peut arriver. Ces oiseaux rivalisent d'industrie avec les abeilles. Ils sont, tout le jour, occupés à la recherche de l'herbe qui forme la partie essentielle de leur construction, à agrandir et à parfaire ce nid gigantesque. Chaque année, ils bâtissent de nouveaux nids, de telle façon que les arbres ploient sous le faix de cette cité aérienne. Au-dessous du toit, se trouve une masse d'ouvertures conduisant chacune à un couloir sur les côtés duquel sont disposés les nids. »

Un autre voyageur confirme cette description en y ajoutant quelques détails : « La particularité la plus curieuse que présentent les républicains, dit-il, ce sont leurs nids réunis sous un toit. Lorsqu'ils ont trouvé un endroit convenable et ont commencé à les établir, ils se mettent à construire le toit commun. Chaque paire construit son nid particulier, mais si près de celui des couples voisins que, lorsque le toit est achevé, on croirait voir un seul nid, recouvert d'un immense toit, et offrant à sa face inférieure une infinité de trous ronds. »

Voici maintenant comment s'exprime le célèbre voyageur Le Vaillant, au sujet des observations qu'il a faites sur des nids de républicains : « Le jour de mon arrivée au camp, dit-il, j'avais aperçu sur ma route, un arbre qui portait un énorme nid de ces oiseaux à qui j'avais donné le nom de républicains, et je m'étais proposé de le faire abattre pour ouvrir la ruche et en examiner la structure dans ses moindres détails. J'envoyai quelques hommes avec un chariot, chargés de m'apporter le nid au camp. Lorsqu'il fut arrivé, je le dépeçai à coups de hache, et je vis que la pièce principale et fondamentale du nid était un massif composé, sans aucun autre mélange, de l'herbe de Boschjesman, mais si serré et si bien tissé qu'il était impénétrable à l'eau des pluies. C'est par ce noyau que commence la bâtisse, et c'est là que chaque oiseau construit et applique son nid particulier. Mais on ne bâtit de cellules qu'en dessous et autour du massif. La surface supérieure reste vide sans être néanmoins inutile. Comme elle a des rebords saillants et qu'elle est un peu inclinée, elle sert à l'écoulement des eaux et préserve chaque habitation de la pluie. Qu'on se représente un énorme massif irrégulier, dont le sommet forme une espèce de toit et dont toutes les autres surfaces sont entièrement couvertes d'alvéoles, pressés les uns contre les autres, et l'on aura une idée assez précise de ces constructions vraiment singulières. Chaque cellule a de huit à onze centimètres de diamètre, ce qui suffit pour l'oiseau; mais toutes se touchent par une très grande partie de leur surface; elles paraissent à l'œil ne former qu'un seul corps, et ne sont distinguées entre elles que par un petit orifice extérieur qui sert d'entrée au nid; et qui, quelquefois, est commun à trois nids différents, dont l'un est placé dans le fond et les deux autres sur les côtés. A mesure que la république se multiplie, les logements doivent se multiplier aussi; mais il est aisé de concevoir que l'accroissement ne pouvant avoir lieu qu'à la surface, les constructions nouvelles masquent nécessairement les anciennes et forcent de les abandonner. Quand même celle-ci, contre toute possibilité, pourraient subsister, on conçoit encore que dans l'enfoncement où elles se trouveraient placées, la chaleur énorme qu'elles éprouveraient par le défaut de renouvellement et de circulation d'air, les rendrait inhabitables; mais en devenant ainsi inutiles, elles restent ce qu'elles étaient auparavant, c'est-à-dire de vrais nids. Le gros nid que je visitai et qui était un des plus considérables que j'aie vus dans mon voyage, contenait trois cent vingt cellules habitées, ce qui, en supposant dans chacune un ménage composé du père et de la mère, annoncerait une société de six cent quarante individus!... Quand ils s'établissait dans les plaines et qu'ils construisent leurs énormes nids sur des aloès, arbres qui dans les tempêtes sont sujets à être renversés par les vents, c'est au défaut d'un asile meilleur. Aussi choisissent-ils de préférence les revers des montagnes, les gorges, détroits et autres lieux de cette nature, bien abrités. Là, ils se multiplient à l'infini, et l'on rencontre à chaque instant de ces nids. Mais partout où ils viennent s'établir, les petits perroquets les suivent pour s'emparer de leurs constructions. Ils les en chassent à force ouverte, et l'expulsion se fait même si lestement, que plusieurs fois j'ai vu, en moins de deux heures, l'habitation changer de propriétaires et se remplir de nouveaux hôtes. »

Toutes nos villes ont aussi de ces boîtes (page 232)

CHAPITRE XIV

ARMI les pensionnaires de Mlle Delmas, se trouvaient deux rouges-gorges, auxquels venaient de temps en temps rendre visite des oiseaux de la même espèce qui s'étaient établis dans le jardin de la villa, et qu'on entourait d'autant de sollicitude que les oiseaux captifs. Il y avait aussi une *gorge-bleue,* dont les allures sont à peu près les mêmes que celles du rouge-gorge, mais dont la manière de vivre diffère sensiblement. Cet oiseau, l'un des plus brillants de l'Europe, et qui rappelle par ses couleurs vives et nuancées ceux des tropiques, était considéré par Renée comme un des plus beaux ornements de sa volière. La jeune fille racontait à ses compagnes quels soins minutieux cet oiseau si alerte, si vif, si divertissant, réclamait pour supporter les ennuis de la captivité ; et, pourtant, il avait été capturé dans les marais d'un département voisin où cette espèce se reproduit chaque année.

La *gorge-bleue* doit son nom au magnifique bleu d'azur qui couvre sa poitrine et sa gorge. Ce plastron se développe avec l'âge de l'oiseau, et encadre une tache d'un blanc pur et éclatant. Une bande d'un noir mat existe au-dessous du bleu, et fait encore ressortir d'une manière plus sensible les autres couleurs. L'épithète de gorge-bleue suédoise, attribuée à cette espèce de fauvette, indique qu'elle est très commune en Suède. Dans plusieurs contrées de la France, on là trouve dans les oseraies et les buissons touffus qui croissent au bord des rivières ou des étangs. Elle est difficile à trouver parce qu'elle se tait la plus grande partie de la journée; or, elle se dissimule si bien qu'elle ne peut être trahie que par son chant. Elle se tient près de terre, dans les longues herbes ou dans les fourrés. C'est là qu'elle place son nid composé en dehors d'herbes sèches, de mousse ou de racines déliées; il est revêtu en dedans d'une couche de foin, de crin et de plumes. Ordinairement, il est caché sous des racines, des branches d'osier ou dans des touffes d'herbe. Quelquefois, comme celui du rouge-gorge, il est confié à des excavations pratiquées dans la terre ou déposé dans les fentes des troncs des vieux arbres; les œufs, d'un bleu verdâtre, ressemblent assez à ceux du rossignol. Ainsi les gorges-bleues vivent sur les bords des ruisseaux, des fleuves, des lacs, des étangs couverts de buissons et de roseaux; dans le nord, elles fréquentent les marais et les tourbières. En hiver, elles se logent dans les jardins, les buissons, les champs, les prairies couvertes de hautes herbes et les marécages. Il paraît que, dans leurs migrations, elles ne vont pas aussi loin que les autres oiseaux chanteurs. Cependant, il en est qui arrivent jusque dans les parties les plus méridionales des Indes ou dans les forêts du cours supérieur du Nil. Dans leurs voyages, elles suivent certaines routes qui paraissent comme tracées d'avance; elles longent les vallées, s'arrêtant à certains endroits où elles trouvent réunies en abondance toutes les conditions nécessaires à leur existence. La beauté, et plus encore la manière de vivre des gorges-bleues, leurs mœurs, leurs habitudes, leurs allures, nous charment et nous captivent. Admirablement douées, c'est à terre surtout qu'elles se montrent agiles. Elles ne marchent pas, elles sautent, mais par bonds si précipités qu'on croirait les voir courir. Qu'elles se trouvent sur un sol sec ou vaseux, dans un lieu découvert ou dans le buisson le plus fourré, au milieu des herbes les plus épaisses, peu leur importe; elles ont partout des allures vives. Elles sautent peu dans les branches; elles volent ordinairement pour passer de l'une à l'autre, et restent quelque temps au repos, une fois perchées. A terre, elles tiennent le corps droit, la queue un peu relevée, ce qui leur donne une apparence fière et hardie. Leurs sens sont aussi développés que ceux du rossignol. Elles sont ordinairement peu timides et sans défiance à l'égard de l'homme; mais, une fois qu'elles ont été chassées, elles deviennent craintives et prudentes. Lorsqu'on ne les trouble pas, elles se montrent gaies, vives, de bonne humeur, toujours prêtes à folâtrer. Elles vivent en parfaite harmonie avec les autres oiseaux, et aiment à agacer leurs semblables; toutefois, ces jeux dégénèrent quelquefois en querelles sérieuses. Le chant de la gorge-bleue se compose de quelques phrases courtes, séparées par de petits intervalles. Quelques-unes sont composées de notes sifflantes, douces, très agréables que l'oiseau répète peut-être trop souvent. Mais, ce que ce chant a de particulier, ce sont des roulements qu'on n'entend que de très près et qui sont intercalés entre les autres notes. On dirait que l'oiseau possède deux voix. Presque tous les mâles ajoutent à leurs chants des notes, ou des phrases entières empruntées à d'autres oiseaux; même des cris d'animaux nullement chanteurs. Ainsi, on les a entendus imiter le piaillement de l'hirondelle, le cri de la caille, le gazouillement du moineau et du pinson, des phrases entières de chant du rossignol et de celui de la fauvette, le cri du héron, le coassement de la grenouille. Ce don d'imitation n'a pas échappé aux habitants de l'extrême nord. Les Lapons ont donné à la gorge bleue le nom de « chanteur aux cent voix. » Ces oiseaux se nourrissent de vers et d'insectes qui vivent dans les lieux aquatiques; en automne, ils mangent des baies. Difficiles à chasser, car ils se cachent à merveille, leur gourmandise cause souvent leur perte; et, ils se prennent dans les pièges les plus grossiers amorcés avec des vers de farine.

— Nous avons aussi, dit Laura, notre fauvette bleue d'Amérique que nos compatriotes appellent simplement « l'oiseau bleu. »

« On rencontre ce charmant oiseau dans toutes les parties des Etats-Unis, que généralement il ne quitte en aucune saison. Il ajoute encore aux délices du printemps, et sa présence embellit même les jours de l'hiver. Plein d'une innocente gaieté, gazouillant sans cesse son doux ramage, aussi familier que puisse l'être un oiseau dans sa liberté native, il est sans contredit l'un des plus agréables parmi nos favoris des tribus emplumées. Le pur azur de son manteau, le magnifique éclat de sa gorge le font admirer tandis qu'il vole par les vergers et les jardins, qu'il traverse les champs et les prairies, ou qu'il s'en va sautillant le long des routes et des sentiers. Se rappelant la petite boîte qu'on a préparée pour lui, sur le toit de la maison, sur le faîte de la grange ou les pieux de la clôture, il y retourne continuellement, même pendant l'hiver, et ses visites sont toujours les bienvenues pour ceux qui ont appris à le connaître.

» Quand revient le mois de mars, l'oiseau bleu songe à faire son nid. Alors, martinets et troglodytes, garde à vous! que l'on se tienne à une distance respectueuse, si l'on ne veut éprouver son courroux. Il n'est pas jusqu'au chat rusé qu'il ne harcelle de son cri plaintif, chaque fois qu'il le rencontre dans le sentier où il guette lui-même un insecte pour sa femelle.

» Dans les Florides, l'oiseau bleu fait son nid dès le mois de janvier. Il le construit dans la boîte qu'on lui a préparée, ou bien dans quelque creux à sa convenance. Quelquefois il prend possession des trous que les piverts ont abandonnés. Les œufs, au nombre de quatre à six, sont d'un bleu pâle; il y a souvent deux ou trois pontes par année. Tandis que la femelle couve sur les œufs de la seconde, le mâle a soin des petits de la première.

» La nourriture de ces oiseaux consiste en coléoptères, chenilles, araignées et insectes de différentes sortes. Ils aiment aussi les fruits mûrs, tels que les figues et les raisins; et durant les mois d'automne, ils attrapent les sauterelles qui sont sur les tiges de la grande molène si commune dans les terrains vagues. Ils se plaisent particulièrement sur les champs nouvellement labourés, surtout en hiver ou au commencement du printemps, et on les y voit en quête des insectes qui viennent d'être arrachés de leurs retraites par le tranchant de la charrue.

» Le chant de l'oiseau bleu est un gazouillement doux et agréable qu'il répète souvent, tant que dure la saison des nids, l'accompagnant d'habitude d'un gracieux frémissement de ses ailes. Lorsque arrive l'époque des migrations, sa voix ne consiste plus qu'en quelques notes tendres et plaintives, qui indiquent peut-être la répugnance avec laquelle il contemple les approches de l'hiver. En novembre, la plupart des individus qui, pendant l'été, ont résidé dans les districts du nord et du centre, passent en volant haut dans les airs, et se dirigent vers le sud avec leurs familles, s'arrêtant de temps à autre pour chercher la nourriture et prendre quelque repos. Mais en hiver on en voit encore beaucoup, et ils ne quittent point les lieux où ils peuvent jouir, même en cette saison, de quelques beaux jours. C'est qu'ils ont toujours un vif attachement pour leurs anciennes demeures, et qu'avec la grande puissance de leur vol, il leur est facile de se transporter d'un canton à un autre, quand il leur plaît. Ils reviennent de bonne heure, dès février ou mars, et se montrent par troupes de huit à dix individus. Alors, quand ils se posent, on entend les joyeuses chansons des mâles qui retentissent du haut des érables et des sassafras aux fleurs précoces.

» En hiver, ils abondent dans tous les Etats du sud et spécialement dans les Florides. Un habitant de Philadelphie, raconte qu'un jour, aux environs de cette ville, étant assis devant la maison d'un de ses amis, il s'amusait à observer un couple d'oiseaux bleus qui s'étaient installés dans un trou creusé spécialement pour eux, à l'extrémité de la corniche. Ils avaient des petits et déployaient la plus grande vigilance pour leur sûreté, à ce point qu'il n'était pas rare de les voir voler à la rencontre des personnes qui passaient dans le voisinage. Une poule, avec ses poussins, s'étant approchée trop près, la colère de l'oiseau bleu monta à un si haut degré que, nonobstant l'extrême disparité des forces, il se précipita sur elle, et continua de l'assaillir avec une telle violence, que la pauvre poule fut à la fin forcée de battre en retraite. Quant au petit champion, il revint triomphant à son nid, où il chanta fièrement sa victoire. »

Les choses, cependant, prennent parfois une tout autre tournure; et nous raconterons les combats de l'oiseau bleu et du martinet pourpré.

« L'oiseau bleu m'a souvent remis en mémoire le rouge-gorge d'Europe qui, en effet, lui est assez semblable de forme et de mœurs. Comme l'oiseau bleu, le rouge-gorge a de grands yeux où se peint d'une manière très expressive le pouvoir de ses passions; comme lui aussi, il aime à descendre sur les dernières branches des arbres d'où, restant longtemps dans la même posture, il épie d'un œil furtif chaque objet au-dessous de lui. Puis, lorsqu'il a découvert un insecte ou un ver, il s'élance légèrement, le prend dans son bec, regarde encore aux environs, fait quelques petits sauts en inclinant son corps en bas, enfin, s'arrête, se redresse, et se renvole sur sa branche, où de plus belle il entonne sa chanson. C'est peut-être après avoir remarqué quelques-uns des traits rappelant cette conformité d'habitudes dans les deux espèces, que les premiers colons du Massachussets ont donné à notre oiseau bleu le nom de robin bleu qu'il porte encore dans cet Etat.

» — Parlez-nous, dit Marguerite, des querelles entre les oiseaux bleus et les martinets auxquelles vous avez fait allusion.

» — Disons d'abord, si vous voulez bien, quelques mots de ces derniers oiseaux :

» Pendant les jours qui précèdent leur migration, les martinets pourprés, comme vos hirondelles, s'assemblent par troupes de cinquante à cent cinquante sur les flèches des églises dans les villes, ou sur les branches de quelque grand arbre mort, aux environs des fermes. De là, on les voit de temps en temps faire des excursions, en poussant un cri général; ils dirigent leur course vers l'ouest, volent avec rapidité pendant plusieurs centaines de mètres, puis s'arrêtent tout court au milieu de leur essor, pour retourner, en se jouant, à leur arbre ou à leur clocher. Ils semblent agir ainsi dans l'intention d'exercer leurs forces, et probablement aussi pour déterminer la route qu'ils doivent suivre, et prendre les arrangements nécessaires, afin de se mettre tous en état de supporter les fatigues du voyage. Lorsqu'ils sont posés, pendant ces jours de préparation, ils emploient la plus grande partie du temps à parer et oindre leurs plumes, à se rendre la peau propre et à nettoyer chaque partie de leur corps des nombreux insectes dont ils sont infestés. Ils demeurent sur leurs juchoirs, exposés à l'air de la nuit; quelques-uns seulement se retirent dans les *boîtes* où ils ont été élevés, et qu'ils ne quittent que lorsque le soleil est depuis une heure ou deux au-dessus de l'horizon; et ils continuent, pendant la première partie de la matinée, à s'arranger les plumes avec une grande assiduité. Enfin, à l'aurore, par un temps calme, ils s'élancent d'un même accord, et on les voit se dirigeant droit au sud-ouest, pour se joindre aux autres troupes qu'ils rencontrent, jusqu'à ce qu'ils n'en forment plus qu'une. Ils voyagent alors bien plus rapidement qu'au printemps.

» C'est pendant ces migrations qu'on peut le mieux juger de la puissance du vol chez ces oiseaux, et surtout lorsqu'ils viennent à se heurter contre quelque impétueux coup de vent. Ils font face à l'ouragan, et semblent glisser sur ses bords, comme déterminés à ne pas perdre un pouce du terrain qu'ils ont gagné. Le premier rang affronte la tourmente avec opiniâtreté, montant ou plongeant à la surface des courants opposés, pénétrant dans le centre même du tourbillon, et bien décidé à se frayer un passage tout au travers; tandis que derrière, le reste suit de près, les uns et les autres serrés ensemble et formant un tout si compacte, qu'on ne voit, d'en bas, qu'une masse noire. Alors ils n'ont pas le temps de pousser un cri; mais, du moment qu'ils ont doublé la dernière pointe du courant, ils se relâchent de leurs efforts, reprennent haleine, et tous d'une voix font entendre un joyeux gazouillement.

» Le vol, dans cette espèce, ressemble beaucoup à celui

de l'hirondelle de fenêtre; mais, bien que facile et gracieux, il ne peut être comparé, pour la rapidité, à celui de l'hirondelle domestique. Excepté celle-ci, le martinet peut distancer tout autre oiseau. C'est plaisir de les voir se baigner et boire tout en volant, lorsque, sur un lac ou une rivière, par un brusque mouvement imprimé à la partie postérieure de leur corps, ils l'amènent en contact avec l'eau, pour se relever l'instant d'après et se secouer en éparpillant les gouttes, comme autant de perles, tout autour d'eux. Quand ils veulent boire, ils rasent la surface de l'eau, les deux ailes entièrement relevées, et formant l'une avec l'autre un angle très aigu. Dans cette position, ils baissent la tête et plongent le bec plusieurs fois de suite, en avalant un peu d'eau à chaque gorgée.

» Ils se posent assez facilement sur différents arbres, notamment sur les saules, en faisant de fréquents mouvements des ailes et de la queue, lorsqu'ils changent de place pour chercher des feuilles et les porter à leur nid. On les voit aussi s'abattre sur le sol, où, malgré leurs jambes si courtes, ils se meuvent avec une certaine agilité; ils vont, ramassant un scarabée ou un autre insecte, marchant au bord des flaques d'eau pour s'y désaltérer, mais en ouvrant un peu les ailes, ce qu'ils font aussi sur les arbres, comme s'ils ne s'y trouvaient pas à l'aise.

» Ces oiseaux sont extrêmement courageux, persévérants et tenaces dans ce qu'ils considèrent comme leur droit. Ils montrent une forte antipathie contre les chats, les chiens et autres quadrupèdes qui leur paraissent dangereux. Ils attaquent et poursuivent indistinctement toute espèce de faucon, corneille ou vautour; et, pour cette raison, sont en grande faveur auprès des laboureurs. Ils chasseront et harcèleront un aigle jusqu'à ce qu'il ne soit plus en vue de leur nid, et l'exemple suivant pourra vous donner une idée de leur opiniâtreté.

« J'avais, raconte un naturaliste, construit et fixé au

bout d'une perche un logement spacieux et commode pour recevoir des martinets, dans un enclos, auprès de ma maison, où, depuis quelques années, plusieurs couples venaient faire leur nid. Pendant l'hiver, j'établis de cette manière d'autres petites boîtes, désirant y attirer aussi des oiseaux bleus. Au printemps, arrivèrent les martinets, qui, trouvant ces petits appartements plus agréables que les leurs, s'y installèrent, en forçant les jolis oiseaux bleus à décamper. J'observai les divers combats qui furent livrés en cette occasion, et je m'assurai que l'un des oiseaux bleus était doué, pour le moins, d'autant de courage que son adversaire; seulement, le martinet étant le plus fort, il avait dû lui céder sa maison, où son nid se trouvait presque terminé; mais, autant qu'il était en son pouvoir, il ne manquait pas une occasion de taquiner l'usurpateur. Le martinet mettait la tête à la fenêtre, et se contentait de lui répondre par des accents d'insulte et de défi. Je vis bien qu'il me fallait intervenir. En conséquence, je montai sur l'arbre où la boîte de l'oiseau bleu était attachée, pris le martinet et lui rognai la queue avec des ciseaux, dans l'espoir que cette punition mortifiante produirait son effet et l'engagerait à retourner à ses quartiers. Pas du tout : je ne l'eus pas plus tôt lâché, qu'il courut droit à la boîte et y rentra. Je le pris une seconde fois et lui coupai la pointe de chaque aile, de façon cependant qu'il pût toujours voler; puis je le remis en liberté; mais cela n'y fit encore rien, et je vis l'entêté martinet se réinstaller dans la boîte en dépit de tous mes efforts. Alors, de colère, je le pris et le traitai de telle sorte, qu'il ne revint jamais plus troubler le voisinage.

» Chez un de mes amis, dans la Louisiane, des martinets s'étaient emparés de quelques creux dans les corniches, et y avaient élevé leurs petits plusieurs années de suite, jusqu'à ce qu'enfin les insectes qu'ils introduisaient avec eux dans la maison, eurent déterminé le propriétaire à s'occuper d'une réforme. On appela des charpentiers pour nettoyer la place et fermer les ouvertures par où les oiseaux s'introduisaient. Les martinets paraissaient au désespoir; ils apportèrent de petites branches et d'autres matériaux, et recommencèrent à construire de nouveaux nids, en quelque endroit du bâtiment que restât un trou. Mais on leur donna si bien la chasse, qu'après de nombreuses tentatives, la saison se trouvant trop avancée, ils furent contraints de déguerpir et se retirèrent aux environs de la plantation, dans quelques creux d'arbres. Au printemps suivant, on bâtit un logement tout exprès pour eux; et c'est ce qui se pratique généralement chez nous, où l'on considère ce martinet comme un voyageur privilégié et comme l'avant-coureur du printemps. »

» Pendant que nous en sommes au martinet pourpré, j'ajouterai que la voix de ces oiseaux n'est pas mélodieuse, mais cependant ne laisse pas que de faire beaucoup de plaisir. « Ses chants, des premiers qui retentissent au matin, sont bien accueillis de tout le monde. Le fermier laborieux se lève de sa couche dès qu'ils ont frappé son oreille; bientôt après, ils se mêlent aux concerts des autres oiseaux, et l'homme des champs, certain d'un beau jour, reprend ses travaux pacifiques avec une nouvelle ardeur. L'Indien, plus amoureux encore d'indépendance, recherche avec non moins d'empressement la compagnie du martinet. Souvent à quelque branche, auprès de son camp, il suspend une calebasse; et de ce berceau ainsi préparé, l'oiseau fait sentinelle et se précipite pour garantir, de l'attaque du vautour, les peaux de daim ou les pièces de venaison qu'on a exposées à l'air pour sécher. L'humble esclave des Etats du Sud se donne encore plus de peine, afin que rien ne manque à l'oiseau favori : la calebasse est proprement vidée et attachée à l'extrémité flexible d'un roseau qu'il a planté auprès de sa hutte. Hélas! ce n'est là, pour lui, qu'un souvenir de la liberté qu'il connut autrefois; et, au son de la corne qui l'appelle au travail, en disant adieu au martinet, il ne peut s'empêcher de songer que, lui aussi, il serait bien heureux, s'il pouvait, sans maître et sans entraves, se livrer à la joie et gambader tout le jour! A la campagne, presque chaque taverne a, sur le haut de son enseigne, sa boîte aux martinets; et j'ai remarqué qu'en général, plus la boîte est belle, meilleure est l'auberge elle-même (1). »

» Toutes nos villes ont aussi de ces boîtes; et l'on peut dire que le martinet est vraiment un oiseau privilégié, puisque même les enfants maraudeurs ne cherchent pas à le troubler. Il glisse tranquillement le long des rues, en gobant par-ci par-là quelque moucheron; s'accroche sous les gouttières, jette un regard curieux dans l'intérieur des maisons, en se balançant sur ses ailes devant les fenêtres; ou bien il s'élève haut au-dessus de la ville, plonge dans l'air limpide, et joue avec les cordes des cerfs-volants, qu'il frappe en passant d'un vol rapide et sans jamais manquer le but; puis soudain, il revient raser les toits, d'où il chasse Grimalkin, l'hôte du logis, qui s'en allait, rôdant sans doute à la recherche de ses jeunes chats.

» Ces oiseaux ne se nourrissent que d'insectes, et, entre autres, de hannetons. »

— Je voudrais bien, dit Jenny, connaître maintenant l'histoire du rouge-gorge qui vient rendre visite aux oiseaux de la volière.

— Ma cousine, dit Renée, va se charger de nous raconter les mœurs de ce gentil compagnon, car nous les avons étudiées ensemble il y a peu de temps.

— Le rouge-gorge familier, dit simplement Marguerite, sans se faire prier, est un oiseau solitaire qui arrive au printemps et repart ordinairement vers le mois d'octobre. Cependant, un grand nombre de ces oiseaux se

(1) Il y a plus d'un demi-siècle que ces lignes ont été écrites.

La huppe, un des plus beaux oiseaux qui fréquentent nos contrées, niche dans les troncs creux des vieux arbres.

fixent chez nous pendant l'année entière. Nous en rencontrons en toutes saisons dans le jardin de la villa, et il doit en être de même dans le parc de M. Johnson. Ces charmantes créatures se répandent dans les jardins, dans les vergers; elles approchent très près des habitations et s'y réfugient quelquefois. Toujours gais et joyeux, — comme la gorge-bleue dont Marguerite nous a fait la biographie, — les rouges-gorges vivent d'insectes, de vermisseaux et grappillent par-ci par-là quelques fruits, des raisins et des petites baies. Lorsque le froid devient rude et que la terre est couverte de neige, ils viennent avec confiance jusque dans nos maisons ramasser des miettes de pain.

Laura vous a parlé des grands yeux de cet intéressant oiseaux où se peint fréquemment et d'une manière expressive le pouvoir de ses passions. Ces yeux prennent quelquefois une expression malicieuse, car le rouge-gorge n'est pas moins querelleur que la gorge-bleue; et pourtant, il n'existe pas un oiseau plus compatissant et plus charitable que celui-ci. Il n'est pas rare de le voir servir de père nourricier à de jeunes orphelins; et, sans jalousie, il s'apitoie également sur le sort de ses semblables quand il les voit malheureux. Renée se rappelle comme moi de ce que raconte un illustre naturaliste : « Deux rouges-gorges enfermés dans la même cage étaient continuellement en lutte; ils se disputaient chaque miette de nourriture, on peut même dire qu'ils se disputaient l'air qu'ils respiraient; ils se précipitaient l'un sur l'autre avec fureur et se donnaient de grands coups de bec. Un jour, l'un de ces frères ennemis se cassa la patte : dès lors, les luttes furent finies; les querelles cessèrent. Le rouge-gorge bien portant oublia à l'instant toutes ses colères; il s'approcha du blessé, lui donna à manger, le soigna avec tendresse. La patte guérit; le malade recouvra la santé, mais la paix ne fut plus jamais troublée entre lui et son bienfaiteur. »

Un autre ornithologiste nous a conservé l'histoire d'un

rouge gorge pris avec ses petits et porté avec eux dans une chambre où il se consacra à les soigner, à les nourrir, à les réchauffer : il finit par les élever. Quelques jours plus tard, on plaça dans la même pièce un autre nid avec de jeunes rouges-gorges que la faim fit bientôt crier. Le vieux mâle accourut; il considéra longtemps les oisillons; puis, revenant à sa mangeoire, il prit des larves de fourmis et les leur apporta. Il continua leur éducation avec autant de dévouement qu'il l'avait fait pour ses propres petits.

Une autre ami des oiseaux avait entrepris d'élever une jeune linotte qui, toujours affamée, ne cessait de crier. Un brave rouge-gorge enfermé dans la même volière fut pris de pitié pour l'orpheline : il lui apporta à manger, lui mit les miettes dans le bec, et répéta ce manège toutes les fois que la linotte faisait entendre son appel. Celui-là encore conduisit à bien l'éducation qu'il avait entreprise.

Les rouges-gorges s'apprivoisent facilement; ils s'habituent vite à leur captivité, et deviennent bientôt très familiers. Beaucoup de personnes ont pu voir, dans l'atelier d'un ouvrier, un rouge-gorge, un sansonnet, et un superbe angora, manger ensemble et d'un parfait accord dans une même augette; le chat jouait avec ses petits amis emplumés, sans jamais songer à sortir de leur gaîne de velours ses redoutables terribles griffes.

Les rouges-gorges placent leur nid près de terre, au rebord d'un fossé, sous une souche d'arbre, au milieu des racines ou sur une touffe de longues herbes; ils le composent à l'extérieur de ramilles, de feuilles de chêne, et garnissent l'intérieur de fines racines, de plumes et de poils. Cinq ou six œufs y trouvent place. Lorsque les jeunes ont pris leur essor, les parents les conduisent pendant une huitaine de jours, puis, ils les abandonnent et s'occupent d'une nouvelle couvée.

C'est le rouge-gorge qui, de tous les oiseaux, est le premier en mouvement dans les bois et dans les buissons;

c'est lui qui chante le matin avant tous les autres et qui, le soir, est le dernier à se faire entendre et à voltiger. Les habitants de la Bretagne lui donnent le nom « d'oiseau du bon Dieu. » Une vieille et touchante légende de leur pays raconte que de tous les oiseaux, il fut le seul qui accompagna Jésus-Christ sur le Calvaire, cherchant à réconforter la douce victime, à lui donner du courage et à la consoler par sa mélancolique chanson. Aussi, par une singulière faveur, il fut permis à la fauvette du Golgotha de détacher une épine de la sainte couronne du Rédempteur. Le Crucifié, en récompense de sa charité et de sa délicate sympathie, laissa sur la poitrine du rouge-gorge l'empreinte du sang divin. Et c'est depuis ce temps que le charmant oiseau reçut la mission de s'attacher aux pas de ceux qui travaillent, qui souffrent et qui pleurent, pour les consoler et les soutenir dans leurs pénibles épreuves. Aussi l'aimable petite créature est-elle regardée comme l'oiseau de bonheur apportant la bénédiction sous le toit qu'elle a choisi pour abri. Quand, pendant l'hiver, alors que les buissons se couvrent de gîvre, les enfants ont soins d'émietter pour lui du pain sur leur fenêtre, le rouge-gorge arrive sans façon faire honneur au repas que lui ont servi ses hôtes. Souvent, dès qu'il voit la porte ouverte, il entre comme un génie familier; et vient, auprès du foyer rustique, demander avec une place à la chaleur du genêt qui flambe, une bribe de la galette de sarrazin qui fume. Gris et brun est son manteau, mais resplendissante est sa poitrine qui a reçu la dernière goutte de sang du Sauveur. Il montre son brillant plastron, couleur de l'aurore, aux moments les plus sombres de la saison mauvaise, comme un souvenir des beaux jours passés, comme une promesse du printemps à venir!

Quand on lui présentait le doigt, elle s'élançait... (page 245)

CHAPITRE XV

Sous l'élégante véranda, protégeant les abords de la volière, des hirondelles avaient établi leur nid; et comme du reste, tous les oiseaux de la contrée, elles étaient un objet de sollicitude de la part des jeunes filles. Aussi, rien ne les troublait dans leurs évolutions : elles ne s'effarouchaient nullement de la présence de leurs protectrices. Un matin de printemps, elles étaient venues se percher sur le faîte de la marquise; elles en avaient exploré les abords; puis bientôt s'étaient glissée sous son abri, dans un endroit où le chapiteau d'une colonnette avait servi d'assise à une conque de terre habilement disposée.

L'*hirondelle rustique, hirondelle domestique* ou *hirondelle de cheminée*, comme on la nomme aussi quelquefois, est trop connue pour que nous soyons obligés de la décrire. Son aire de dispersion n'est pas très étendue : elle se reproduit dans toute l'Europe, sauf l'extrême nord, et dans l'Asie septrionale. Dans le nord de l'Afrique, elle est remplacée par l'*hirondelle rousseline* qui lui ressemble beaucoup et qui est très commune en Egypte, mais qui n'émigre pas. L'hirondelle de l'Amérique du Nord, et l'hirondelle rousse de l'Amérique du Sud ne diffèrent de même que très peu de l'hirondelle de cheminée Décrire les mœurs de l'hirondelle rustique, c'est décrire celles de toutes les autres espèces du même genre.

C'est l'hirondelle de cheminée que l'on voit, depuis des siècles, venir loger volontairement dans nos habitations, qui s'établit dans les palais comme dans les plus humbles chaumières. En échange de son attachement, l'homme lui a donné son amitié. Son arrivée régulière, dans nos contrées, l'a toujours fait regarder comme la messagère du printemps. Tout le monde, grands ou petits, riches ou pauvres, enfants ou vieillards, tout ce qui a un cœur, tout ce qui sent quelque chose et est susceptible d'aimer, salue avec bonheur le retour de l'hirondelle qui nous annonce le réveil de la nature.

« Comme les poètes, les navigateurs, les philosophes, dit Esquiros, l'hirondelle poursuit toujours quelque chose ; mais, plus heureuse qu'eux, elle atteint ce qu'elle poursuit. Les petits insectes qu'elle choisit pour en faire sa proie, sont poétiques, beaux et vivent un jour. Grâce à elle, les éphémères échappent à la mort lente et languissante qui les attend vers le soir ; ils sont tués en un moment, lorsqu'ils n'ont connu de la vie que le plaisir. La poétique beauté de l'hirondelle qui traverse le ciel avec la vitesse du désir et de la pensée, l'association de cet oissau avec le printemps, cette jeunesse de l'année; avec l'amour, cette jeunesse du cœur; les souffrances de sa couvée lorsque le père ou la mère se trouve détruit, tout doit exciter notre sympathie, notre humanité, tout demande grâce pour cette innocente et douce créature. Je me fais donc son avocat auprès des jeunes chasseurs; je les supplie d'épargner celle qui ne demande à l'homme qu'un coin de nos demeures pour y poser son nid, qu'un peu de boue pour le construire, qu'un peu de soleil et de ciel bleu pour être heureuse. Pour l'amour de Dieu, ne tuez point les hirondelles. Il y a deux hommes dont l'hirondelle n'a rien à craindre, deux hommes auprès desquels il est inutile de plaider sa cause : c'est le prisonnier et l'exilé. Au prisonnier l'hirondelle dit : « Liberté ! » à l'exilé : elle dit : « Patrie ! »

C'est vers le milieu du mois d'avril, tantôt plus tôt, tantôt plus tard, que les hirondelles arrivent dans nos climats. Leur voyage de retour est avancé ou retardé suivant que les froids ont plus ou moins d'intensité. L'époque du départ, soumise aux mêmes causes, offre aussi les mêmes variations. Pendant longtemps on s'est demandé où allaient les hirondelles, lorsque l'approche de la saison rigoureuse et le manque de nourriture les obligeaient à fuir l'Europe, leur véritable patrie. On sait aujourd'hui qu'elles passent régulièrement, chaque année, dans les îles de l'Archipel, et se rendent en Afrique; elles s'avancent jusqu'au Sénégal où plusieurs naturalistes ont constaté leur présence; et, quelques jours seulement suffisent pour ce long voyage.

On ne savait comment expliquer, autrefois, la disparution des hirondelles pendant les mois d'hiver, et cette incertitude avait donné lieu à des fables, singulières; elle avait fait naître l'opinion étrange qu'au lieu d'émigrer, ces jolis oiseaux s'enfonçaient dans la vase des lacs et des étangs, et s'y engourdissaient. Il fallait avoir à un degré bien puissant l'amour de la superstition et du merveilleux pour admettre que l'hirondelle, cette fille de l'air si propre, si coquette, si soigneuse de sa robe lustrée, si amoureuse d'espace et de grand soleil, venait, pendant de longs mois, s'ensevelir dans la fange d'une pièce d'eau!... Un évêque d'Upsal, Olaüs Magnus, prétendait que dans le Nord, les pêcheurs tiraient souvent dans leurs filets, avec le poisson, des groupes d'hirondelles pelotonnées, se tenant accrochées les unes aux autres, bec contre bec, pieds contre pieds, ailes contre ailes. Il ajoutait que transportées dans un endroit chaud, ces oiseaux se ranimaient assez vite, mais pour mourir bientôt après; tandis que ceux qui, au retour de la belle saison, se dégourdissaient insensiblement, conservaient la vie après leur réveil. Cette assertion de l'évêque d'Upsal, dont il reconnaît du reste qu'il n'a jamais contrôlé l'exactitude, fut reproduite par d'autres prétendus naturalistes qui voulurent renchérir et affirmèrent avoir été eux-mêmes témoins de ce fait. Ce qu'il y a de certains, c'est que de véritables savants, plus soucieux de la vérité, ont offert de payer au poids de l'or les hirondelles endormies dans la vase des étangs; il est presque inutile d'ajouter qu'il n'ont jamais pu obtenir qu'on leur en apportât.

Cependant, certaines observations tendraient à admettre que, dans des cas particuliers, des hirondelles sont restées, dans nos climats, temporairement engourdies et comme plongées dans une sorte de sommeil léthargique, pendant les mois les plus froids de l'hiver. Viellot raconte que, pendant l'hiver 1775-1776, il vit une hirondelle rustique qui avait pour retraite un trou sous la voûte d'un pont, à Rouen. Elle en sortait régulièrement lorsque la température devenait supportable; mais, elle restait quelquefois cachée pendant vingt ou trente jours quand l'air extérieur était trop froid : il en conclut qu'elle devait s'engourdir. Un autre observateur, Prévy-Garden, a vu, dans le mois de mars, des enfants munis de baguettes armées de crochets, qui tiraient des hirondelles des trous des falaises escarpées qui bordent le Rhin. Il en prit une qu'il réchauffa dans son sein, et à qui il rendit la liberté quand elle eut la force de s'envoler. Le célèbre voyageur Pallas a vu une de ces hirondelles engourdies qui paraissait morte de froid, et qui après avoir été déposée pendant un quart d'heure dans une chambre où régnait une chaleur tempérée, commença à respirer et à remuer; puis, elle s'envola et resta quelque temps dans l'appartement avant de prendre son essor à l'extérieur. Colin Smitt rapporte qu'on trouva, le 16 novembre 1826, en Ecosse, sous une remise à charrette, un groupe d'hirondelles de cheminée qui avaient pris leur quartier d'hiver sur un chevron. Il y en avait cinq dans un état complet de torpeur : placées auprès d'un bon feu, elles ressuscitèrent graduellement au bout d'environ un quart d'heure; on les laissa échapper par une fenêtre et on ne les revit plus. Dutrochet, membre de l'Académie des sciences, écrivait en 1841, à Geoffroy Saint-Hilaire, son confrère, qu'il avait été plusieurs fois témoin de faits semblables. Il paraît donc difficile de ne pas admettre que les hirondelles, dans certains cas particuliers, peuvent quelquefois tomber en torpeur : on croit que ce phénomène se produit surtout chez les sujets chargés de graisse.

Nous voilà loin, n'est-il pas vrai, des jolies hôtesses de la véranda qui voltigent et gazouillent autour des jeunes filles, et il est temps d'y revenir. Elles appartiennent, nous l'avons dit, à l'espèce des hirondelles de cheminée, remarquables par leur dos d'un noir lustré à reflets bleu d'acier poli et leur poitrine marron foncé. Ce sont ces aimables oiseaux qui, depuis des siècles et des siècles, viennent s'établir dans nos habitations et auxquels, en échange de cette confiance et de cet attachement, l'homme a donné son amitié. Peu de temps après leur arrivée, les hirondelles retournent à leur ancien nid qu'elles réparent; les nouveaux couples en construisent; et, alors commence une existence faite de joie et de soucis, de travail et d'activité.

Quoique d'un naturel faible et délicat, l'hirondelle de cheminée fait souvent preuve d'une grande énergie quand elle vole, quand elle se joue avec ses compagnes, quand elle poursuit avec ardeur les rapaces et les carnassiers. De toutes les hirondelles de nos pays, elle est la plus rapide, la plus vive. Tantôt elle glisse en quelque sorte dans l'air, tantôt elle plane; puis, battant tout à coup des ailes, elle se retourne avec la promptitude de l'éclair, monte, descend, rase le sol ou la surface de l'eau pour s'élever ensuite à une hauteur prodigieuse. Elle passe, en volant, à travers l'ouverture la plus étroite; elle se baigne sans interrompre son vol; elle rase l'eau, plonge, puis s'élève dans l'air en secouant son plumage.

Les paysans remarquent que lorsque l'hirondelle vole bas, en rasant la terre et l'eau, c'est un signe de pluie : cela prouve tout au moins que les insectes sont descendus dans les régions inférieures de l'atmosphère.

Le gazouillement de ces oiseaux est assez agréable : ce chant, bien connu, annonce l'aube du jour, et se fait encore entendre pendant le crépuscule du soir. A peine une ligne grise à l'Orient indique l'approche du jour que l'on commence à entendre la voix des hirondelles se réveillant de leur sommeil. Tous les oiseaux sont encore endormis; partout règne le silence; les objets se dessinent à peine à la lueur douteuse de l'aube matinale qu'une hirondelle pousse son cri; elle le répète à courts intervalles; elle dit ensuite sa chanson, et finalement elle quitte sa retraite et s'envole joyeusement. Un quart d'heure ne s'est pas écoulé que les autres oiseaux se réveillent à leur tour; du haut du toit, le rouge-queue fait entendre sa chanson; les moineaux babillent, les pigeons roucoulent, bientôt tous les oiseaux recommencent leur vie journalière. Quiconque a pris plaisir à passer une matinée au milieu d'une ferme, conviendra que le chant joyeux de l'hirondelle contribue beaucoup à l'animation du tableau.

L'intelligence de ce charmant oiseau est très développé; on dirait qu'elle discerne le bien du mal; elle reconnaît ses amis et ses ennemis et elle montre, à l'égard de ces derniers, une hardiesse charmante. Elle se nourrit de petits insectes, moucherons, libellules et papillons, coléoptères de toutes sortes; mais, elle ne mange jamais ceux qui sont pourvus d'aiguillons venimeux. Elle établit son nid à l'intérieur des maisons, sous les hangars, dans les écuries, les greniers, les chambres inhabitées; dans les cheminées; à l'embrasure des fenêtres, partout enfin ou cela lui est possible, et dans une position telle que, bien couvert par le haut, il soit à l'abri de la pluie et du vent. Il est composé de terre qu'elle gâche, qu'elle enduit de salive et qu'elle ramasse par becquées, agglutinées les unes aux autres, formant comme les moëllons de l'édifice; elle entremêle avec la terre des poils d'animaux, des petites racines, des tiges d'herbes qui contribuent à en consolider les parois. L'intérieur est tapissé d'herbes fines et sèches, de poils et de plumes qui constituent une couchette bien douce. Lorsque le temps est beau, il ne faut pas plus de huit jour pour mener à bonne fin ce travail considérable. La femelle pond de quatre à six œufs; les petits éclosent au bout de quinze jours, et ils croissent très rapidement. Si les circonstances sont favorables, ils peuvent, à trois semaines, commencer à suivre leurs parents.

Comme tous les êtres de la création, l'hirondelle a de nombreux ennemis : les rats, les souris, les belettes se glissent dans les nids; l'épervier la poursuit au milieu des airs; et, malgré le proverbe espagnol : « qui tue une hirondelle, tue sa mère » les hommes ne se font pas faute de la pourchasser. La grossièreté, la cruauté, l'amour de détruire l'emportent bien souvent sur tous les autres sentiments.

Il n'est pas absolument impossible de conserver en cage l'hirondelle rustique, mais elle réclame les soins les plus délicats. M. de la Blanchère a raconté l'histoire intéressante d'une hirondelle de cheminée apprivoisée par une jeune fille. Elle s'appuyait sur l'épaule de sa maîtresse ou sur le peigne qui retenait sa chevelure. Tombée par accident dans une cheminée, *Titi* (c'est le nom que lui avait donné sa protectrice) fut recueillie toute haletante et déposée dans une petite boîte, sur un lit de coton. On lui donna d'abord, pour nourriture, des fragments de mouches, puis des mouches entières; et, comme on la retirait, pour la faire manger, de la cage où était déposé son berceau, elle contracta l'habitude d'y rentrer d'elle-même, chaque soir. Elle n'aimait pas à être prise par le corps; mais, quand on lui présentait le doigt, elle s'élançait dessus avec grâce et légèreté. Elle restait volontiers sur le rebord de la table à ouvrage de la jeune fille, gazouillant des heures entières et saisissant rapidement les mouches qu'on lui présentait. Un jour Titi, sollicitée par l'amour de la liberté et par les cris de ses compagnes, prit son vol et rejoignit la bande joyeuse : on la crut perdue; et, sa jeune maîtresse, désolée, rentrait après avoir inutilement appelé Titi, lorsque l'hirondelle revint prendre sa place habituelle sur son épaule. Ce fut une grande joie; et, depuis cette époque, on lui laissa une entière liberté dont elle n'abusa jamais. Au mois d'octobre, lorsque toutes les hirondelles se réunissent pour le départ, on ouvrit les fenêtres pour que la jeune orpheline pût se joindre aux jolies voyageuses; mais elle refusa de partir. Cependant les mouches manquaient; et, pour ne pas la voir mourir de faim, on décida de la lâcher dehors pour la forcer à suivre l'émigration générale. Elle revint becqueter les vitres de la fenêtre en poussant quelques cris plaintifs; puis, s'élevant à une grande hauteur, elle finit par s'éloigner. On ne l'a plus revue, et l'on n'a jamais su ce qu'elle était devenue.

L'hirondelle de fenêtre, ou *chélidon de muraille,* arrive quelques jours plus tard que l'hirondelle de cheminée. Le plumage supérieur de cet oiseau est d'un beau noir glacé à reflets bleuâtres; la gorge et le dessous du corps sont d'un beau blanc. Pendant les premiers jours de son arrivée, l'hirondelle de fenêtre donne la chasse aux insectes qui se tiennent aux environs des eaux; mais, vers la fin d'avril, elle approche des lieux habités, et accroche son nid aux entablements, aux corniches, à l'embrasure des fenêtres. Cependant, elle préfère les saillies des rochers et les parois des cavernes, quand il y en a dans le voisinage. Ce nid diffère de celui de l'hirondelle rustique en ce qu'il n'est pas ouvert par en haut; sa forme est généralement celle d'une demi-sphère, et son ouverture, très petite et circulaire, n'excède pas le volume du corps de l'oiseau. Ces nids sont rarement isolés; on les rencontre ordinairement plusieurs groupés les uns à côté des autres. L'amour des parents pour les petits est développé au plus haut degré : on a conservé le souvenir d'une femelle de chélidon qui, à son retour de la provision, trouvant la maison où était son nid embrasée, se jeta dans les flammes pour porter la nourriture à ses petits.

Lorsque nul accident ne survient, les petites hirondelles sortent du nid environ seize jours après leur naissance. Elles sont dirigées par les parents jusqu'à ce qu'elles puissent se suffire elle-même; et, dans les premiers jours, elles reviennent chaque soir au nid. Père, mère, enfants, se pressent dans ce petit espace; c'est à peine s'ils peuvent s'y loger à sept ou huit; aussi faut-il du temps avant que chacun ait sa place définitive. Parfois, les jeunes se trompent de nid; ils sont alors soigneusement chassés et repoussés par les légitimes propriétaires.

Les hirondelles de fenêtres sont sociables : on les voit

quelquefois s'entr'aîder pour la construction de leurs nids, surtout lorsque, par suite d'un accident quelconque, une première demeure a été détruite. Les moineaux ne se gênent pas pour s'établir dans les nids d'hirondelles; ils ne le font pas toujours impunément. Deux de ces gaillards querelleurs et sans gêne, profitant de l'absence des légitimes propriétaires s'étaient, sans façon, installés dans un nid d'hirondelles. Ils procédaient tranquillement à l'aménagement de ce domicile, lorsque les hirondelles arrivèrent et trouvèrent leur asile occupé. Elles réclament avec insistance, dans leur langage d'oiseau la restitution, de l'habitation qui leur a coûté tant de peine. Elles babillent; elles menacent; elles distribuent force coups de bec qui leur sont rendus avec usure. De part et d'autre on s'anime, on se harcèle; et les pauvres dépossédées se voient dans l'obligation de battre en retraite devant les formidables coups de bec des voleurs. Cependant, fortes de leur droit, les hirondelles semblent prendre un grand parti : elles se retirent à quelque distance, donnent l'alarme; et, de tous les points de l'horizon, on voit accourir à tire-d'ailes, une foule de leurs compagnes à qui elles paraissent exposer leurs plaintes. Il n'y a pas à s'y méprendre; on tient conseil, et on avise au moyen de déloger les intrus. De graves décisions viennent d'être prises, car quelques hirondelles se détachent de la bande et vont reconnaître la place toujours occupée et bien défendue. Mais on voit que cette nouvelle tentative à échoué; car les ambassadeurs retournent en hâte rejoindre l'assemblée pendant que les voleurs se prélassent dans le nid. On délibère de nouveau; et, sans perdre de temps la troupe s'envole irritée avec le dessein bien arrêté d'exécuter la terrible conspiration qui vient d'être ourdie. Toutes se mettent à l'œuvre; elles gâchent un peu de poussière avec une goutte d'eau et emportent à leur bec une petite motte de limon ou de mortier. Nouvelle sommation des hirondelles; nouveau refus de déguerpir de la part des moineaux qui ne s'attendent guère à l'horrible supplice dont ils sont menacés. Alors, les hirondelles passent à la file; et, l'une après l'autre fixent consciencieusement sur l'ouverture du nid le petit moellon de mastic dont elle se sont munis. La porte se rétrécit à vue d'œil; bientôt la petite maison est claquemurée, et les voleurs périssent étouffés ! Ce fait, qui peut paraître invraisemblable, est affirmé par de nombreux observateurs dont la parole ne saurait être suspectée.

Voici un exemple non moins extraordinaire de solidarité : Une hirondelle s'était enchevêtrée dans les crins qui formaient son nid; elle était suspendue dans l'espace, et si bien prise qu'elle allait infailliblement périr; mais ses compagnes avaient entendu ses cris de détresse. De tous côtés elles s'empressent pour délivrer la prisonnière; elles donnent en passant chacune un coup de bec aux liens de la captive; et celle-ci, bientôt délivrée, peut s'élancer dans les airs et remercier ses libératrices.

La vitesse du vol de l'hirondelle est prodigieuse : Spallanzani s'est assuré qu'elles peuvent faire au moins vingt lieues à l'heure. Le sens de la vue est singulièrement développé chez ces oiseaux; on a la certitude qu'ils peuvent distinguer, à la distance de cent vingt mètres, un objet aussi peu volumineux qu'une fourmi ailée. Les services que rendent les hirondelles, en purgeant l'air d'une foule d'insectes nuisibles, les ont fait, pendant longtemps, considérer comme des animaux sacrés, qu'il serait criminel de détruire. Quand on pense que l'hirondelle a besoin pour sa nourriture quotidienne, d'autant d'insectes qu'il en faut pour faire un poids égal à celui de son corps, on est émerveillé, non pas seulement qu'elle puisse les absorber, mais qu'elle puisse les trouver.

C'est Renée qui avait donné sur les hirondelles de nos contrées tous ces curieux renseignements. Laura, à son tour, entretint ses compagnes de l'hirondelle américaine.

« Du moment, dit-elle, que l'hirondelle a trouvé dans nos maisons toutes les commodités nécessaires pour y établir son nid, elle a, avec une sagacité vraiment remarquable, abandonné ses anciennes retraites dans le creux des arbres, et pris possession de nos cheminées, ce qui, sans aucun doute, lui a valu le nom sous lequel on la connaît généralement. Les vieillards se rappellent parfaitement le temps où, dans Kentucky, dans l'Indiana et l'Illinois, ces oiseaux choisissaient encore très souvent, pour nicher, les excavations des branches et des vieux troncs; et telle est l'influence d'une première habitude, que c'est toujours là que, de préférence, ils reviennent, non seulement pour chercher un abri, mais aussi pour élever leurs petits, spécialement dans ces parties isolées de notre pays qu'on peut à peine dire habitées. Alors les hirondelles se montrent aussi délicates pour le choix d'un arbre qu'elles le sont ordinairement dans nos villes pour le choix de la cheminée où elles veulent fixer leur demeure : des sycomores d'une taille gigantesque, et que ne soutient plus qu'une simple couche d'écorce et de bois, sont ceux qui semblent leur convenir le mieux. Partout où se rencontraient de ces vénérables patriarches des forêts, que la décadence et l'âge avaient ainsi rendus habitables, on a trouvé des nids d'hirondelles. Ayant fait couper un arbre de cette espèce, on a compté dans l'intérieur du tronc une cinquantaine de ces nids, et, de plus, chaque branche creuse en renfermait un.

» Le nid, qu'il soit placé dans un arbre ou dans une cheminée, se compose de petites branches sèches que l'oiseau se procure d'une façon assez singulière. Si vous regardez les hirondelles tandis qu'elles sont en l'air, vous les voyez tournoyer autour de la cime de quelque arbre qui dépérit, s'il n'est déjà tout à fait mort : on les dirait occupées à poursuivre les insectes dont elles font leur proie, leurs mouvements sont extrêmement rapides. Tout à coup elles se jettent le corps contre la branche, s'y accrochent avec leurs pattes ; puis, par une brusque secousse, la cassent net, et l'emportent à leur nid.

» C'est au moyen de sa salive que l'hirondelle fixe ces premiers matériaux sur le bois, le roc ou le mur d'une cheminée ; elle les arrange en rond, les croise, les entrelace, pour étendre à l'extérieur les bords de son ouvrage ; le tout est pareillement englué de salive qu'elle répand autour pour mieux l'assujettir et le consolider. Quand le nid est dans une cheminée, sa place est généralement du côté de l'est, et à une distance de cinq à huit pieds de l'entrée. Mais dans le creux d'un arbre, où toutes nichent en communauté, il se trouve plus haut ou plus bas, suivant la convenance générale. La construction, assez fragile cède de temps à autre, soit sous le poids des parents et des jeunes, soit emportée par un flot subit de pluie, cas auxquels ils sont tous ensemble précipités par terre. On y compte de quatre à six œufs d'un blanc pur, et il y a deux couvées par saison.

» Le vol de cette hirondelle rappelle celui du martinet d'Europe; mais il est plus vif. C'est une succession de battements assez courts, si l'on en excepte pourtant la saison où l'heureux couple prélude à la construction du nid : car on les voit alors comme nager, les ailes immobiles, glissant dans les airs avec un petit gazouillement aigu. En d'autres temps, ils planent au large, à une grande hauteur; puis, avec la saison humide, reviennent voler à ras du sol, et on les voit écumer l'eau pour boire et se baigner. Quand ils vont pour descendre dans un trou d'arbre ou une cheminée, leur vol s'interrompt brusquement comme par magie ; en un instant ils s'abattent en tournoyant et produisent avec leurs ailes un tel bruit, qu'on croirait entendre, dans la cheminée, le roulement lointain du tonnerre. Jamais ils ne se posent sur les arbres ni sur le sol. Si l'on prend une de ces hirondelles et qu'on la mette par terre, elle fait de gauches efforts pour s'échapper et peut à peine se mouvoir. Parfois, la nuit, il arrive aux parents de s'envoler et aux jeunes de prendre de la nourriture, car on entend le frou-frou d'ailes des premiers et les cris de reconnaissance des seconds.

» Quand les petits tombent par accident, ce qui arrive aussi quelquefois, bien que le nid reste en place, ils parviennent à y remonter à l'aide de leurs griffes aiguës, en élevant un pied, puis l'autre, et en s'appuyant sur leur queue. Deux ou trois jours avant d'être en état de s'envoler, ils grimpent en haut du mur, jusqu'auprès de l'ouverture de la cheminée à l'abri de laquelle ils ont grandi. Un observateur pourra reconnaître ce moment, en voyant les parents passer et repasser au-dessus de l'extrémité du tuyau sans y entrer. C'est la même chose, quand ils ont été élevés dans un arbre.

» Dans nos villes, les hirondelles choisissent d'abord une cheminée spéciale pour s'y retirer. C'est là qu'au premier printemps et avant de commencer à bâtir, elles se rendent en foule depuis une heure ou deux avant le coucher du soleil, jusque bien longtemps après nuit close. Jamais les oiseaux ne s'engagent dedans qu'ils n'aient voltigé plusieurs fois tout à l'entour; puis, tantôt l'un, tantôt l'autre, ils se décident à entrer, jusqu'à ce qu'enfin, pressés par l'heure, ils s'y précipitent plusieurs ensemble. Ils s'accrochent aux murs avec leurs griffes, s'y tiennent appuyés sur leur queue pointue, et dès l'aurore, avec un bruit sourd et retentissant, ils s'élancent dehors exactement tous à la fois. Un jour un observateur voulut compter combien il en entrerait dans une cheminée avant la nuit. Il se tenait à une fenêtre, à proximité du lieu; il en vint plus de mille, et il ne les vit pas toutes.

« Je venais, dit un naturaliste, d'arriver à Louisville, lorsqu'un jour quelqu'un me demanda si j'avais vu les arbres où l'on supposait que les hirondelles passaient l'hiver, mais où, en réalité, elles n'entrent que pour s'abriter et faire leur nid. Je répondis que j'en avais vu. Alors on m'apprit que, sur mon chemin, il s'en trouvait un dont on m'enseigna la place, et qui était remarquable par le nombre immense de ces oiseaux qui s'y retiraient. M'étant remis en route, j'arrivai bientôt au lieu indiqué et n'eus pas de peine à reconnaître l'arbre en question : c'était un sycomore presque sans branches, portant de soixante à soixante-dix pieds de haut sur huit de diamètre à la base; il pouvait en avoir encore près de cinq, même à une hauteur de cinquante pieds, où le tronçon d'une branche brisée et creuse, d'environ deux pieds de diamètre, se séparait de la tige principale. C'était par là qu'entraient les hirondelles. En examinant l'arbre de près, je le trouvai d'un bois dur, mais rongé au centre presque jusqu'aux racines. On était au mois de juillet, et le soleil marquait quatre heures après-midi. Les hirondelles volaient au-dessus de Louisville et des bois environnants; mais je n'en voyais aucune près du sycomore. Je rentrai chez moi, pour revenir bientôt à pied. Le soleil descendait derrière les montagnes d'Argent; la soirée était belle, des milliers d'hirondelles voltigeaient autour de moi, et de temps en temps quatre ou cinq à la fois disparaissaient dans le trou de l'arbre. Et, je restai là, ma tête appuyée contre le tronc et prêtant l'oreille au bruit assourdissant que faisaient les oiseaux pour s'installer à l'intérieur. Il était nuit noire quand je quittai mon poste, et j'étais convaincu qu'il en restait encore un bien plus grand nombre dehors. Je n'avais pas eu la prétention de les compter : il y en avait trop, et ils se précipitaient à l'ouverture en rangs si serrés et si épais, que c'était à confondre l'imagination. A peine étais-je de retour à Louisville, qu' un violent ouragan mêlé de tonnerre passa sur la ville, et je pensai que la précipitation des hirondelles avait eu pour cause leur inquiétude et le désir d'éviter l'orage. Toute la nuit, je ne fis

Les bergeronnettes lavandières chassent au bord des cours d'eau les libellules et autres insectes.

que rêver d'hirondelles, tant j'étais impatient de constater leur nombre, avant que l'époque de leur départ fût arrivée.

» Le lendemain matin, il ne paraissait encore aucune lueur de jour, que déjà je me retrouvais à mon poste. Je me remis l'oreille collée contre l'arbre; tout était silencieux au-dedans. Il y avait environ vingt minutes que j'étais dans cette posture, lorsque soudain je crus que le grand arbre se déracinait et tombait sur moi. Instinctivement, je fis un bond de côté; mais en regardant en l'air, quel ne fut pas mon étonnement de le voir debout et aussi ferme que jamais. C'étaient des hirondelles qu'il vomissait en flots noirs et continus. Je courus reprendre ma place et j'écoutai, réellement stupéfait de ce bruit du dedans, que je ne puis mieux comparer qu'au sourd roulement d'une large roue sous l'action d'un puissant cours d'eau. Il faisait sombre encore, de sorte que je pouvais à peine distinguer l'heure à ma montre; mais j'estime qu'elles mirent à sortir ainsi trente minutes et plus. Puis, l'intérieur de l'arbre redevint silencieux, et elles se dispersèrent dans toutes les directions.

» Immédiatement, je formai le projet d'examiner l'intérieur de cet arbre. Pour cette expédition, je m'adjoignis un camarade de chasse, et nous partîmes, munis d'une assez longue corde. Après plusieurs essais, nous réussîmes à la lancer par-dessus la branche brisée de façon à ce que les deux bouts revinssent toucher la terre; ensuite, m'étant armé d'un grand bambou, je grimpai sur l'arbre au moyen de cette sorte de câble et parvins sans accident jusqu'à la branche sur laquelle je m'assis. Mais tout cela fut peine perdue : je ne pus rien voir du tout dans l'intérieur de l'arbre, et ma gaule, d'au moins quinze pieds de long, ne touchait à rien qui pût me donner quelque renseignement. Je redescendis fatigué et désappointé.

» Sans me décourager, cependant, le lendemain je louai un homme qui fit un trou à la base de l'arbre. Il n'y restait plus que huit à neuf pouces d'écorce et de bois. Bientôt la hache eut mis le dedans à jour, et nous découvrîmes une masse compacte de dépouilles et de débris de plumes réduites en une espèce de terreau au milieu duquel je pouvais encore distinguer des fragments d'insectes et de coquilles. Je me frayai tout au travers un passage d'environ six pieds. Cette opération ne prit pas mal de temps, et comme je savais que, si les oiseaux venaient à soupçonner l'existence de ce trou, ils abandonneraient l'arbre, je le fis soigneusement reboucher. Dès le même soir, les hirondelles revinrent comme d'habitude, et je me gardai de les troubler de plusieurs jours. Enfin, m'étant précautionné d'une lanterne sourde, un soir vers neuf heures, je retournai au sycomore. Le trou fut ouvert doucement ; je me hissai le long des parois en m'aidant de la masse de détritus; mon camarade venait par derrière. Je trouvai tout parfaitement tranquille; et par degrés, dirigeant la lumière de la lanterne sur les côtés de l'excavation béante audessus de nous, j'aperçus les hirondelles collées les unes contre les autres et couvrant la surface interne. Avec le moins de bruit possible, nous en prîmes et tuâmes plus d'un cent que nous fourrâmes dans nos habits et dans nos poches; puis, nous étant laissés glisser en bas, nous nous retrouvâmes en plein air. L'entrée exactement refermée, nous reprîmes, fiers et joyeux, le chemin de Louisville. Nous n'avons pas évalué à moins de 11,000 le nombre des oiseaux que contenait l'intérieur de ce seul arbre.

» Je ne cessai point de surveiller les mouvements de mes hirondelles. Lorsque les jeunes qui avaient été élevées dans les cheminées de Louisville, et des maisons du voisinage, ainsi que dans les arbres, eurent abandonné le lieu de leur naissance, je recommençai mes visites au sycomore. C'était le 2 août. Je m'assurai que le nombre des oiseaux qui s'y retiraient n'avait pas augmenté. Jour par jour, j'y revins : le 13 d'août, il n'y en entra guère que deux ou trois cents; le 18, pas un seul ne s'en approcha, et c'est à peine si je vis passer isolément quelques individus En septembre, pendant la nuit, je regardai dans l'intérieur : il n'y en restait aucun. J'y revins encore une fois, en février, par un temps très froid, et convaincu que toutes les hirondelles avaient quitté le pays, je refermai définitivement l'ouverture.

» Mai, cependant était de retour, et son souffle printanier nous ramenait le peuple vagabond des airs. Les hirondelles aussi revinrent à leur arbre, et j'en vis le nombre s'accroître chaque jour. Vers le commencement de juin, j'imaginai de fermer l'entrée avec un bouchon de paille que je pouvais retirer à mon gré au moyen d'une corde. Le résultat fut curieux : les oiseaux, comme d'ordinaire, vinrent pour s'abriter à la tombée de la nuit; ils s'attroupèrent, passant et repassant devant l'arbre d'un air tout dérouté ; plusieurs déjà commençaient à s'envoler au loin : j'ôtai le bouchon, et immédiatement ils entrèrent sans discontinuer, jusqu'à ce qu'il ne me fût plus possible de les distinguer du lieu où j'étais.

» Cinq ans après, je pus revoir le sycomore, dans l'intérieur duquel les hirondelles abondaient toujours. Les pièces de bois avec lesquelles j'avais bouché le trou avaient été brisées ou emportées; mais l'ouverture était de nouveau complètement remplie de dépouilles et de débris des oiseaux. A la fin pourtant, il survint un ouragan tellement violent, que leur antique retraite fut tout de son long couchée par terre ! »

Les voitures sont emportées au trot rapide des chevaux (page 259)

CHAPITRE XVI

Dès l'approche du jour, tout est en mouvement à la villa et au château. Les voitures sont attelées; on y entasse les provisions, car il s'agit d'une nouvelle excursion dans la forêt. Au moment où le joyeux cortège traverse des champs immenses et que la brise matinale berce les épis d'or, l'alouette a déjà entonné sa chanson quotidienne comme pour saluer le soleil dont le disque éclatant se montre au-dessus de la colline; les jeunes filles la suivent dans son vol qui se rapproche toujours du ciel où il semble porter une prière.

Et les voitures sont emportées au trot rapide des chevaux pendant que chacun fait ses réflexions sur l'oiseau rustique, l'oiseau du laboureur.

L'alouette est le chantre de la moisson, comme le rossignol est le chantre du bocage : elle représente l'harmonie, le cantique et la joie, au milieu des cris discordants des grillons et des cigales qui, pendant les heures brûlantes du jour, troublent seuls le silence des solitudes cultivées. Les fusées de notes vives, alertes, cadencées, qu'elle laisse tomber du ciel en planant, allègent l'impression mélancolique qu'éprouvent le voyageur en traversant ces plaines monotones.

Aucun oiseau ne vole aussi longtemps que l'alouette. Le mâle s'élève, tout en chantant, presque verticalement ; il décrit une spirale largement écartée et plane à une telle hauteur que l'œil a de la peine à l'y suivre ; ses grandes ailes, sa large queue toujours agitées, le soutiennent facilement ; il plane loin de l'endroit d'où il s'est élevé ; il passe par-dessus les villages, revient, descend lentement ; puis, fermant subitement les ailes, il se laisse tomber comme un plomb à côté de sa compagne.

Le chant de l'alouette est clair, pur, retentissant ; ce sont tantôt des trilles et des roulades, tantôt des sifflements, des notes filées assez variées, mais dont quelques-unes sont répétées très souvent. Il en est qui redisent dix fois et vingt fois la même phrase avant d'en commencer une autre. Chaque mâle a son chant particulier ; néanmoins, tous ces chants ne paraissent être que les variations d'un même thème ; ce sont des trilles et des roulades, fort semblables les uns aux autres, mais différents cependant. Sous ce rapport, le chant de l'alouette est aussi curieux que celui du rossignol. Parfois, l'oiseau y mêle des notes étrangères empruntées aux autres oiseaux qui vivent dans son voisinage.

« L'alouette, dit Buffon, est du petit nombre des oiseaux

qui chantent en volant : plus elle s'élève, plus elle force la voix, et souvent elle la force à un tel point que, quoiqu'elle se soutienne au haut des airs et à perte de vue, on l'entend encore distinctement, soit que ce chant ne soit qu'un simple accent d'amour ou de gaieté, soit que ces petits oiseaux ne chantent ainsi que par une sorte d'émulation et pour se rappeler entre eux »

« L'oiseau des champs par excellence, l'oiseau du laboureur, dit Michelet, c'est l'alouette, sa compagne assidue qu'il retrouve partout dans son sillon pénible pour l'encourager, le soutenir, lui chanter l'espérance. Espoir, c'est la vieille devise de nos Gaulois, et c'est pour cela qu'ils avaient pris comme oiseau national ce pauvre oiseau si pauvrement vêtu, mais si riche de cœur et de chant.

» La nature semble avoir traité sévèrement l'alouette. La disposition de ses ongle le rend impropre à percher sur les arbres. Elle niche à terre, tout près du pauvre lièvre, et sans autre abri que le sillon. Quelle vie précaire, aventurée, au moment où elle couve ! Que de soucis, que d'inquiétudes ! A peine une motte de gazon dérobe au chien, au faucon, le doux trésor de cette mère. Elle couve à la hâte; elle élève à la hâte la tremblante couvée. Qui ne croirait que cette infortunée participera à la mélancolie de son triste voisin, le lièvre?

Cet animal est triste et la crainte le ronge.

» Mais, le contraire a lieu par un miracle inattendu de gaieté et d'oubli facile, de légèreté, si l'on veut, et d'insouciance française : l'oiseau national, à peine hors de danger, retrouve toute sa sérénité, son chant, son indomptable joie. Autre merveille : ses périls, sa vie précaire, ses épreuves cruelles n'endurcissent pas son cœur; elle reste bonne autant que gaie, sociable et confiante, offrant un modèle, assez rare parmi les oiseaux, d'amour fraternel, l'alouette comme l'hirondelle, au besoin, nourrira ses sœurs.

» Deux choses la soutiennent et l'animent : la lumière et l'amour. . . . .

» Le moindre rayon de lumière suffit pour lui rendre son chant. C'est la fille du jour. Dès qu'il commence, quand l'horizon s'empourpre et que le soleil va paraître, elle part du sillon comme une flèche, porte au ciel l'hymne de joie. Sainte poésie, fraîche comme l'aube, pure et gaie comme un cœur enfant! Cette voix sonore, puissante, donne le signal aux moissonneurs : « Il faut partir, dit le père; n'entendez-vous pas l'alouette? » Elle les suit, leur dit d'avoir du courage; aux chaudes heures, les invite au sommeil, écarte les insectes. Sur la tête penchée de la jeune fille, à demi-éveillée, elle verse des torrents d'harmonie. »

« Aucun gosier, dit Toussenel, n'est capable de lutter avec celui de l'alouette pour la richesse et la variété du chant, l'ampleur et le velouté du timbre, la tenue et la portée du son, la souplesse et l'infatigabilité des cordes de la voix. L'alouette chante une heure d'affilée sans s'interrompre d'une demi-seconde, s'élevant verticalement dans les airs jusqu'à des hauteurs de mille mètres, et courant des bordées dans la région des nues pour gagner plus haut, et sans qu'une de ses notes se perde dans ce trajet immense. Quel rossignol pourrait en faire autant? »

« C'est un bienfait donné au monde que ce chant de lumière, et vous le retrouvez presque en tout pays qu'éclaire le soleil. Autant de contrées différentes, autant d'espèces d'alouettes : alouettes des bois, alouettes des prés, des buissons, des marais, alouettes de la craie de Provence, alouettes des craies de la Champagne, alouettes des contrées boréales de l'un et l'autre monde; vous les trouvez encore dans les steppes salés, dans les plaines brûlantes du vent du nord de l'affreuse Tartarie. Persévérante réclamation de l'aimable nature; tendres consolations de la maternité de Dieu ! »

Le chant de l'alouette a, de tout temps, frappé les observateurs et les anciens qui ont essayé de le traduire de la façon la plus ingénieuse :

La gentille alouette avec son tirelire,
Tirelire, relire, tirelirant tire
Vers la voûte du ciel, prit son vol en ce lieu
Vire et semble nous dire : adieu ! adieu ! adieu !

L'alouette des champs fait son nid sans beaucoup d'art, entre deux mottes de terre, dans un champ de blé, quelquefois dans une prairie. Elle se contente de garnir de quelques herbes, de petites racines, la concavité qu'elle a choisie pour pondre; en revanche, elle prend beaucoup de soin pour le cacher; elle y réussit si bien que, la plupart du temps, ce nid échappe aux investigations de l'oiseau de proie aussi bien qu'aux recherches de l'homme. Chaque couple habite un canton qui a tout au plus trois cents pas de diamètre; au-delà de cette limite, commence le domaine d'une autre couple, et ainsi toute la contrée se trouve peuplée. Lorsque les petits peuvent courir, ils quittent le nid et se cachent dans les champs, se tenant à peu de distance les uns des autres. Quant à la mère, il semble qu'elle veuille dédommager ses ailes de l'inaction à laquelle les soins de l'incubation l'ont condamnée, se rassasier d'espace en attendant qu'elle en soit encore sevrée; c'est du haut des airs qu'elle veille sur sa progéniture dispersée; elle accomplit son métier de mère nourrice en volant et en s'abattant de loin en loin, tantôt pour rallier ses petits, tantôt pour leur distribuer leur nourriture. Il paraît que les alouettes naissent avec toutes les aptitudes, tout le dévouement, toutes les vertus de la mère de famille.

« On m'avait, dit Buffon, apporté dans le mois de mai une alouette qui ne mangeait pas encore seule; je la fis élever, et elle était à peine sevrée qu'on m'apporta, d'un autre endroit, une couvée de trois ou quatre petits de la même espèce; elle se prit d'une affection singulière pour ces nouveaux venus, qui n'étaient pas beaucoup plus jeunes qu'elle; elle les soignait nuit et jour, les réchauffait sous ses ailes, leur enfonçait la nourriture dans la gorge avec le bec : rien n'était capable de la détourner de ses intéressantes fonctions; si on l'arrachait de dessus ses petits, elle revolait à eux dès qu'elle était libre, sans jamais songer à prendre sa volée, comme elle l'aurait pu cent fois. Son affection ne faisant que croître, elle en oublia, à la lettre, le boire et le manger; elle ne vivait plus que de la becquetée qu'on lui donnait en même temps qu'à ses petits adoptifs, et elle mourut enfin, consumée par cette espèce de passion maternelle; aucun de ses petits ne lui survécut, ils moururent tous, tant ces mêmes soins étaient non seulement affectionnés, mais bien entendus. »

L'alouette s'attache avec passion aux objets qui peuvent refléter son image; elle aime à s'y contempler; et, cette funeste complaisance, que quelques-unes de mes jeunes lectrices connaissent bien, est souvent la cause de sa perte. Les chasseurs, profitant de cet instinct, placent, dans les pays où les alouettes sont abondantes, des miroirs mobiles sur un pied fixe et qu'ils peuvent faire mouvoir avec une corde. Les alouettes arrivent bientôt en grand nombre, voltigent autour de cet appareil en poussant un petit cri de joie, se contemplent dans toutes les subdivisions du perfide instrument, et finissent par se poser à terre, afin de pouvoir prolonger leur satisfaction plus longtemps et sans fatigue. Là, elles trouvent la récompense de leur vanité : le filet, le fusil, la mort!

Les alouettes, qui recherchent avec tant de passion les miroirs, manifestent une crainte très vive à l'approche des oiseaux de proie, ce qui ne les empêche pas de devenir les victimes du hobereau et de l'épervier.

Dès que ces rapaces se montrent, elles se taisent. Toutes

se laissent tomber à terre, se tapissent contre le sol, sachant bien que c'est là leur leur seule chance de salut; celles-là seules, qui étaient à une trop grande hauteur et n'ont pu apercevoir à temps leur redoutable ennemi, cherchent à se sauver en s'élevant dans les plus hautes régions. Poussant des cris d'effroi, elles montent toujours, et toujours s'efforcent de se tenir au-dessus de l'oiseau de proie : celui-ci, en effet, ne peut les attaquer que d'en haut; il cherche à les dépasser, mais il se lasse bientôt de cette poursuite. La peur, qu'ont les alouettes de cet ennemi, dépasse toutes les bornes; elles se réfugient même auprès de l'homme, se cachent entre les voitures, au milieu du bétail, et on m'a raconté le fait d'une alouette qui, ainsi poursuivie, vint se percher sur l'arçon de la selle d'un cavalier.

« Un jour, dit un observateur, je suivais, dans une voiture découverte, en compagnie de ma famille, une route traversant une vaste plaine fréquentée par de nombreuses bandes d'alouettes. Tout à coup, un de ces oiseaux affolés arrive comme un tourbillon et se blottit sur nos genoux. En même temps, un épervier rasait nos têtes et se retirait tout confus d'avoir manqué une proie qu'il croyait certaine. Mes fillettes eurent compassion du pauvre oiseau qui s'était confié à leur garde et dont le cœur battait bien fort : au bout d'un instant, elles lui rendirent la liberté, après lui avoir donné chacune un baiser. »

Toute mort paraît, aux alouettes, préférable à celle dont les menace sans cesse l'épervier. Les anciens ont cherché à expliquer, par un fait mythologique, cette appréhension excessive :

Minos, roi de Crète, assiégeait la ville de Mégare. Le salut de Mégare dépendait d'un cheveu d'or que portait Nisus, son roi. Scylla, fille de Nisus, aimait Minos, et, sur la promesse qu'il lui fit de l'épouser, elle coupa le cheveu d'or de Nisus, sacrifiant du même coup, à son ambition personnelle, son père et sa patrie. Le malheureux Nisus volut punir de mort l'affreuse trahison de sa fille; mais, elle se trouva aussitôt métamorphosée en alouette, pendant que lui-même était changé en épervier.

Tantôt l'affreux Nisus, avide de vengeance
Sur sa fille, à grand bruit, du haut des cieux s'élance.
Scylla vole et fend l'air, Nisus vole et la suit,
Scylla plus prompte encor, se détourne et s'enfuit.

Cette fable, en même temps qu'elle fait connaître, — au point de vue mythologique, — la cause de la crainte de l'alouette, à l'approche de l'épervier, explique en même temps, par la métamorphose de Scylla, de femme devenue alouette, la complaisance avec laquelle ces oiseaux aiment à se contempler dans les miroirs. Mais, je le répète : ce n'est là qu'une fable!

Le jeune William, à son tour, parla aux jeunes filles de l'alouette de son pays que les naturalistes ont quelquefois appelée « sansonnet américain. » Voici comment s'exprime à ce sujet l'auteur des *Scènes de la Nature* :

« Comment, dit-il, pourrais-je écrire l'histoire de ce bel oiseau, sans me reporter aux lieux où il abonde, et où l'on a le plus d'occasions pour l'observer? C'est donc parmi les riches prairies fréquentées par l'alouette, qu'il nous faut égarer nos pas. Nous sommes bien loin des rivages sablonneux de Jersey; toutes les beautés d'une aurore printannière sons répandues à profusion autour de nous : le glorieux soleil illumine la création des flots de sa lumière d'or; et cependant, il n'est point encore sorti de l'abîme. L'industrieuse abeille repose en l'attendant, et les oiseaux dorment dans les buissons et sur les arbres; la mer, à la surface unie, vient briser mollement sur le rivage; le firmament est d'un si beau bleu, qu'en le regardant on se croirait véritablement tout près du ciel; la lune va bientôt disparaître dans l'occident lointain, et la rosée distillant de chaque feuille, de chaque bouton et de chaque fleur, fait s'incliner sous son poids les lames effilées des herbes. Mais, c'est la nature dans toute sa splendeur que je veux contempler, et moi aussi j'attends avec transport le moment qui s'approche..... Il est venu ! de toutes parts éclatent la vie et la force ; l'abeille, l'oiseau, le quadrupède, la nature enfin, s'éveillent pour renaître, et chaque être semble se mouvoir dans les rayons de la face divine. Qu'avec ferveur alors je rends grâce au Tout-Puissant, qui m'a appelé à l'existence ; avec quelle nouvelle ardeur je poursuis la mission qu'il m'a confiée ! Marchant d'un pied léger sur l'herbe tendre, j'arrive à un siège préparé par la nature ; je m'y arrête ; et de là je surveille, j'admire et j'essaye de prendre possession de tout, oui, de tout ce qui est sous mes yeux. Bienheureux jours de ma jeunesse, où, plein de vigueur, de santé et de joie, je pouvais goûter si souvent le spectacle enchanteur et béni des beautés de la création, qu'êtes-vous devenus ? Partis, partis pour toujours ! mais je garde précieusement en moi les pensées que vous m'inspiriez, et tant que durera ma vie, votre souvenir me sera toujours doux.

» Voici l'alouette arrivée d'hier au soir !... Pleinement remis des fatigues du voyage, et le cœur débordant de joie un oiseau se lève de sa couche verdoyante, et sur ses ailes qu'agite un léger frémissement, il monte en tournoyant dans les airs où l'emporte l'heureux espoir d'entendre bientôt retentir le chant de sa compagne. Son appel résonne haut et clair, tandis qu'il explore avec impatience la plaine herbeuse au-dessous de lui. Sa compagne n'y est point encore ; et cruellement déçu, il s'envole sur un noyer noir, à l'ombre duquel, pendant les chaudes journées, de l'été, plus d'une fois les faucheurs se sont étendus, pour prendre leur repas et s'abandonner au sommeil de midi. Je l'aperçois maintenant, non pas désespéré, mais impatient et presque furieux. Voyez de quel air il étale sa queue, comme il se redresse et s'agite, comme il exprime bruyamment sa surprise. Ah! enfin la voilà! ses notes craintives et tendres annoncent son arrivée et il ressent le charme de sa voix. Ses ailes sont étendues, il nage dans l'ivresse, il vole pour l'accueillir. Que ne puis-je interpréter leurs assurances d'amitié, de constance et d'attachement. Cet ineffable entretien, je l'ai écouté; mais je me sens incapable de vous le rendre, et je vous dirai comme toujours : allez vous-même, les contempler et les entendre, si vous voulez comprendre leur langage. Autrement, il faudra bien que j'essaye de vous donner au moins une idée de ce que, volontiers, j'entreprendrais de vous décrire, si je n'étais pas trop au-dessous de la tâche, et que je continue de vous rapporter ce que j'ai pu observer.

» Quand l'alouette des prés commence à s'élever de terre, ce qu'elle fait par un petit bond, elle voltige comme un jeune oiseau, part, et réprime son élan, le reprend bientôt; mais d'une manière incertaine et trompeuse, vole, en général, droit devant elle, puis regarde en arrière comme pour s'assurer du danger qu'elle peut courir, offrant ainsi un but facile au tireur le moins expérimenté. Quand on la poursuit quelque temps, elle se meut avec plus de rapidité, planant et battant des ailes alternativement, jusqu'à ce qu'elle soit hors d'atteinte. Elle ne tient qu'un moment devant le chien d'arrêt, et encore faut-il qu'elle soit surprise parmi des roseaux ou des herbes épaisses. Durant les migrations qui s'accomplissent habituellement de jour, elles s'élèvent au-dessus des plus grands arbres des forêts, et font route en compagnies peu serrées. Leurs mouvements alors sont continus, et elles ne planent que par intervalles, pour respirer et se mettre en état de renouveler leurs efforts. De temps en temps, on en voit quelqu'une se détacher de la troupe; elle pousse droit à une autre, la chasse en bas ou horizontalement hors du groupe, la poursuit sans cesse d'un cri aigu et querelleur, et continue à la harceler, jusqu'à ce qu'au bout d'une centaine de verges, elle l'abandonne tout à coup; et les deux oiseaux regagnent leurs camarades qui toutes ensemble poursuivent leur voyage en bonne amitié. Lorsqu'en passant ainsi elles ont découvert suffisamment de nourriture dans quelque endroit, elles descendent petit à petit, et viennent se poser sur quelque arbre détaché; puis, comme s'étant donné le mot, chacune se met à fouetter de la queue, à sautiller en faisant entendre une note d'appel retentissante et douce. Alors elles volent à terre, l'une après l'autre, et commencent à se rassasier. Mais de place en place, on aperçoit un vieil oiseau qui dresse la tête, jetant autour de lui un regard inquiet et scrutateur; et s'il soupçonne le moindre danger, il donne immédiatement l'alarme par un cri de ralliement fort et prolongé. A ce signal, toute la troupe se tient prête au départ.

» C'est de cette manière qu'en automne, l'alouette des prés se dirige, des parties septentrionales du Maine, vers la Louisiane, les Florides ou les Carolines, où elle abonde pendant l'hiver. A cette époque, dans les Florides, les landes couvertes de pins en sont remplies; et quand le feu a été mis à la surface du sol par les pâtres du pays, la couleur de ces oiseaux paraît aussi enfumée que celle des moineaux qui habitent Londres. Il y en a que les tiques infestent au point de leur faire perdre presque toutes leurs plumes; et en général, elles paraissent beaucoup plus petites que celles des Etats de l'Atlantique, probablement en raison même de cette rareté de leur plumage. Dans les prairies d'Opelousa, et dans celles qui bordent la rivière Arkansas, elles sont encore plus nombreuses. Beaucoup cependant se retirent jusque dans le Mexique, à l'approche d'un très rude hiver.

» Quand s'annonce le printemps, les troupes se dispersent, et ces oiseaux commencent leur migration, volant par petits corps ou même isolément. Mais leur plumage à cette époque est devenu abondant et beau Leur manière

Les étourneaux nichent dans les troncs creux des vieux arbres et s'y réfugient dans la mauvaise saison.

de voler, tous leurs mouvements par terre, trahissent la force de la vie. On les voit s'avancer d'un pas imposant et mesuré, fouettant de la queue, l'étendant de toute sa largeur, puis la refermant ainsi qu'un éventail Leurs notes éclatantes sont plus mélodieuses que jamais; ils les répètent plus souvent, tandis qu'ils se tiennent sur la branche ou au sommet de quelque grand roseau de la prairie.

» Souvent alors ils se livrent de rudes combats; mais rarement cela dure plus de deux ou trois minutes. Bientôt les oiseaux se séparent et au bout de quelques jours, on peut voir chaque couple ne s'occupant plus qu'à chercher un lieu convenable pour y élever leurs petits.

» Au pied de quelque touffe épaisse de grandes herbes, vous trouvez le nid : un creux est fait en terre, dans lequel sont placés en abondance herbes, racines fibreuses et autres matériaux arrangés circulairement; et tout autour, les feuilles et les tiges des herbes environnantes sont entre-croisées pour le couvrir et le cacher. L'entrée ne permet qu'à l'un des oiseaux à la fois d'y pénétrer; mais les deux couvent alternativement. Les œufs sont au nombre de quatre ou cin, d'un blanc pur, émaillés et tachetés de rouge-brun, surtout vers le gros bout. Les jeunes éclosent à la fin de juin et n'ont besoin que de quelques semaines pour être en état de suivre leurs parents. Ces oiseaux se prodiguent l'un à l'autre des soins continuels et assidus, et ne se montrent pas moins attentifs pour leur couvée. Pendant que l'alouette est sur le nid, son compagnon l'égaye constamment par ses chansons, en même temps qu'il la rassure par la surveillance qu'il déploie autour d'elle. Si quelqu'un approche, il s'élance immédiatement, passe et repasse au-dessus du lieu où il la croit parfaitement cachée, voltige aux alentours, et souvent, hélas! révèle ainsi lui-même la présence de son trésor.

Excepté les faucons et les serpents, l'alouette des prés n'a que peu d'ennemis. Le fermier prudent et éclairé se rappelle le bien qu'elle fait à ses prairies en détruisant des milliers de larves, et il se garde de la troubler. Même, s'il trouve son nid en fauchant, il laisse debout la touffe d'herbe qui le contient; et il n'est pas jusqu'aux enfants qui ne respectent d'ordinaire les parents et la jeune couvée.

» Cependant je ne veux pas dire que cette alouette ne fasse absolument aucun mal. Dans les Carolines, nombre de cultivateurs expérimentés s'accordent à dénoncer ses ravages, et l'accusent d'arracher, au printemps, les avoines nouvellement semées, comme aussi d'aimer à déterrer le jeune blé, le froment, le seigle et le riz. Elle a, en captivité, un autre défaut que je n'aurais pas soupçonné : un de mes amis m'apprit que l'une des alouettes des prés qu'il avait achetées ne s'était pas gênée pour manger, sous ses yeux, un pauvre bruant qu'elle avait tué ou trouvé mort dans la volière. Il ajouta qu'après avoir guetté cette alouette plus de vingt minutes, il l'avait parfaitement vue le bec plongé dans le corps jusqu'aux yeux, et qu'elle paraissait l'ouvrir et le fermer alternativement, comme pour aspirer les sucs de la chair. Deux jours après, la même alouette tua deux pinsons qui avaient les ailes rognées, et les mangea avec non moins de plaisir.

» Dans la dernière partie de l'automne, aussi bien qu'en hiver, ces alouettes sont une source d'amusement, surtout pour les chasseurs novices. On les vante même comme un excellent gibier : je ne dis pas non pour les jeunes; mais l'apparence huileuse et jaunâtre de la chair des vieilles, sa dureté et la forte odeur d'insectes qu'elle exhale, empêchent qu'elle ne soit réellement un mets agréable. Durant les mois d'hiver, elles s'associent fréquemment avec la tourterelle de la Caroline, diverses espèces d'étourneaux et même des perdrix. Elles aiment à passer leur temps dans les champs de blé, après que le grain a été ramassé, et souvent font leur apparition chez les planteurs, jusque dans la cour aux bestiaux. En Virginie, on les connaît sous le nom de *vieilles alouettes des champs*.

» Posées à terre, elles marchent bien et rappellent beaucoup la manière de l'étourneau. En l'air, on les voit rarement voler assez près l'une de l'autre, pour qu'il soit facile d'en tuer plusieurs à la fois Si elles sont blessées, elles fuient avec vitesse et se cachent si bien qu'on a peine à les trouver. Elles s'abattent non moins vivement, soit sur les branches des arbres, où elles se meuvent avec facilité, soit sur les clôtures et même sur le toit des hangars aux environs des fermes. Leur nourriture consiste en graines d'herbes ou d'autres plantes, et aussi en toutes sortes de baies et d'insectes. Bien que vivant en troupes, elles ne se rassemblent pas d'ordinaire quand elles se promènent sur le sol; et au bruit d'un coup de fusil, des centaines quelquefois s'enlèvent des diverses parties d'un champ. Jamais on n'en trouve dans l'épaisseur des bois. Tant que dure l'hiver, elles abondent sur les grandes prairies découvertes; il n'est pas un champ de blé où l'on ne soit certain d'en rencontrer en compagnie de perdrix et de tourterelles. De temps en temps, il en vient sur les routes, et l'on en voit marcher au bord de l'eau, cherchant à se baigner »

En ce moment, les voyageurs approchaient rapidement du but de leurs voyage, lorsque de grandes clameurs arrivèrent jusqu'à leurs oreilles en même temps qu'une épaisse fumée, poussée par le vent, s'avançait dans leur direction. Bientôt des tourbillons de flammes crépitantes s'élancèrent vers le ciel : la forêt était en feu! Une étincelle échappée du fourneau d'une locomotive avait été le point de départ d'un immense incendie qu'une foule de travailleurs cherchaient à circonscrire. La partie de plaisir était terminée!...

Le moineau domestique est très sociable (page 283)

CHAPITRE XVII

u lieu de la bonne journée qu'elles s'étaient promise, les jeunes filles rentrèrent seules à la villa, pendant que les hommes allèrent se joindre à l'armée de travailleurs qui luttaient contre le terrible fléau. Grâce à l'activité de tous, on fut, au bout de quelques heures, maître du feu ; et à midi, tous les excursionistes, réunis dans la salle à manger du château, faisaient honneur au déjeuner qui devait, sans l'incident du matin, leur être servi sur l'herbe. L'incendie avait rappelé à M. Johnson une de ces scènes grandioses auxquelles assistaient quelquefois les premiers explorateurs des forêts vierges de son pays; et, c'est au milieu de la plus grande attention de son auditoire, assis sous les grands platanes, qu'il lut les pages suivantes de son auteur de prédilection :

« Avec quel plaisir je m'asseyais au feu pétillant de quelque cabane solitaire, lorsque, tombant de fatigue, transpercé de froid par l'ouragan, j'étais parvenu à me frayer un passage à travers la neige mouvante qui couvrait, comme d'un manteau, toute la surface de la terre. Quelle paix, quelle innocente simplicité dans l'humble demeure de mes hôtes, et pour moi quel doux repos! Je crois les voir encore : la mère, pleine de tendresse, berce en chantant son petit enfant qu'elle endort, tandis qu'un groupe de garçons turbulents assiège le père qui revient de la chasse et leur montre, étalés sur le plancher grossier de la cabane, les échantillons variés de son butin. Une énorme souche, activée par de petites branches de pin, s'enflamme dans le large foyer et couvre d'un éclat de lumière l'heureuse famille qui l'entoure; déjà les chiens du chasseur s'occupent à lécher les paillettes de glace étincelant sur leur robe mouchetée, et le chat, ami du bien-être, de sa langue épineuse, s'amuse à lustrer sa belle fourrure.

» Oui! quelles délices pour moi, lorsque, accueilli avec bonté et traité d'une façon tout hospitalière par des gens dont les moyens étaient aussi restreints que leur générosité était grande, je pouvais entrer en conversation avec eux sur des sujets qui m'intéressaient, et en recevoir des informations satisfaisantes! Quand le modeste mais substantiel repas était fini, la mère atteignait de dessus la planche le livre des livres et réclamait doucement l'attention de sa famille, pendant que le père lisait à haute voix un chapitre. Alors montait au ciel leur fervente prière; après quoi l'on se souhaitait une bonne nuit, en envoyant un souvenir aux amis absents; et je pouvais enfin étendre mes membres épuisés sur la peau de buffle, et me couvr de la chaude dépouille de quelque gros ours. De doux rêv me reportaient chez moi; j'étais heureux, à l'abri de to danger, sous l'humble toit, et défendu centre les rigueu de la saison.

» Je me rappelle qu'une fois, dans l'Etat du Maine, passai une de ces nuits que je viens de décrire. Au mati tout avait pris un air sombre, et le ciel était obscurci d'u lourde pluie qui tombait par torrents. Mon généreux hô me pria de rester, en termes si pressants, que je ne p qu'accepter son offre avec plaisir. On déjeuna; puis ch cun se mit à ses occupations du jour : les rouets comme cèrent à tourner à la ronde, et les garçons s'employère de leur côté, l'un en cherchant à apprendre sa leçon, l'a tre en essayant de résoudre quelque gros problème d'arit métique. Dans un coin dormaient les chiens, qui rêvaie de chasse et de carnage; tandis que, presque sur les ce dres, Grimalkin d'un air grave, accompagnait de s ronron le bourdonnement des fileuses. Le chasseur moi nous étions assis chacun sur un escabeau, et la m trone veillait au ménage.

» — Puss, s'écria la dame, allons vite, décampons! T m'avais bien dit, cette nuit, qu'il pleuvrait dans la jou née, et les griffes rusées pourraient maintenant nous do ner de pires nouvelles.

» Incontinent Puss quitta la cheminée et courut saut sur un lit où, s'étant roulé en boule, il s'arrangea pour u bon somme. Je demandai au mari ce que signifiaient c paroles de sa femme.

» — Ah! me répondit-il, la brave femme a parfois drôle d'idées: elle croit aux pronostics de toutes sort d'animaux. Quant à ce qu'elle disait du chat, cela se ra porte aux incendies des bois autour de nous. Et quoiqu n'y en ait pas eu depuis longtemps, elle les redoute e core autant que jamais; et, en effet, nous n'avons que tr de raisons de les craindre, en nous rappelant les maux qu'ils nous ont causés.

» J'avais lu des relations de ces grands incendies auxquels mon hôte faisait allusion ; souvent j'avais observé avec tristesse l'apparence désolée des forêts, et je me sentis un vif désir de connaître quelque chose des causes qui pouvaient produire de si terribles accidents. Aussi le priai-je de me raconter ce qu'il en avait pu voir par lui-même ; et c'est ce qu'il s'empressa de faire :

» Il y a environ vingt-cinq ans, les mélèzes furent attaqués par des insectes qui les firent presque tous périr en coupant leurs feuilles ; car vous saurez que bien que les autres espèces ne soient pas tuées par la perte des feuilles, celles qu'on appelle des *arbres verts* le sont infailliblement. Quelques années après cette destruction du mélèze, les mêmes insectes attaquèrent les sapins, les pins et autres arbres résineux, et cela avec un tel acharnement, qu'en moins de six ans ils commencèrent à tomber et à s'amonceler dans toutes les directions, si bien que la surface entière du pays en fut bientôt encombrée. Vous vous imaginez, lorsqu'ils furent en partie secs ou convenablement préparés, quel bois de chauffage c'était là ; mais aussi quel aliment pour les dévorantes flammes qui par accident, ou peut-être par intention, ravagèrent ensuite la contrée : il y en eut qui continuèrent à brûler pendant des années, interrompant dans maints endroits toute communication sur les routes, et, par la nature de ces matières résineuses, s'entretenant avec d'autant plus de facilité et se propageant à travers les couches profondes des feuilles sèches et les amas des autres arbres.

» Ici, je l'interrompis, le priant de me donner une idée de la forme de ces insectes qui avaient causé un tel désastre.

» — Ces insectes, dit-il, sous leur forme de chenille, avaient comme trois quarts de pouce de long et étaient aussi verts que les feuilles qu'ils dévoraient. Je dois vou dire aussi qu'en nombre de lieux sur lesquels le feu pass il parut bientôt une nouvelle pousse de bois, de celui qu nous autres bûcherons appelons du bois dur, et qui e d'une tout autre espèce que les arbres verts. Et, c'est un remarque que j'ai faite : toutes les fois que la premiè nature d'une forêt est détruite par le feu, ce qui ensuite r pousse est d'une essence toute différente.

» J'arrêtai de nouveau mon hôte pour lui demander s pouvait me dire de quelle manière le feu était mis ou pr nait ainsi pour la première fois.

» — Ah! Monsieur, me répondit-il, il y a là-dessu divers avis : on pense généralement que c'est un coup d Indiens, soit pour pouvoir tuer du gibier plus à leur ais soit pour se venger de leurs ennemis les Faces pâles. Ma mon opinion à moi n'est pas telle, et je la puise dans mo expérience comme habitant des bois : j'ai toujours cru qu le feu prenait par la chute accidentelle d'un tronc cont un autre; il suffit, pour l'allumer, du simple frottemen surtout quand ils sont couverts de résine. Dans ce cas, l feuilles sèches sur le sol commencent à s'enflammer, pu les brindilles et les branches, et il n'y a plus que l'interve tion du Tout-Puissant pour en arrêter les progrès. Que quefois l'élément destructeur, porté par les vents, s'appr che avec tant de rapidité de nos pauvres cabanes, qu'il e difficile à leurs habitants de lui échapper. En effet, dan certaines parties de nos bois, des centaines de familles on été obligées de fuir de leurs demeures en laissant tout c qu'elles avaient derrière elles; et il est même arrivé qu plusieurs de ces fugitifs effarés ont été brûlés vifs.

» A ce moment, une bouffée de vent s'engouffrant a haut de la cheminée, repoussa les flammes dans l maison. La femme et la fille, s'imaginant que les bo étaient encore en feu, s'élancèrent à la porte; mais le ma leur expliqua la cause de leur terreur, et elles se remirent à leur ouvrage.

» — Les pauvres créatures! s'écria le bûcheron; je parie que ce que je viens de vous dire a rappelé de sombres souvenirs à l'esprit de ma femme et de ma fille aînée. C'est qu'elles et moi, il nous fallut fuir de chez nous au temps des grands feux.

» J'avais entendu avec tant d'intérêt ce qu'il m'avait rapporté des causes de ces incendies, que je le priai de me raconter aussi les particularités du malheur auquel il venait de faire allusion

» — Si Prudence et Polly, dit-il en regardant sa femme et sa fille, veulent promettre de rester tranquilles, en cas qu'un second coup de vent nous amène encore de la fumée, je ne demande pas mieux.

» Le sourire plein de bonté dont il accompagna sa remarque lui en valut, en retour, un tout pareil de la part des deux femmes, et il continua :

» — Vous décrire une pareille scène, Monsieur, n'est pas chose facile; mais je m'y prendrai de mon mieux pour vous faire passer le temps agréablement. Une nuit, nous dormions profondément dans notre cabane, à une centaine de milles de celle-ci, lorsque, environ deux heures avant le jour, le hennissement des chevaux et le mugissement des bestiaux que j'avais laissés errer dans les bois nous réveillèrent en sursaut. Je saisis mon fusil et me précipitai vers la porte pour voir quelle sorte de bête avait pu causer tout ce vacarme; mais je fus frappé d'un immense éclat de lumière, refléchi devant moi sur tous les arbres, aussi loin que ma vue pouvait s'étendre à travers les bois. Mes chevaux galopaient et bondissaient de tous côtés, reniflant bruyamment, et les bestiaux se ruaient au milieu d'eux, la queue toute droite. En allant par derrière la maison, j'entendis parfaitement le craquement des broussailles en feu, et je vis les flammes s'avancer vers nous sur une ligne d'une effrayante étendue. Je rentrai en courant, criai à ma femme de s'habiller à la hâte, elle et l'enfant, et de prendre le peu d'argent que nous avions, pendant que moi je tâcherais d'arrêter et de seller nos deux meilleurs chevaux. Tout cela fut fait en moins de rien.

» Nous montâmes à cheval et commençâmes à fuir devant le feu. Ma femme, excellente cavalière, galopait à mes côtés; ma fille était alors toute petite; je la pris sur un de mes bras; et, en partant je jetai un regard en arrière : les redoutables flammes nous tenaient presque et avaient déjà envahi la maison. Par bonheur, une corne était attachée à mes habits de chasse; je me mis à en souffler, pour rallier après nous, si c'était possible, le reste de mes bestiaux encore en vie, aussi bien que les chiens. Les premiers nous suivirent pendant quelque temps; mais ensuite ils s'échappèrent tous comme des enragés à travers les bois, et depuis lors, Monsieur, je n'en ai plus rien revu; mes chiens eux-mêmes, extrêmement dociles en tout autre temps, se mirent à courir après les daims qui sautaient en troupes devant nos pas, comme sentant, non moins bien que nous, la mort qui s'approchait rapidement.

» Nous entendîmes, en avançant, le son des cornes de nos voisins, et nous savions qu'ils étaient dans la même situation que nous. L'esprit tout entier au soin de sauver nos vies, je me rappelai qu'il existait, à quelques milles de là, un grand lac où pourraient peut-être s'arrêter les flammes. Je dis à ma femme de lancer son cheval à toute bride; et nous partîmes ventre à terre, nous frayant un passage par-dessus les arbres renversés et les tas de fagots qu'on eût dit placés là exprès pour alimenter l'épouvantable incendie qui marchait à nous sur un front immense.

» Déjà nous sentions la chaleur, et nous craignions de voir à chaque instant tomber nos chevaux; sur nos têtes passait un singulier souffle de brise, et le reflet rouge des flammes effaçait en haut la lumière du jour. Je commençais à ressentir un peu de faiblesse; ma femme était extrêmement pâle, et le feu avait rendu si rouge la figure de l'enfant, que chaque fois qu'elle se tournait vers l'un de nous, nous en éprouvions un grand surcroît d'inquiétude. Dix milles, vous le savez, sont bientôt faits avec de bons chevaux; malgré cela, quand nous atteignîmes les bords du lac, couverts de sueur et n'en pouvant plus, le cœur nous manqua. La chaleur et la fumée nous étouffaient, des brans enflammés volaient au-dessus de nous en tourbillons effroyables. Toutefois, nous nous mîmes à côtoyer la rive pendant quelque temps, et nous parvînmes à gagner le bord opposé au vent. Là, nous lâchâmes nos chevaux, et jamais plus nous ne les avons revus. Parmi les joncs, à fleur d'eau, nous nous plongeâmes, en restant couchés à plat, pour attendre la seule chance qui nous restât encore de n'être ni rôtis ni dévorés. L'eau nous rafraîchit, et nous sentîmes un peu de bien-être.

» L'incendie s'avançait toujours, terrible et avec d'affreux craquements. Non, jamais on ne verra rien de pareil! Les cieux eux-mêmes semblaient partager notre terreur, car au-dessus de nous, tout était rouge et embrasé, au milieu de nuages de fumée roulés et balayés par le vent. Nos corps étaient assez au frais, mais la tête nous brûlait, et l'enfant criait à nous fendre le cœur.

» Le jour se passa, et nous avions faim! De nombreuses bêtes sauvages vinrent se plonger dans l'eau tout auprès de nous; d'autres nageaient de notre côté, et puis demeuraient tranquilles. Fatigué, n'en pouvant plus, je parvins pourtant à tuer un porc-épic, dont la chair nous fût, d'un grand secours. La nuit se passa, je ne sais pas comment! Le sol n'était plus qu'un vaste foyer, et les arbres encore debout semblaient d'immenses piliers de feu, ou tombaient en s'accrochant les uns sur les autres. La même fumée infecte nous suffoquait toujours; les flammèches et la cendre continuaient à pleuvoir Comment nous nous tirâmes de cette nuit-là, je ne puis réellement vous le dire; je ne me rappelle presque de rien.

» Ici le chasseur fit une pause et reprit haleine. Le récit de son malheur semblait l'avoir épuisé. Sa femme nous demanda si nous ne voudrions pas un bol de lait, et sa fille en ayant apporté, nous en bûmes chacun une gorgée.

» — Maintenant, dit-il, je puis continuer : Vers le matin, bien que la chaleur n'eût pas diminué, la fumée semblait moins épaisse, et des bouffées d'air frais arrivaient jusqu'à nous. Quand le jour fut venu, tout était calme; mais l'air restait rempli d'une fumée plus insupportable que jamais; nous étions, à présent, suffisamment rafraîchis, et même nous frissonnions, comme dans un accès de fièvre; il fallait songer à sortir de l'eau. Nous nous dirigeâmes vers une cabane en feu où nous pûmes nous réchauffer. Qu'allait-il advenir de nous? Ma femme serrait l'enfant contre son sein et pleurait. Mais Dieu nous avait préservés au pire du danger, et maintenant que les flammes étaient passées, je crus qu'il y aurait de l'ingratitude envers lui à nous abandonner à un lâche désespoir. La faim, de nouveau, nous pressait, mais on y remédia facilement : quelques daims encore étaient demeurés plongés dans l'eau jusqu'au cou; j'en tuai un; on en fit rôtir quelques grillades, et après les avoir mangées, nous nous sentîmes grandement fortifiés.

» Cependant nous ne pouvions plus apercevoir l'éclat de l'incendie; mais le sol, en beaucoup d'endroits, était toujours brûlant, et il eût été dangereux de s'aventurer parmi les arbres amoncelés comme autant de brasiers. Après avoir attendu quelque temps et nous être orientés, nous nous préparâmes à nous mettre en route. Je pris l'enfant et dirigeai la marche sur la terre encore chaude et par-dessus les rochers. Deux jours fatigants, deux longues nuits s'écoulèrent, durant lesquels nous pourvûmes du mieux possible à nos besoins. A la fin, nous atteignimes les grands bois que le feu avait épargnés. Bientôt après, nous trouvâmes une maison où l'on nous accueillit avec bonté, pour quelques jours. Depuis lors, Monsieur, j'ai rudement et sans relâche travaillé comme bûcheron et marchand de bois; et, grâces à Dieu, vous nous voyez ici paisibles, bien portants et heureux! »

Pendant la lecture de M. Johnson, des moineaux étaient venus hardiment picorer jusque sous les chaises des auditeurs; William qui les avait tout particulièrement observés demanda quelques détails sur ces oiseaux, que depuis longtemps déjà on a acclimatés en Amérique, mais que, cependant, il ne connaissait qu'imparfaitement; et chacun raconta ce qu'il savait de ces oiseaux si intéressants à observer en liberté.

Le moineau domestique est un des passereaux les plus répandus. Il habite toute la partie septentrionale de l'ancien continent. Ce n'est que dans le centre de l'Afrique et dans le sud de l'Asie qu'il est remplacé par d'autres espèces très voisines, mais qui en diffèrent par des couleurs plus belles et plus élégantes. Le moineau domestique est un oiseau sédentaire dans toute l'acceptation du mot; rarement il s'éloigne à plus d'une lieue de l'endroit où il est né. Parfois, cependant, mais bien rarement, il entreprend des voyages pour chercher un lieu d'habitation plus convenable. Très attaché aux demeures de l'homme, il niche dans son voisinage le plus immédiat ou dans les maisons mêmes; c'est au plus s'il se permet une excursion dans la campagne. Une nouvelle habitation est-elle bâtie, il y arrive et s'y fixe. Il n'y a que les villages établis au sein des forêts, et que des champs n'entourent pas, qui soient dépourvus de moineaux.

Le moineau domestique est très sociable. Ce n'est que pendant la saison des nids que les bandes se disséminent; et encore souvent une paire niche à côté d'une autre sans qu'il en résulte trop de querelles. A peine les jeunes ont-ils pris leur essor qu'ils se réunissent en grandes bandes. Dès que les parents ont terminé l'éducation de leurs petits, ils se joignent à ces bandes, partageant leurs joies et leurs peines. Tant que les champs sont couverts de moissons, on voit tous les jours les moineaux quitter en masse le village et s'abattre dans la campagne pour rentrer plus tard à leur demeure. Ils se reposent au milieu du jour sur des arbres touffus, ou, de préférence dans des haies. Le soir, ils s'y rassemblent avec grand bruit et y passent la nuit ou vont chercher un refuge dans les granges, les hangars et autres bâtiments. En hiver, ils se construisent de véritables lits, consistant en nids chaudement tapissés dans lesquels ils se mettent à l'abri du froid.

Tout dans les mœurs du moineau nous montre en lui un des oiseaux les plus prudents. Si les moineaux viennent ici sans façon butiner jusque sous nos chaises, c'est qu'ils savent bien que nous n'avons à leur égard aucune mauvaise intention. Cet oiseau que l'on traite de voleur, de pillard, que l'on hait quelquefois, que l'on poursuit de toutes manières, offre à l'observateur, dans tout son être, le plus grand contraste entre ses qualités physiques et ses qualités intellectuelles. Il est lourd et maladroit, mais sa prudence ne connaît pas d'égale; rien de ce qui peut lui être utile ou menacer sa sécurité n'échappe à son regard. Il voit bientôt si l'on est tolérant pour lui dans la localité où il s'est établi; il s'y montre plus confiant; mais jamais, cependant, il ne s'oublie assez pour avoir à s'en repentir. Une fois qu'il a essuyé quelque poursuite, il se tient toujours sur ces gardes. S'il recherche la société de l'homme, ce n'est pas aux dépens de sa liberté. Il ne s'est pas apprivoisé peu à peu, comme le pigeon; bien au contraire, il est devenu plus rusé, plus défiant : on peut citer mille exemples de sa finesse et chacun peut s'en convaincre facilement. Les vieux oiseaux surtout montrent jusqu'où peuvent aller l'intelligence et le jugement de l'espèce.

On peut en outre affirmer que le moineau, à la différence de beaucoup de gens, est meilleur que sa réputation et qu'ils rend à l'homme d'immenses services en massacrant une quantité innombrable de chenilles, de papillons, de hannetons et autres insectes nuisibles à nos récoltes : il est omnivore; il mange de tout; il s'arrange aussi volontiers des grains qu'il dérobe que des fruits succulents qu'il ne se fait pas faute de marauder. Mais en cela, il ne fait que se payer de ses peines en prélevant un salaire que beaucoup s'abstiennent de lui fournir bien qu'il lui soit légèrement dû. Toute peine mérite salaire; et il est possible que le garde-champêtre cesserait sans scrupule de surveiller les propriétés si l'on cessait de lui payer son modeste traitement.

Le moineau a toujours faim : on a calculé qu'un couple de ces oiseaux emploie, chaque semaine, environ trois mille insectes pour la nourriture de sa couvée : ils débarrassent les blés verts des larves qui s'attachent aux épis; ils nettoient les arbres fruitiers de la vermine qui les ronge. Chaque moineau n'apporte pas moins de vingt fois, dans une heure, la becquée à ses petits. A ceux qui prétendent que les moineaux sont plus nuisibles qu'utiles, on peut opposer les observations de M. Florent Prévost. Ce naturaliste consciencieux a trouvé, autour d'un seul nid de ces oiseaux placé sur une terrasse de la rue Vivienne, à Paris, les débris de plus de dix-sept cents hannetons dont ils avaient nourri leurs petits.

Le moineau est certainement le plus hardi, le plus effronté, le plus obstiné de tous les oiseaux; il pénètre partout et veut partout s'ériger en maître. Il ne respecte pas toujours le domicile des autres oiseaux; car, un peu paresseux de sa nature, il aime assez la besogne toute faite et emprunte volontiers le nid de son voisin. On cite beaucoup d'exemples de l'excessive familiarité de ces oiseaux. Nous connaissons tous les moineaux des Tuileries, du Luxembourg et du Palais-Royal, dont la hardiesse est légendaire : à un signal donné par une personne qui vient chaque jour les visiter et leur faire une distribution de friandises, ils se groupent autour d'elle, s'appuient sur ses bras et sur ses épaules, fourragent jusque dans sa bouche pour y picorer le pain qu'elle humecte de sa salive. Ils sont charmants et ne paraissent pas trop lourds, lorsqu'ils saisissent au vol les boulettes de pain lancées par leur ami qu'ils reconnaissent au milieu de la foule.

Une histoire bien curieuse est celle de deux moineaux en liberté, s'embarquant volontairement sur un navire et exécutant plusieurs voyages. Le docteur Jonathan Franklin raconte, en effet, qu'un jour, à Newcastle, au moment du départ d'une corvette chargée de transporter du charbon à Nairn, en Ecosse, on vit deux moineaux se percher et s'installer en haut du mât. Lorsque le bâtiment prit la mer, les moineaux, loin de songer à retourner à terre, ne tardèrent point à établir des rapports amicaux avec les matelots qui leur jetaient des miettes de biscuit. A peine naviguait-on depuis deux jours, qu'ils descendaient pour recevoir les largesses de l'équipage ; bientôt même, ils se construisirent à l'aide de toutes les bribes d'étoupes qu'ils purent ramasser sur le pont, un nid en plein des cordages les plus élevés ; ils y pondirent et couvèrent. Ils firent ainsi, pendant deux ans, avec l'équipage, une vingtaine de voyages, pendant lesquels ils vécurent de plus en plus intimement avec les hommes du bord ; par malheur, il arriva, dans la rivière de la Tyne, une si grave avarie à la corvette, déjà vieille d'ailleurs, qu'on la jugea indigne de réparation et qu'on la condamna à être mise en pièces. Avant de quitter le bâtiment, les matelots détachèrent du mât le nid de leurs oiseaux favoris et le placèrent dans une des crevasses d'une vieille masure en ruines et inhabitée qui s'élevait à quelque distance du rivage. Nous ne savons pas ce que sont devenus ces oiseaux voyageurs ;

mais cet embarquement volontaire et cet attachement aux matelots sont vraiment extraordinaires.

Malheureusement, on a longtemps regardé, et, sans doute, on regardera longtemps encore, le moineau comme un bandit qu'on a tort de ménager. Buffon, qui s'est trompé quelquefois, a été particulièrement dur pour le pauvre oiseau. « Les moineaux, a-t-il écrit, sont comme les rats, attachés à nos habitations. Ils ne se plaisent ni dans les bois, ni dans les vastes campagnes; on prétend même avoir observé qu'il y en a plus dans les villes que dans les villages et qu'on n'en voit point dans les hameaux et dans les ferme qui sont au milieu des forêts. Ils semblent nés pour vivre aux dépens de la société qu'ils suivent; et, comme ils sont naturellement paresseux et gourmands, c'est sur des provisions toutes faites, c'est-à-dire sur le bien d'autrui, qu'ils prennent leur subsistance : nos granges, nos greniers, nos basses-cours, nos colombiers, tous les lieux, en un mot, où nous rassemblons et distribuons des grains, sont les lieux qu'ils fréquentent de préférence; et, comme ils sont aussi voraces que nombreux, ils ne laissent pas que de faire plus de tort que leur espèce ne vaut; car leur plume ne sert à rien, leur chair n'est pas bonne à manger, leur voix blesse l'oreille, leur familiarité est incommode, leur pétulance grossière est à charge... Ce sont de ces gens que l'on trouve partout et dont on n'a que faire, si propres à donner de l'humeur que dans certains endroits on les a frappés de prescription. C'est ainsi que dans le Brandebourg, pour détruire ou plutôt pour diminuer la quantité de ces ennemis malfaisants, qui font beaucoup de dégâts sur les froments, leur tête est à prix : on a fait des ordonnances qui obligent les gens de la campagne à représenter tous les ans une certaine quantité de têtes de moineaux. C'est ainsi que dans le marquisat de Bade-Dourlach chaque paysan est obligé d'apporter chaque année un certain nombre de têtes de moineaux au receveur du prince. » A cette époque, il y avait dans chaque village des chasseurs de moineaux qui faisaient ce métier pour vendre les têtes aux paysans qui en avaient besoin, afin de payer leur tribut.

Ces oiseaux, nous l'avons dit, sont pleins de défiance, de finesse et de circonspection ; je sais qu'il est difficile de les déloger des lieux qui leur conviennent ; ils reconnaissent aisément les pièges qu'on leur tend ; c'est peine perdue de planter debout, dans les champs, des hommes de paille vêtus de haillons, des moulins bruyants qui tournent à tous les vents, des épouvantails de toutes sortes dans le dessein de les éloigner ou de les effrayer ; ils se sont bientôt rendu compte du peu de danger qu'ils ont à courir ; et, il en est qui ont poussé l'insolence jusqu'à établir leur nid dans le chapeau du prétendu braconnier, armé d'un fusil de bois, qui devait si fort les effrayer ! Mais, les exterminations ridicules n'ont eu d'autres résultats que de rendre plus évidente l'utilité du moineau. Quelques années plus tard, Buffon aurait pu entendre les plaintes des habitants des contrées d'où ces oiseaux avaient disparu. Tous les fruits étaient tarés, tous les grains rongés, tous les légumes dévorés. Les insectes s'ébattaient à l'aise dans les champs privés de moineaux : chenilles, hannetons, sauterelles dévoraient tout ; et, en fin de compte, il fallut payer de nouvelles et plus fortes primes pour opérer le rapatriement des malheureux exilés.

Il existe cependant un procédé bien simple pour éloigner les moineaux des cerisiers ou autres arbres qu'on veut protéger contre leurs déprédations ; ce moyen consiste à suspendre des brins de laine dans les branches de l'arbre menacé Les oiseaux que n'effraient ni les mannequins, ni les filets, ni les trébuchets, fuient à l'approche de ces fils que le vent agite, et derrière lesquels ils supposent la présence de quelques pièges dangereux.

Si le moineau suit le laboureur dans le temps des

La poule faisane, comme la poule domestique, dirige et protège sa nombreuse couvée.

semailles, s'il suit le moissonneur au moment de la récolte, le batteur dans la grange, la fermière dans la basse-cour pour marauder quelques grains, nous ne devons pas oublier qu'il est plus avide encore de mouches, de papillons, de vers, de scarabées, de grillons, de guêpes et de ces bonnes larves bien grasses, bien dodues, bien succulentes qu'il recherche avec tant d'avidité.

Le grand Frédéric possédait dans son verger de Potsdam les plus beaux cerisiers qu'on puisse rêver. Un jour il vit les moineaux, sans respect pour la royale propriété, s'abattre par bandes nombreuses sur ses arbres favoris et en attaquer les meilleurs fruits. La patience n'était pas la qualité dominante de ce roi de Prusse; il entra dans une violente colère, déclara la guerre aux pauvres oiseaux, jura que ce méfait ne ce reproduirait pas, et rendit un décret pour qu'on payât une prime à chaque propriétaire qui livrerait deux têtes de moineaux. Comment, après cela, les malheureux oisillons auraient-ils pu songer à résister au vainqueur de l'Autriche?... C'était contre eux, dans toute la Prusse, une guerre acharnée, sans trève ni merci : les têtes de moineaux arrivaient de toutes parts. La première année, le gouvernement eut à payer dix mille thalers de primes; la seconde année, les oiseaux devenaient rares, et l'Etat ne déboursa que cent thalers; la troisième année, on ne paya que dix thalers. Evidemment, il ne restait plus un moineau ni à Berlin, ni à Postdam, ni dans aucune des provinces du puissant despote. Le monarque triomphait; il avait assouvi sa vengeance et il comptait bien, désormais, manger à discrétion les belles cerises que les moineaux gourmands n'auraient pas profanées. Mais Frédéric avait oublié que la nature impose aux rois comme aux oiseaux des lois dont il est imprudent de se départir; dans son zèle de destruction, il avait rompu l'harmonieux équilibre sans lequel rien ne saurait subsister : des bandes d'insectes se répandirent sur toutes les plantes et ne respectèrent ni les feuilles naissantes, ni les fleurs, ni les bourgeons des cerisiers de Postdam et d'ailleurs. Des plaintes sans nombre parvinrent jusqu'aux oreilles du roi : les récoltes périssaient sur pied; les arbres fruitiers restaient stériles; les forêts elles-mêmes menaçaient de disparaître. La fureur de Frédéric fut terrible lorsqu'il apprit ces lamentables nouvelles; mais, comme le monarque ne pouvait avoir tort, il s'en prit à deux agronomes qui, prétendait-il, l'avaient mal conseillé. Il rendit de nouvelles ordonnances par lesquelles on promettait de payer une bonne prime pour chaque paire de moineaux importés en Prusse. Les pauvres proscrits ne se firent pas prier; leur rancune céda devant les bonnes disposition du souverain; et profitant de l'amnistie qui leur était accordée, ils revinrent en foule et reprirent courageusement l'œuvre de préservation que Frédéric avait si gravement compromise.

Les moineaux introduits à New-York et dans les villes voisines y ont exercé une action très sensible sur les insectes nuisibles; on les a vus faire une chasse active à ces insectes, ce qui a eu pour résultat la conservation du feuillage d'un grand nombre d'arbre. Ces services sont appréciés; aussi a-t-on construit, pour ces utiles auxiliaires, des nids de paille; et, on leur donne régulièrement de la nourriture.

C'est aux nombreuses tributs de pierrots qu'ils abritent, que les arbres des jardins publics de Paris doivent de ne jamais être dépouillés de leur feuillage par les chenilles.

De même, en Australie, on a introduit à grands frais des moineaux ayant pour mission de détruire les légions d'insectes qui pullulent dans les vergers.

Le chardonneret est un des plus gracieux oiseaux d'Europe (page 308)

CHAPITRE XVIII

MALGRÉ sa prédilection marquée pour les oiseaux de son pays, et son enthousiasme pour les belles descriptions de leur historien, William n'en admirait pas moins les oiseaux d'Europe, les oiseaux de France. Très observateur de sa nature, il avait plus d'une fois suivi dans leurs évolutions gracieuses des oiseaux dont la livrée terne et obscure ne manquait pourtant pas d'élégance; et il s'était arrêté ravi quand il avait entendu leur chant d'une douceur infinie. Ce chant ne ressemblait pas aux coups de gosier retentissants du rossignol que l'écho répète au loin; c'était une tendre mélodie avec des modulations languissantes toutes pleines de simplicité et de mélancolie. Les mignons oiseaux, — très communs à la lisière du parc, dans les jardins de la villa et du château, — Renée et Marguerite les connaissaient bien. La volière en comptait quelques représentants qui ne paraissaient pas trop souffrir de leur captivité; mais les jeunes filles n'en protégeaient pas moins les ébats de ceux qui vivaient en liberté, en écartant tout ce qui aurait pu les effrayer ou leur porter ombrage : ces oiseaux étaient des fauvettes.

Dès que les premières feuilles paraissent, dès que les premières fleurs s'épanouissent, les fauvettes arrivent dans nos contrées qu'elles animent par leurs mouvements incessants et qu'elles égayent par leur chant.

Ces oiseaux se dispersent dans toute l'étendue de nos campagnes; les uns viennent habiter nos jardins, les autres préfèrent les avenues et les bosquets; plusieurs espèces s'enfoncent dans les grands bois, et quelques-unes se cachent au milieu des roseaux. Aussi les fauvettes remplissent tous les lieux de la terre et les animent par les mouvements et les accents de leur tendre gaieté. Leur voix n'a pas l'étendue et l'ampleur de celle du rossignol; mais, elle est douce, harmonieuse et variée; et, pour remplir consciencieusement la tâche économique que la nature leur a imposée, elles volent continuellement, avec la plus grande légèreté, à la poursuite des insectes.

Le vrai type de la fauvette, est la fauvette des jardins, appelée aussi grande fauvette. C'est un oiseau très vif, toujours en mouvement, qui ne trouble jamais la tranquillité de ses voisins et qui, malgré son extrême prudence, se montre assez confiant envers l'homme. Leste et habile pour sauter de branche en branche, la fauvette des jardins est lourde et maladroite sur le sol. Elle se place toujours à une certaine hauteur pour faire entendre son chant aux notes douces, flûtées, dont les longues mélodies se suivent lentement et sans interruption. C'est ordinairement dans un buisson ou sur un arbuste que cette fauvette place son nid; et, connaissant la facilité avec laquelle elle l'abandonne quand on s'en est approché, ceux qui s'intéressent à la propagation de ces oiseaux s'abstiennent de toute recherche pour le découvrir. De tous les nids de fauvette, c'est un des plus négligemment construits; l'intérieur est garni de crin; le fond en est si mince que l'on se demande comment les œufs peuvent y tenir. La fauvette des jardins se montre excessivement capricieuse dans le choix d'un emplacement; elle commence dans un endroit; puis, sans motif apparent, l'abandonne pour le recommencer ailleurs et le délaisser encore si elle a cru apercevoir quelque chose de suspect. La ponte est de quatre ou cinq œufs; le père et la mère les couvent alternativement et s'occupent ensemble de l'éducation des petits. Quinze jours après l'éclosion, quoiqu'elles ne puissent encore voler, les petites fauvettes quittent le nid si un ennemi s'en approche; et, on les voit alors grimper et sautiller au milieu des branches avec une adresse surprenante.

Plusieurs fauvettes à tête noire figuraient dans la volière de Mlle Delmas, et William, qui maintenant savait les reconnaître, se promit de venir les voir et les entendre. Mais une autre surprise lui était réservée : un couple de ces charmants oiseaux avait construit son nid, tout près de là, dans les branches d'un rosier; et le jeune homme put l'admirer à son aise; car la fauvette à tête noire est moins ombrageuse que sa grande sœur la fauvette des jardins. Ce nid, arrondi en forme de coupe, était composé à l'extérieur de tiges sèches de graminées, et à l'intérieur de quelques brins de crin. La mère y avait déposé cinq œufs, qui venaient de faire place à cinq petits au moment où nos jeunes ornithologistes allèrent le visiter. Le père et la mère entouraient la couvée de la plus tendre sollicitude : c'était un va-et-vient continuelle des parents qui ne cessaient d'apporter des insectes bien tendres aux petits affamés.

La fauvette à tête noire est très commune dans nos bois, nos vergers et nos jardins; c'est un oiseau gai, agile et prudent; elle parcourt sans relâche les buissons les plus épais qu'elle purge d'une quantité innombrable d'insectes nuisibles. Son chant, agréable et soutenu, rivalise par la fraîcheur et l'harmonie avec celui du rossignol; il est aussi doux, aussi flexible, mais beaucoup moins étendu.

La volière comptait encore parmi ses hôtes deux spécimens de la grosse tête noire, la *fauvette orphée* qui ressemble beaucoup, moins la taille, à la fauvette précédente. Son chant puissant et doux rappelle parfois celui du merle; il respire la mélancolie et la tristesse et fournit à l'oiseau, par la faculté qu'il a de modifier son ramage, un moyen d'échapper à la poursuite des chasseurs. Souvent, lorsqu'on est tout près d'elle, son chant semble venir de loin et d'un côté tout opposé à celui qu'on occupe. La mythologie nous a légué une fable touchante à laquelle les naturalistes ont emprunté le nom de la grosse tête noire.

Orphée, poète et musicien grec, jouait admirablement de la lyre. Il épousa la nymphe Eurydice; mais il se la vit ravir le jour même de ses noces. Piquée par une vipère qu'elle toucha sans s'en apercevoir, Eurydice descendit dans le sombre royaume de Pluton au moment même où elle venait de lier son sort à celui d'Orphée. Le poète inconsolable résolut d'arracher aux Enfers la compagne qu'il aimait tendrement; et la puissance de sa lyre incomparable triompha de tous les obstacles. Les lois immuables de la mort furent suspendues par les chants harmonieux d'Orphée . Pluton se laissa émouvoir et consentit à lui rendre Eurydice, à condition, toutefois, qu'elle marcherait derrière lui, et qu'il ne la regarderait pas avant d'être sorti des noirs abîmes. Impatient de revoir sa douce compagne, et cédant à un désir irrésistible, Orphée oublia la défense et jeta les yeux derrière lui, au moment même où il allait franchir le seuil du ténébreux empire. Hélas! Eurydice, cette fois, lui fut enlevée pour toujours.

Dans son inconsolable douleur, Orphée fuit la société des hommes et se retire dans les solitudes les plus profondes, attendrissant par le son de sa lyre les forêts, les montagnes, les animaux les plus féroces : la nature entière se montre sensible aux charmes de son harmonie. Mais, massacré par les Bacchantes en fureur, sa tête fut jetée dans l'Hèbre où elle murmura encore le nom d'Eurydice.

Parfois, la voix de la fauvette orphée semble sortir des entrailles de la terre ou se perdre dans ses profondeurs. Ce détail n'a certainement pas échappé au naturaliste qui a eu l'idée de rapprocher, par le même nom, la gracieuse fauvette à tête noire de l'époux infortuné d'Eurydice.

Tout à fait à l'extrémité et presque en dehors du parc, dans les grands roseaux qui croissaient à profusion au bord d'un ruisseau, une autre fauvette élevait sa famille : c'était l'*effarvate* ou fauvette des roseaux, l'une des plus babillardes, mais en même temps des plus agiles qu'on puisse rencontrer. Sur l'indication du jardinier, les jeunes gens dirigèrent de ce côté leur promenade; et, s'étant assis à l'ombre des grands peupliers, ils purent suivre les évolutions des oiseaux. Rien n'est plus amusant que de voir l'effarvate s'élancer du milieu des joncs, grimper sans cesse le long des tiges flexibles pour recueillir les insectes; monter ou descendre avec une grâce et une rapidité remarquables, s'arrêter à l'extrémité des herbes, y rester un instant en observation; puis, se précipiter avec la vitesse de l'éclair pour saisir un papillon ou une libellule, et recommencer encore le même exercice. Son nid, qu'elle fixe à quelques tiges de roseaux, a l'apparence d'une petite corbeille; il est composé, à l'extérieur, d'herbes et de feuilles entrelacées; l'intérieur est garni de plusieurs couches de pelures sèches de plantes aquatiques très fines, très déliées et très molles : elle fait, comme le rossignol, entendre son chant pendant les belles nuits de printemps.

Parmi les bons génies des bois, on rencontre fréquemment, sautillant au milieu des branches, de petits oiseaux aux allures joyeuses, ressemblant à des fauvettes, et dont le chant se compose de quelques notes flûtées, douces et harmonieuses. Il n'était pas rare de rencontrer à la lisière du parc et dans les bois du voisinage quelques-uns de ces petits oiseaux que les habitants des campagnes appellent du nom caractéristique de *frétillets*, parce qu'ils les voient toujours en mouvement, poursuivant sans relâche sous les feuilles, dans les fentes des écorces, les insectes dont ils font leur nourriture. Ce sont les *pouillots* qui, après les roitelets et les troglodytes dont nous avons parlé précédemment, sont les plus petits oiseaux d'Europe. Essentiellement amis des arbres, ils ne descendent sur le sol que lorsque quelque besoin impérieux les y oblige; par exemple pour recueillir les matériaux qui servent à la construction de leur nid; et, chose singulière, ce nid est placé très près de terre, le plus souvent sur le sol même avec lequel il se confond si bien, que parfois les promeneurs écrasent avec le pied la petite demeure du frétillet qu'ils n'ont pas aperçue.

Le petit pouillot, *pouillot fitis* ou fauvette fitis, peut être considéré comme le type du genre; il est très répandu et se reconnaît à son dos vert olive, à son ventre blanc, à sa poitrine nuancée de gris jaunâtre; les grandes plumes sont brunes frangées de verdâtre. Tous les pouillots ont l'œil petit, mais vif; leur tête a un cachet tout particulier d'élégance, de grâce et en même temps d'espièglerie qui, à première vue, les fait distinguer des fauvettes. Le pouillot fitis se rencontre partout où il y a des arbres; cependant, il préfère les petits bois aux grandes futaies.

« On le voit, dit un naturaliste, toujours en mouvement; il glisse au travers des branches, mais en volant bien plus qu'en sautant; il aime à provoquer et à agacer ses semblables et les autres petits oiseaux. Lorsqu'il est posé, sa poitrine est relevée; lorsqu'il saute, il la penche un peu en avant. Rarement il saute en faisant de grands bonds; et, à chaque saut, il incline la tête de divers côtés. La façon dont il se glisse à travers les branches, son agitation continuelle, le font bien plus remarquer que les fauvettes. Cet oiseau n'est pas craintif; il est, au contraire, très confiant et ne redoute pas les regards de l'observateur; il vole d'un buisson et d'un arbre à un autre, et franchit même de grands espaces découverts. Lorsqu'il n'a qu'une courte distance à franchir, il ne fait que voleter; mais quand il entreprend un voyage plus long, il vole en décrivant une ligne irrégulière, ondulée, à courbes plus ou moins étendues. »

Le nid de cet oiseau est ordinairement placé sous une touffe d'herbes, sous une plante feuillue, sous un tronc d'arbre, tout près de terre et quelquefois sur le sol; parfois aussi, il est suspendu à des tiges de fougères; et, on le prendrait facilement pour le nid du rat des moissons. Les parois très épaisses sont formées de mousses, de feuilles sèches, de brins d'herbes; il est conique et l'ouverture circulaire est placée sur le côté. L'intérieur est tapissé de plumes; on a observé qu'il renferme presque toujours des plumes de perdrix et surtout des plumes de poules ou de pigeons.

Le pouillot siffleur, plus grand que le précédent, doit son nom à l'habitude qu'il a de siffler de la gorge; son cri, qu'on entend souvent dans les hautes branches des futaies, est assez semblable à celui du bouvreuil, et sa puissance étonne de la part d'un aussi faible oiseau. Le siffleur aime à s'établir dans les endroits un peu humides; il place son nid par terre, le plus souvent sur le bord d'un fossé.

De la mousse et des feuilles sèches en forment l'extérieur; des plumes et du crin en tapissent l'intérieur. Ce nid ressemble à une grosse boule oblongue ou plutôt à un four de campagne; et, dans certaines localités, les enfants appellent le pouillot siffleur « le petit four. » Une toute petite ouverture est pratiquée sur le côté du nid le mieux dissimulé, de manière que la partie supérieure s'avance comme un toit et préserve des intempéries la petite famille. Rien n'est plus difficile à trouver que le nid du pouillot; il faut déployer beaucoup de patience, suivre les parents dans tous leurs mouvements, les surprendre au moment où ils y entrent; et, même quand on en connaît l'emplacement, on a peine à découvrir le petit domicile qui se confond absolument avec le sol. Le siffleur arrive tard dans nos contrées.

Depuis plusieurs semaines, de nouveaux hôtes, séduits par la tranquillité du parc, étaient venus s'établir dans la partie la plus impénétrable d'un fourré. Chaque matin, une fanfare éclatante se faisait entendre dès l'aube, alors que les autres musiciens du bois, le rossignol excepté, dormaient encore. C'était comme le signal d'un réveil général : fauvettes et rouges-gorges, grimpereaux et mésanges, chardonnerets et pinsons s'agitaient sous la feuillée; et, après avoir secoué la rosée de la nuit, lissé leurs plumes, ils se mêlaient au grand concert dont le merle noir avait pris l'initiative, car c'étaient des merles qui étaient venus nicher dans le parc. En quittant les bords du ruisseau, laissant les fauvettes à leurs ébats, les promeneurs attirés par le chant flûté du merle, s'étaient approchés de l'endroit où il se faisait entendre, lorsqu'un bruit suspect se produisit dans le fourré. Après un moment de silence, l'oiseau avait articulé à mi-voix un *tac-tac* qui, à n'en pas douter, avertissait sa compagne de l'approche d'un ennemi. Alors les jeunes gens distinguèrent le bruit des feuilles froissées et les cris de colère des oiseaux; ils eurent le pressentiment que quelque drame se passait dans le bosquet. William s'avança malgré les obstacles qui s'opposaient à sa marche, suivi de près par les jeunes filles. Bientôt il fut à portée du buisson où les merles continuaient à tourbillonner; et, ce fut un cri d'effroi de Jenny qui attira son attention sur le danger que voulaient éloigner les courageux oiseaux. Presque sous les pieds de William, sur une vieille souche entourée d'herbes longues et épaisses, un nid rempli de jeunes merles était menacé par une hideuse vipère que les parents cherchaient à éloigner. Les vaillantes créatures, tout occupées de leurs petits, semblaient ne pas s'apercevoir de l'intervention qui se produisait si à propos; elles allaient succomber dans la lutte, lorsqu'un vigoureux coup de bâton, appliqué sur le reptile, les délivra de cette bête malfaisante. William venait de sauver la couvée d'une destruction certaine; et bientôt l'émotion des oiseaux, et celle non moins grande des jeunes filles se calma.

Faut-il décrire le merle, son vêtement sombre d'un beau noir de velours qui ne manque pas de distinction, son bec et le tour des yeux d'un beau jaune? Tous nos lecteurs le connaissent. Le merle vit de baies, et surtout de vers, d'insectes, de larves de toute espèce : son bec robuste, qui fait l'office d'une pioche, lui permet de saisir les proies cachées sous la mousse, dans les herbes, sous les feuilles, dans la terre humide. Ami des bois, des fourrés, des haies épaisses, le merle fréquente aussi les jardins et les vergers; il n'est point un oiseau voyageur; il ne s'éloigne guère de l'endroit où il s'est fixé et vit assez solitaire. Le nid du merle, construit avec beaucoup d'art, se compose extérieurement de mousse, de rameaux ténus, de menues racines liées ensemble avec de la boue qui tient lieu de colle. Le dedans est garni d'herbes fines, de brins de jonc, de poils, de laine, de crins et d'autres matières souples et molles, propres à former une chaude couchette pour les petits. Les œufs au nombre de quatre ou cinq, sont d'un vert bleuâtre tachetés confusément de rouille. La mère couve seule; et, pendant la durée de l'incubation, son compagnon lui apporte sa nourriture. Il veille près du nid pour avertir la couveuse en cas de danger; plus tard, ils pourvoient ensemble au bien-être de la petite famille. Quand le nid est placé tout près de terre, la couvée court les plus grands dangers : ce n'est pas seulement la vipère ou la couleuvre qui s'en prend aux œufs et aux petits; mais les merles ont encore pour ennemis le corbeau, le hibou, la pie-grièche, toute la cohorte vorace des oiseaux de proie, tous les rongeurs, tous les carnivores, surtout le renard et la belette. Les merles, jeunes ou vieux, sont l'objet d'attaques continuelles : souvent la mère et sa couvée sont victimes de leurs ennemis; le mâle, au contraire, grâce à son naturel circonspect, échappe presque toujours; il est constamment en éveil et sa vigilance en fait la sentinelle des autres oiseaux. Il a, pour le renard, une antipathie extrême : perché au haut d'un arbre, il poursuit ce larron de ses cris de colère et indique souvent au chasseur la retraite du rusé quadrupède.

Le chant du merle est une sorte de sifflement court qu'il répète souvent, le soir et le matin, et qu'il fait entendre plus fréquemment quand le temps est couvert et lorsqu'il tombe une pluie douce. Ces accents sonores produisent une impression plus agréable quand on les entend dans un bois ou dans une vallée pourvue d'un écho. Pris jeune, cet oiseau s'accoutume aisément à la perte de sa liberté; il devient familier, apprend aisément à siffler, à imiter le chant des autres oiseaux, le son de divers instruments et la voix humaine; mais, il n'y a que le mâle qui soit doué de cet avantage. On le nourrit de chenevis écrasé, mêlé avec de la mie de pain et du lait caillé; il mange aussi de la viande crue ou cuite, pourvu qu'elle soit hachée. Il est pétulant; ses mouvements sont brusques; il

Le coucou vit aux dépens des petits oiseaux dans le nid desquels il est né ; les parents ne peuvent suffire à satisfaire sa voracité.

tourmente les autres oiseaux si on l'enferme avec eux dans une même volière; il vaut donc mieux le mettre à part où il peut, tout à son aise, sautiller, se baigner, et se livrer sans contrainte à tous ses exercices favoris.

Ce fut, ce jour-là, comme une revue générale des oiseaux du parc : l'œil perçant de Marguerite venait de découvrir, sur la branche d'un acacia, un joli nid de pinson; et, l'infatigable Renée voulut bien fournir, sur cet élégant oiseau, tous les renseignements qu'elle avait puisé dans ses livres ou dans ses observations personnelles.

Les pinsons, fort nombreux dans notre pays, se rencontrent partout, dans les taillis, les parcs, les jardins; ils ne redoutent que les endroits trop humides. Ils sont d'un naturel assez vif; et cette disposition, jointe à la gaieté de leur refrain continuel, a donné lieu à l'expression proverbiale : « gai comme un pinson. » Le pinson marche plus qu'il ne saute; il glisse en quelque sorte sur le sol avec une extrême légèreté; et, pendant qu'il exécute ce mouvement, il se redresse avec une dignité virile. On dirait un chevalier armé de pied en cap. Les reflets azurés de la tête, reluisent comme un casque d'acier; ses yeux étincellent sous le bandeau noir de son front; la belle teinte vineuse de la poitrine semble l'indice d'un tempérament à la fois musical et belliqueux; la tache blanche de l'aile a l'apparence d'un blason · conformation, plumage, allure, tout est ici en pleine harmonie.

C'est ordinairement dans les arbres fruitiers que le pinson place son nid, et peu de berceaux sont plus doux, plus élégants, plus gracieux; il a la forme d'une sphère tronquée par en haut; les parois en sont épaisses et solides. Placé à la bifurcation d'une branche, il est composé à l'extérieur de mousses, de radicelles, de chaumes que recouvrent des pointes de lichens entremêlés de fils d'araignée; l'intérieur est chaudement matelassé de crins et de duvets récoltés sur les plantes. La couleur se confond avec celle de l'écorce de l'arbre auquel il est confié; l'ensemble de l'édifice simule souvent, à s'y méprendre, un nœud de la branche sur laquelle il repose. La femelle seule va butiner tous les matériaux; le mâle l'aide à les coordonner; et ensuite, placé dans le voisinage du nid, il le surveille constamment, pourvoit avec sollicitude à la nourriture de sa compagne et chante du matin jusqu'au soir. Le nombre des œufs est de cinq ou six; ils sont petits; la coquille, fort mince, est d'un bleu verdâtre. Les petits éclosent au bout d'une quinzaine de jours; et, pendant qu'ils sont jeunes, le père et la mère les nourrissent, avec des insectes; plus tard, ils butinent dans les champs et dans les plates-bandes des jardins. Lorsque le pinson avise quelque chenille sur une feuille où il lui est difficile de l'atteindre, il donne à la branche une forte secousse, fait tomber l'insecte, fond dessus et l'apporte en triomphe à sa nichée. Les parents sont très attachés à leurs petits : lorsqu'un ennemi s'approche du nid, ils donnent des témoignages les plus saisissants de leurs craintes; ils se laissent tomber à terre, feignent d'avoir les ailes brisées pour attirer sur eux le danger. Quand, par ce stratagème, ils ont pu éloigner le péril, ils s'envolent rapidement; et, par des voies détournées, reviennent consoler leurs petits

Autrefois, l'élevage des pinsons était pratiqué en Belgique et en Allemagne, avec une véritable frénésie. On peut juger de la vogue dont jouirent ces oiseaux par le fait authentique, célèbre dans les fastes de l'oisellerie, qu'on vit plus d'un cultivateur de la Thuringe offrir une vache pour un pinson. « Il y avait des couteliers, des chaudronniers, des tailleurs de limes, qui, tout en travaillant, sifflaient à leur oiseau, dont la cage était pendue près de la fenêtre, l'air qu'il devait répéter. Le dimanche et les jours de fêtes, ils s'en allaient écouter les chants des pinsons des autres amateurs. » Mais, comme on avait remarqué que le chant du pinson était plus vif, plus soutenu quand cet oiseau était aveugle, on ne tarda pas à introduire la barbare coutume de lui crever les yeux ou de lui agglutiner les paupières au moyen d'une petite tige de fer rougie. Nous ne saurions trop flétrir cet usage que ne saurait excuser la sotte passion d'un amateur.

« Rendus complètement aveugles par ce procédé, dit un ornithologiste, les pinsons peuvent vivre plusieurs années en captivité et ne répondent à l'égoïsme barbare de leurs possesseurs que par des cris plus variés et plus continus. Dans quelques parties de la Belgique, chaque villageois possède ainsi au moins un pinson que l'on a privé de la vue. Les dimanches et les jours de fête, les villageois se réunissent autour d'une large table sur laquelle ils déposent leurs captifs renfermés dans leur étroite prison. Puis, bientôt après, commence un véritable concours, qui donne lieu à des paris quelquefois très élevés. Chaque Flamand, les coudes sur la table, en face d'une choppe qu'il remplit et vide tour à tour, au milieu d'une épaisse atmosphère de fumée de tabac, garde un profond silence. Tous les pinsons rivalisent d'énergie et de persévérance. Dans cette véritable lutte, leur chant, trop vif et trop fort pour être agréable, devient bientôt tellement bruyant, qu'il faut être assuré contre les conséquences d'une telle harmonie pour pouvoir l'entendre, même avec résignation. Les pinsons cessent leur chant successivement, à mesure qu'ils tombent épuisés, et le vainqueur est celui qui peut encore faire entendre sa voix au milieu du silence de ses congénères. Très souvent les vaincus, et même les vainqueurs, perdent la vie après de pareils concours, parce que leurs efforts ont été tellement exagérés que les pauvres fringilles ne peuvent plus retrouver leur voix. Leurs propriétaires, qui ne les conservaient que par un pur égoïsme, donnent la mort à ces pauvres captifs, victimes de leur dévouement pour des ingrats. Afin de pouvoir mieux comprendre les terribles conséquences de cette lutte, il suffit de savoir que, dans ces concours, des pinsons aveugles peuvent répéter plus de huit cent fois de suite leur phrase musicale, que les villageois lorrains traduisent ainsi dans leur patois : « *Fi, fi, les laboureux : j' vivrons ben sans eux!* »

Non loin du nid des pinsons, deux chardonnerets avaient établi leur petit ménage entre les rameaux d'un arbuste touffu. Ces charmants oiseaux, toujours gais, vifs, agiles, toujours en mouvement, grimpant comme les mésanges ou se suspendant, la tête enbas, à l'extrémité des rameaux, étaient au nombre des préférés des jeunes filles qui souvent venaient assister à leurs ébats.

Le chardonneret, qui doit son nom à la prédilection toute particulière qu'il a pour les graines de chardon, est un des plus gracieux oiseaux d'Europe. La nature, en effet, n'a pas été ingrate envers lui : « beauté du plumage, douceur de la voix, finesse de l'instinct, adresse singulière, docilité à l'épreuve, ce charmant oiseau réunit tout, et il ne lui manque que d'être rare et de venir d'un pays étranger pour être estimé ce qu'il vaut. »

Le chardonneret établit son nid dans les arbres fruitiers, le long des petites branches de peupliers, dans les acacias touffus, sur une tige de glycine, dans les rosiers grimpants. Ce nid représente une petite coupe ronde artistement tressée. L'extérieur est formé de lichens réunis ensemble par des liens de crins et des fils d'araignée; les parois sont consolidées par de petites racines, des joncs, de la bourre de chardons, et tous ces matériaux sont entrelacés avec un art infini; l'intérieur est merveilleusement tapissé de crin, de laine, de duvet. La mère seule accomplit cet admirable travail pendant que son compagnon, perché sur la cime d'un arbre voisin, surveille l'ouvrage et se borne à adresser des encouragements ou des conseils sous forme de vocalise. Peu d'oiseaux d'Europe, si ce n'est le pinson, peuvent rivaliser avec le chardonneret pour la beauté du nid, le fini et le confortable de cet élégant domicile. Quatre ou cinq œufs, à coquille mince, y sont déposés. La mère couve seule; elle ne quitte jamais le nid que pour se reposer quelques instants; le père pourvoit à sa subsistance. Au bout de quatorze jours environ, les petits sont éclos; et les nouveaux-nés sont nourris et choyés avec la plus vive sollicitude par les deux parents qui continuent à pourvoir à leur alimentation longtemps après qu'ils ont pris leur essor.

Les petits chardonnerets se tiennent immobiles dans le nid, faisant entendre par intervalle, quand la becquée n'arrive par assez vite, un petit cri plaintif qu'ils ne quittent qu'à l'automne: mignonnes créatures, chez lesquelles s'éveille de bonne heure l'esprit d'indépendance. Ils décampent du nid pouvant à peine voler; quelquefois même encore plus tôt, pour peu que la branche qui supporte le nid reçoive une secousse suspecte, ou que l'œil vigilant des parents ait surpris quelque dénicheur aux aguets. Aussitôt un son bas et sourd, pareil à un sifflement humain, donne à la nichée le signal du sauve-qui-peut. L'instinct paternel est si fort dans cette espèce, qu'on a des exemples de parents, pris sur le nid avec les petits, qui ont continué à les élever en captivité.

Les jeunes chardonnerets réunis par bandes assez nombreuses, semblent alors négliger les insectes et vont butiner les graines des différentes plantes. On les voit papillonner autour des senneçons, des laitues, des plantains, des tiges de chanvre, de laitue, et surtout de chardons en fleurs. Ils se reposent avec grâce et légèreté à l'extrémité des rameaux et, comme les abeilles, ne s'arrêtent qu'un instant pour continuer ailleurs leurs investigations. Rien n'est plus beau qu'une troupe de ces oiseaux se balançant sur les tiges épineuses des chardons, plongeant leurs têtes au milieu des blanches aigrettes de ces plantes; on dirait que celles-ci ont fleuri de nouveau et ont donné de bien plus belles fleurs que la première fois.

Les chardonnerets sont non seulement recherchés pour l'élégance de leurs formes, la beauté de leurs couleurs, la vivacité de leur chant où la grâce de leur vol; mais ils le sont encore et surtout pour la patience avec laquelle ils se soumettent aux rigueurs de la captivité la plus étroite. Jamais leur bonne humeur ne se dément un instant; jamais ils n'abandonnent leurs habitudes de turbulence; et pourtant, leurs aptitudes à s'instruire surpassent celles de tous les autres oiseaux. On leur apprend assez facilement à exécuter une foule de mouvements, des tours de force et d'adresse avec une précision toute militaire. Ils obéissent au commandement et, sur un signe de leur maître, ils sortent de la cage ou y rentrent. Ils se balancent dans des anneaux ou sur un petit trapèze, et ce mouvement de va-et-vient, conforme à leurs goûts, paraît leur être particulièrement agréable. Ils font l'exercice des armes, tirent le canon, traînent des véhicules. C'est le plus souvent en compagnie de serins et de linottes que les chardonnerets font leurs exercices; mais, en raison de leurs aptitudes supérieures, ils tiennent naturellement les premiers rôles.

Les représentations théâtrales données par nos acteurs emplumés sont des plus intéressantes; mais les amis des chères petites créatures ne peuvent songer sans tristesse à toutes les peines, à toutes les fatigues, à toutes les souffrances dont cette singulière éducation est le résultat! Quant aux chardonnerets de la volière de la *Villa des Roses*, l'air, l'espace, la nourriture convenable leurs sont prodigués avec un zèle qui doit leur faire oublier les ennuis de la captivité.

Le chlamydère tacheté et le paradisier rouge.

CHAPITRE XIX

ES fenêtres du château et de celles de la *Villa des Roses,* la vue s'étendait au loin sur la campagne, et l'oreille pouvait saisir les chants des différents oiseaux établis dans le voisinage. Peu à peu les ornithologistes avaient étendu le champ de leurs observations qui n'étaient plus circonscrites aux seuls oiseaux de la volière. Ils avaient fait connaissance avec les fauvettes, les mésanges, les merles, les pinsons et les chardonnerets du parc et du jardin; et cette étude des oiseaux en liberté leur paraissait empreinte d'un charme tout particulier. William, en sa qualité de nouvel arrivé, avait été frappé plus que les autres de la variété et de la richesse du chant de nos oiseaux, moins brillants pourtant, quant au plumage, que la plupart de ceux qu'il avait rencontrés dans ses voyages. Un matin, il avait été attiré dans le parc par le cri bizarre d'un oiseau dissimulé dans les hautes ramures des chênes : *ouriou, ouriou!...* Jenny et Laura qui l'avaient suivi et qui, depuis longtemps, connaissaient ce chant le traduisirent par le nom même de l'oiseau : *loriot, loriot!...*

Renée et Marguerite, M. Delmas et M. Johnson arrivèrent à leur tour dans le parc; et tous ensemble, ils se mirent à la recherche de l'oiseau qui semblait vouloir jouer à cache-cache. *Ouriou, ouriou!* entendaient-ils au-dessus de leurs têtes; vite, tous les regards étaient braqués vers la cime des chênes, mais déjà la voix grave et sonore éclatait dans une autre direction. Bientôt, cependant, leur persévérance se trouva récompensée; ils aperçurent non pas un oiseau, mais deux qui se pressaient autour d'un nid gracieusement suspendu à la bifurcation des branches les plus élevées d'un chêne énorme

Le loriot est un des plus beaux oiseaux qui visitent nos contrées; il est remarquable par la justesse de ses proportions, l'élégance de ses formes, l'aisance de ses mouvements, et les couleurs brillantes de son plumage qui lui ont valu le nom de *merle d'or*. Il est, en effet, à peu près de la grosseur du merle; mais avec des ailes plus longues, des pieds mieux proportionnés, un bec moins long et plus fort. Tout son plumage est d'un jaune brillant en opposition avec le noir foncé des ailes, d'une partie de la queue et de quelques traits répandus sur différentes parties du corps. La femelle a le plumage supérieur d'un vert olive, et le plumage inférieur d'un blanc gris.

Le loriot est un oiseau de passage qui nous arrive au milieu du printemps et nous quitte dès la fin du mois d'août. Le nom d'oiseau de la Pentecôte, sous lequel il est connu dans certaines contrées, indique à peu près l'époque vers laquelle il fait son apparition. Il passe la mauvaise saison en Afrique, plus particulièrement vers le sud

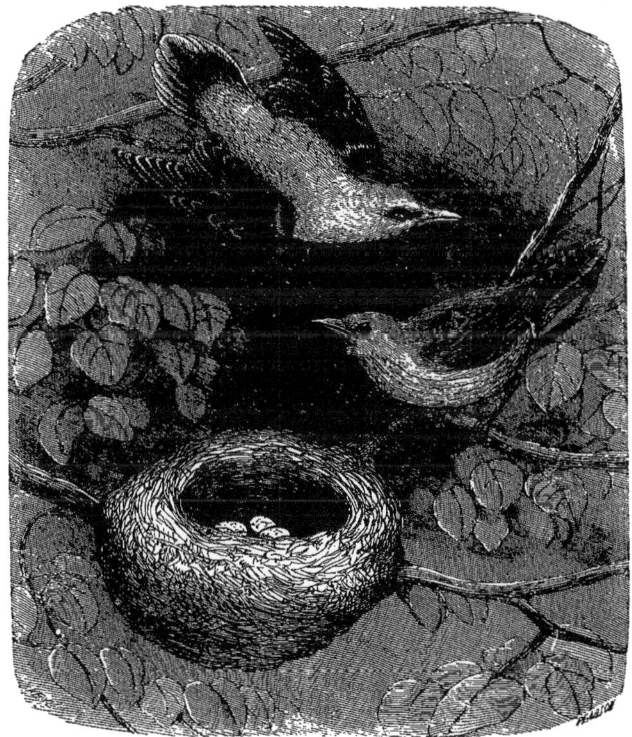

Les loriots et leur nid

et l'ouest de ce continent. Il paraît éviter chez nous les pays de montagnes où le froid rend plus tardives les substances dont il se nourrit. A son arrivée, il mange des insectes et quelques baies; il y ajoute différentes sortes de fruits à mesure qu'ils mûrissent; mais il a, pour les cerises, une prédilection toute particulière; il les entame sans les détacher, et ne les perce que du côté le plus mûr.

Le loriot est un oiseau défiant, sauvage, qui fuit l'homme, quoiqu'il habite souvent dans son voisinage. Il saute et volète continuellement au milieu des arbres les plus épais; rarement, il reste longtemps sur le même arbre et encore moins sur la même branche. Son agitation incessante le conduit tantôt ici, tantôt là; il ne se perche presque jamais sur les buissons peu élevés; plus rarement encore il descend à terre, et il n'y reste que le temps strictement nécessaire pour prendre un insecte, par exemple. Il est courageux et querelleur et se bat continuellement avec ses semblables comme avec les autres oiseaux. Son vol paraît lourd et bruyant, mais il est rapide cependant. Comme l'étourneau, il décrit de longues courbes ou une ligne légèrement ondulée. S'il n'a qu'un petit espace à traverser, il le fait en ligne droite, tantôt planant, tantôt battant des ailes. Il aime à voler, à errer de côté et d'autre, et souvent on voit deux de ces oiseaux se poursuivre pendant des quarts d'heure.

A peine arrivés, les loriots s'occupent de la construction de leur nid. Ils le suspendent gracieusement à la bifurcation de deux petites branches flexibles incapables de porter le dénicheur. Il est composé en dehors de longs brins de paille qui, entortillés par les bouts aux deux branches, et courbés dans l'intervalle, servent de soutien au reste de l'édifice. Cette première assise fait l'effet d'un hamac sur lequel on déposerait ensuite une couchette moelleuse. Souvent, il est assujéti aux deux branches à l'aide de galons, de fil, de rubans, de brins de laine, de cordelettes, de morceaux d'étoffe recueillis sur les routes, dans les sentiers ou dans les bois. Ce premier plan est couvert de matelas de mousse, de lichens, de laine, de petites tiges d'herbes desséchées, de paille dont les bouts rejetés au-dehors sont repliés avec soin, de morceaux de papier, de lambeaux de tissus perdus par les bergères. On ne saurait mieux comparer ce nid qu'à une coupe fixée entre deux branches, dans une certaine étendue de ses bords.

Rien n'est charmant comme un nid de loriot lorsque la mère, couchée sur sa couvée, est doucement balancée par le vent, tandis que son compagnon, au manteau d'or, siffle doucement perché sur une branche voisine. Les œufs, d'un blanc brillant relevé par quelques points gris cendré ou rouge foncé, sont au nombre de quatre ou cinq; la femelle les couve avec tant d'ardeur qu'il est difficile de les lui faire abandonner. L'incubation est de vingt et un jour. Le père et la mère défendent vigoureusement la couvée; ils conduisent et surveillent longtemps les jeunes loriots après qu'ils sont en état de voler.

« Je visitai, dit un naturaliste, un nid dont je venais de chasser la mère, et pour voir l'intérieur, j'abaissai les branches sur lesquelles il reposait. L'oiseau poussa un long cri rauque, un véritable cri de combat, s'élança sur moi, passa tout auprès de mon visage, et se posa sur un arbre, derrière moi. Le mâle accourut : même cri, même tentative de m'éloigner. Les deux parents semblaient avoir pour leur progéniture le même amour. » Plus d'une fois, de jeunes dénicheurs se sont retirés effrayés devant la courageuse attitude de ces jolis oiseaux.

Le chant, ou plutôt le sifflement du loriot, est court; l'oiseau le répète à deux ou trois reprises; et, plus fréquemment, mais d'une manière traînante, quand le ciel est couvert, sombre et disposé à la pluie.

Les services que rendent les loriots compensent amplement les dégâts qu'on leur attribue : les insectes de toutes sortes, les coléoptères, les chenilles, les papillons, les vers qu'ils détruisent font plus que nous dédommager des cerises qu'ils becquettent.

— Tout près des loriots, et même avant eux, dit M. Johnson, les naturalistes placent les *ptilonorynques;*

et les *chlamydères,* de l'Australie : ces curieux oiseaux se construisent des habitations de plaisance qu'ils ornent de mille objets brillants.

— Voilà, dit M. Delmas, des oiseaux qui aiment leurs aises et qui ne sont pas ennemis du luxe.

— Le ptilonorynque, reprit M. Johnson, auquel les Anglais de Port-Jockson donne le nom d'oiseau-satin (*satin-bird*) a le plumage d'un bleu noir foncé, satiné, avec les rémiges, les rectrices et les couvertures supérieures de l'aile d'un noir mat; l'iris est bleu clair, bordé d'un cercle rouge; le bec est bleuâtre à pointe jaune; les pattes sont rougeâtres. Son nom de ptilonorynque lui vient des plumes veloutées qui du front s'avancent jusque vers le milieu du bec. La femelle a le dos vert, les ailes et la queue d'un brun jaune.

Le ptilonorynque, d'après les naturalistes qui nous ont fait connaître son genre de vie, se tient de préférence dans les buissons épais et touffus; il demeure fidèle à la place qu'il s'est une fois choisie. Au printemps, ces oiseaux se rencontrent par paires; en automne, ils vont par petites bandes qui descendent souvent vers les lits des rivières, surtout dans les endroits où les buissons bordent immédiatement l'eau. Ils se nourrissent de graines, de fruits, principalement de ceux des figuiers gigantesques, et d'insectes de toutes sortes. Les ptilonorynques, craintifs et vigilants de leur nature, se laissent assez facilement observer lorsqu'ils sont en train de manger. Les vieux mâles, surtout, sont très difficiles à surprendre. Ils se placent en sentinelles sur la cime d'un arbre; et, dès qu'ils aperçoivent quelque chose de suspect, ils avertissent leurs compagnons, épars sur le sol ou dans le feuillage, par un cri perçant, suivi souvent de quelques notes rauques et gutturales.

Ainsi que je vous l'ai dit, les ptilonorynques ont la singulière habitude de se construire des habitations de plaisance en feuillage. J'ai vu, au musée de Sydney, de ces curieux édifices présentés comme l'œuvre du *bower-bird* (l'oiseau constructeur de berceaux). Un naturaliste qui avait résolu d'éclaircir cette question rapporte ce qui suit : « Dans les forêts de cèdres du gouvernement de Liverpool (Australie), je vis plusieurs de ces habitations de plaisance. Elles étaient toujours construites sur le sol, couvertes, d'ordinaire, par des branches épaisses qui les surplombaient, et dans les endroits les plus déserts de la forêt. La base de l'édifice consiste en une large plate-forme un peu convexe, faite de bâtons solidement entrelacés. Au centre, s'élève le berceau, construit également en petites branches, enlacées à celles de la plate forme, mais plus flexibles. Ces baguettes, recourbées à leur extrémité, sont disposées de manière à se réunir en voûte : la charpente du berceau est placée de telle sorte que les fourches présentées par les baguettes sont toutes tournées au-dehors, de manière à n'opposer à l'intérieur aucune espèce d'obstacle au passage des oiseaux. L'élégance de ce curieux berceau est encore rehaussée par des décorations qui en tapissent l'intérieur et l'entrée. L'oiseau y entasse tous les objets de couleur éclatante qu'il peut ramasser, tels que les plumes de la queue de divers perroquets, des coquilles de moules, de petites pierres, des coquilles d'escargots, des os blanchis, etc... »

Les *chlamydères* habitent l'intérieur de l'Australie. Le chlamydère tacheté est un oiseau d'environ trente centimètres de longueur dont les plumes de la tête sont brunes avec des pointes gris d'argent; celles de la gorge, également brunes, se terminent par un fin liséré noir; celles du dos, des ailes, de la queue portent à leur pointe une tache ronde d'un jaune brun; le cou est entouré d'une sorte de collerette formée de plumes longues, d'un rouge fleur de pêcher; les jeunes se distinguent des adultes par l'absence de collerette. Les chlamydères fréquentent les buissons qui bordent les plaines; ils sont défiants au plus haut degré, et se cachent au moindre indice de danger; aussi arrive-t-il souvent que les voyageurs ne peuvent les apercevoir. Pour les observer, il faut user d'une extrême prudence. Ils trahissent leur présence par un cri d'appel rauque, désagréable, qu'ils font entendre au moment de quitter le sol. Ils vont ensuite se percher sur la branche la plus élevée, d'où ils peuvent voir tous les alentours, et se dirigent de là vers l'endroit qui leur offre le plus de sécurité. On les tire plus sûrement lorsqu'ils vont s'abreuver, surtout lorsque, par un temps de sécheresse, ils n'ont pas le choix des localités. Un observateur dit qu'en effet, ils sont très défiants, mais qu'à la fin la soif l'emportant sur leur prudence innée, ils passent pour aller boire, non seulement devant l'homme, mais encore devant les énormes serpents noirs qui les guettent au voisinage de l'eau. Ce sont les plus circonspects de tous les oiseaux qui se réunissent auprès des cours d'eau pour s'y désaltérer. Le même naturaliste a trouvé les nids de plaisance des chlamydères; ils étaient situés dans des endroits fort divers : tantôt dans les plaines envahies par l'*acacia pendula,* tantôt au milieu des buissons qui couvrent les versants des collines. Ces établissements étaient plus grands, plus évasés que ceux du ptilonorynque satiné; quelques-uns même avaient plus d'un mètre de long.

« L'intelligence inventive et réfléchie de cette espèce se manifeste dans l'édifice tout entier et dans sa décoration, surtout dans la manière dont les pierres sont disposées dans la construction, probablement pour que les herbes qui en relient la charpente ne puissent se désunir. Ces rangées de pierres, partant de l'extrémité du berceau, s'en vont en divergeant de chaque côté, de manière à former un petit sentier qui est le même aux deux bouts de la tonnelle. Au centre de l'avenue, à l'entrée du portique, s'élève une immense collection de matériaux de toute espèce, servant à décorer la place : ce sont des coquillages, des plumes, des os de petits mammifères, etc... arrangement qui se répète à l'autre entrée. Dans quelques-uns des plus grands berceaux, œuvre de plusieurs années, il y avait à chaque entrée plus d'un décalitre de ces ornements.»

C'est encore à côté des loriots que les naturalistes ont placé les superbes oiseaux de Paradis, originaires de la Nouvelle-Guinée et des îles voisines et dont nous n'avons appris que bien difficilement à connaître le genre de vie. William, qui les a étudiés dans leur pays et qui en a abattu quelques-uns, va nous en parler.

— J'ai, en effet, dit William, chassé les oiseaux de paradis; mais, c'est surtout d'après les ornithologistes qui les ont étudiés avec plus de compétence que je n'aurais pu le faire moi-même, que je vais vous en parler.

Ce n'est que depuis une cinquantaine que nous avons appris à connaître, sous le rapport de leur formes extérieures, les merveilleux oiseaux de la Nouvelle-Guinée. Ceux que, depuis plusieurs siècles, on apportait en Europe, étaient toujours mutilés; d'un autre côté, les histoires les plus singulières avaient cours sur leur compte. On les appelait *oiseaux de paradis,* et l'on croyait, en effet, qu'ils provenaient de cet Eden où ils menaient un genre de vie tout particulier. On ne recevait que des oiseaux privés de pattes, et l'on admettait qu'ils n'en avaient jamais eu, tant la mutilation que leur avaient fait subir les indigènes était parfaitement dissimulée. A la vue de leur brillant plumage, l'imagination se donnait pleine carrière; les fables les plus invraisemblables avaient cours. « Encore aujourd'hui, la vue d'un paradisier remplit le vulgaire d'admiration; on comprend facilement quelle dut être la stupéfaction des gens, qui n'avaient jamais quitté le continent européen, lorsqu'en 1522, un compagnon de Magellan arriva à Séville et fit connaître cet oiseau. C'est avec émotion que les naturalistes du XVIe siècle, remplis de zèle et d'ardeur, mais bornés dans leurs moyens, considérèrent cet oiseau : c'était un des grands événements de leur vie scientifique ; c'était la réalisation d'une espérance longtemps caressée en vain, que de voir enfin une peau mutilée d'oiseau de paradis. Il faut donc leur pardonner s'ils acceptèrent comme vérités des fables qui trouvèrent créance longtemps encore. On regardait ces oiseaux comme des sylphes aériens, peuplant les airs, accomplissant toutes leur fonctions en volant, ne se reposant que quelques instants en se suspendant par leur longue queue aux branches des arbres. C'étaient des êtres supérieurs qui n'avaient nul besoin de fouler le sol, qui se nourrissaient dans l'éther, ne faisant que humer la rosée du matin. C'était en vain que Pigafetta lui-même, déclara que ces oiseaux n'étaient pas dépourvus de pattes; Margrave, Clusius et d'autres naturalistes eurent beau combattre l'erreur; tout était inutile, le vulgaire restait fidèle à ses croyances poétiques (1). »

Il fallut plusieurs siècles avant que nous connussions la vérité. Plusieurs voyageurs nous donnèrent de précieux détails sur ces oiseaux; mais aucun ne pouvait se mettre complètement à l'abri des préjugés. Un naturaliste français, Lesson, qui passa treize jours à la Nouvelle-Guinée, pendant son voyage autour du monde, fut le premier à qui il ait été donné d'observer les paradisidés vivants. Plus tard, les Anglais Bennett et Wallace et le Hollandais Rosemberg, nous ont fait connaître bien des détails de la vie de ces oiseaux en liberté comme en captivité, et nous savons maintenant à quoi nous en tenir sur ces animaux si longtemps fabuleux et que j'ai pu moi-même admirer dans leur pays d'origine. Les paradisidés sont, comme les loriots des *coracirostres;* leur taille varie depuis celle du geai jusqu'à celle de l'alouette; mais ils diffèrent de tous

(1) D'après Pœppig.

les oiseaux du même ordre par leurs couleurs splendides, leur stature élégante, la forme de leurs plumes. Les *paradisiers* ou *oiseaux de paradis* proprement dits sont caractérisés par les faisceaux de plumes longues que le mâle porte sur les flancs et que l'oiseau peut étaler et serrer à volonté; en outre, les deux rectrices médianes s'allongent en brins grêles, aplatis ou tordu. Le paradisier, que Linné, pour consacrer les anciennes fables, a nommé *apode* (sans pattes), à trente-cinq centimètres de longueur; la couleur dominante chez lui est un beau brun châtain; le front est noir-velouté à reflets vert-émeraude; le sommet de la tête et la partie supérieure du cou sont jaune-citron; la gorge est vert-doré; la partie extérieure du cou d'un brun violet; les longues plumes des côtés sont d'un jaune orange vif, marquées de points rouge-pourpre à leur extrémité; le bec et les pattes sont d'un gris bleuâtre.

Le paradisier *papouan* est un peu plus petit que l'espèce précédente; il a le dos châtain-clair; le ventre brun-rouge; le sommet de la tête, la partie supérieure du cou, la nuque, les côtés sont d'un jaune pâle; le front et le bec sont entourés de plumes noires à reflets verdâtres; la gorge est d'un beau vert émeraude; le bec et les pattes sont d'un gris bleuâtre foncé.

Le paradisier rouge, — le *sébum* des naturels de la Nouvelle-Guinée, — a, à peu près, la même taille que le précédent, mais il en diffère, ainsi que du paradisier apode, par la présence d'une huppe vert-doré, que l'oiseau peut dresser à volonté. Il a le dos d'un jaune fauve grisâtre, une bande de même couleur en travers de la poitrine qui est d'un beau rouge ainsi que les ailes; le pourtour du bec et une tache en arrière de l'œil sont d'un noir velouté; la gorge est d'un vert émeraude; les touffes de plumes des flancs, dont l'extrémité est tordue, sont d'un rouge carmin brillant; deux longs brins de la queue, larges, aplatis, recourbés en dehors sont d'un rouge brun; le bec et les pattes d'un gris bleuâtre. Cette espèce est plus rare que les deux précédentes. Toutes trois se ressemblent sous le rapport des mœurs et des habitudes.

Ces oiseaux vifs, remuants et prudents à la fois, semblent avoir conscience de leur beauté et des dangers qu'elle leur fait courir.

Tous les voyageurs qui ont eu occasion de les observer dans leur patrie ont été saisis d'admiration à leur aspect. Lorsque Lesson en vit un s'envoler pour la première fois, il demeura ravi de la beauté de son plumage, et le suivit longtemps des yeux sans pouvoir se décider à le tirer. « Les paradisiers, dit Lesson, sont des oiseaux voyageurs; ils habitent tantôt la côte, tantôt l'intérieur de l'île. Généralement, les vieux surtout, sont très craintifs et ne se laissent que difficilement approcher. Leur voix est rauque et s'entend d'assez loin; c'est surtout le matin et le soir que leur appel *woiko, woiko, woiko!...* fortement articulé, fait retentir l'écho de la forêt. Souvent les vieux mâles, perchés sur des buissons à peu de distance du sol, glissent au milieu du feuillage et paraissent occupés à chasser les insectes. De temps à autre, ils poussent un petit cri glapissant tout différent de leur cri d'appel. Toujours en mouvement, comme les loriots, les paradisiers volent d'arbre en arbre; jamais ils ne demeurent longtemps sur la même branche; au moindre bruit, ils disparaissent au plus épais du feuillage. Dès le lever du soleil, ils se mettent en quête des fruits et des insectes dont ils se nourrissent; le soir, ils se réunissent et passent la nuit en commun dans la cime touffue de quelque arbre. Les paradisiers, lorsqu'ils passent d'un canton dans un autre, se réunissent par bandes, ayant à leur tête un guide; ils crient comme des étourneaux, quand ils volent contre le vent. Lorsqu'une tempête les surprend, ils s'élèvent haut dans l'air pour échapper à la tourmente. Parfois, leurs longues plumes s'embrouillent tellement les unes dans les

La Neige

Lorsque la saison devient rude, que la gelée durcit la terre, les oiseaux se rapprochent de l'homme : le bouvreuil vient, avec un ramage mélancolique, solliciter du secours ; la fauvette d'hiver quitte aussi ses buissons ; et craintive, vers le soir, elle s'enhardit à faire entendre aux portes une chanson tremblotante avec un accent plaintif. Quand la nature s'endort et s'enveloppe de son manteau de neige ; quand on n'entend plus d'autres voix que celles des oiseaux du Nord qui dessinent dans l'air leurs triangles rapides, ou celle de la bise qui mugit et s'engouffre au chaume des cabanes, un petit chant flûté, modulé à voix basse, vient encore protester contre l'atonie universelle. Le joli rouge-gorge implore l'hospitalité qui, dans certains pays ne lui est jamais refusée. Si la porte est close, il vole sur l'appui de la fenêtre et frappe du bec contre les vitres. Le paysan s'empresse d'ouvrir au petit ami qui vient se réchauffer à son foyer et butiner sous la table quelques bribes du dernier repas. C'est l'oiseau du bon Dieu dont la présence porte bonheur ; et, pour que rien ne trouble sa sécurité, on éloigne le chat qui paresseusement couché dans l'âtre s'apprête à bondir sur cette proie fraîche. Quelquefois aussi, le troglodyte mignon se réfugie dans la maison hospitalière. Voyez les pauvres oiseaux que représente notre gravure ; frileusement blottis les uns contre les autres, ils ont l'air bien malheureux sous la rafale qui leur apporte des aiguilles glacées ; leurs regards sont empreints d'une tristesse mélancolique, et leurs cris qui ne ressemblent en rien aux joyeux gazouillements printaniers semblent implorer le rayon béni qui en apportant la lumière et la vie les réchauffe et les réconforte. Si la neige est un bienfait pour les plantes que le cultivateur a confiées à la terre, elle est un supplice pour les petits oiseaux.

Beaucoup d'oiseaux sédentaires sont incapables de résister aux rigueurs de certains hivers.

autres qu'ils ne peuvent plus voler; ils tombent alors à l'eau et se noient, ou s'ils tombent à terre, ils y restent couchés jusqu'à ce qu'ils se soient un peu remis de leur chute et qu'ils puissent gagner un arbre voisin.

Voici comment les indigènes de la Nouvelle-Guinée chassent les paradisiers : Vers le milieu de la saison des sécheresses, ils recherchent les arbres où ces oiseaux viennent percher pendant la nuit : ce sont d'ordinaire les plus élevés. Ils y construisent parmi les branches une petite hutte, avec des feuilles et des rameaux. Une heure environ avant le coucher du soleil, un habile tireur y grimpe, armé d'un arc et de flèches, et attend, dans le plus profond silence. Dès que les oiseaux arrivent, il les tue l'un après l'autre, et l'un de ses compagnons caché au pied de l'arbre, les ramasse. Les indigènes se servent de flèches très acérées dont la blessure est mortelle pour l'oiseau; ces flèches sont en outre munies de plusieurs pointes, en forme de triangles, entre lesquelles le corps de l'oiseau se trouve comme enchâssé, de telle façon que son plumage ne soit pas abîmé dans sa chute. Les indigènes prennent aussi des paradisiers au moyen de gluaux préparés avec le suc de l'arbre à pain.

Les premiers essais tentés pour conserver des oiseaux de paradis en captivité ne furent pas heureux; à défauts de fruits dont ils faisaient habituellement leur nourriture, ils mangeaient avec plaisir du riz et des sauterelles; mais, au bout de trois ou quatre jours, ils étaient pris de convulsions, tombaient sur le sol et mouraient. Plus tard, on réussit mieux; et deux oiseaux de paradis vivants furent apportés en Europe. A Amboine à Batavia, à Singapoure, à Manille on en voit fréquemment en captivité. Un marchand chinois d'Amboine avait offert à Lesson deux paradisiers qui avaient déjà passé six mois en cage et qu'on nourrissait avec du riz cuit; mais, ce brave homme demandait la bagatelle de 500 francs pour chacun de ses élèves, et le naturaliste ne pouvait disposer de cette somme. D'après Rosemberg, le gouverneur des Indes hollandaise, le baron Sloot van der Beele aurait payé, pour deux mâles adultes, la somme de 150,000 florins.

L'oiseau de paradis, en captivité, est actif, gai, très agréable. Il regarde tout autour de lui avec une expression malicieuse; il cherche à attirer les regard; il a besoin, semble-t-il, d'être admiré. Il se baigne deux fois par jour et ne peut souffrir la moindre souillure à son plumage. Souvent il étale sa queue et ses ailes pour les passer en revue; le matin surtout, il aime à lisser son plumage. Il étale ses touffes latérales, les peigne avec son bec, et ouvre les ailes en les agitant avec rapidité. Ses longues plumes, qu'il relève au-dessus de son dos, semblent flotter en l'air tout autour de lui comme un léger duvet. Ce manège dure quelque temps, puis l'oiseau se met à sauter d'un bâton à l'autre. La vanité, l'admiration de sa propre beauté se manifestent dans tout son être. Un Chinois dessina un oiseau du paradis : lorsqu'on montra son portrait à l'animal, il le reconnut aussitôt; il s'approcha rapidement, poussa quelques cris, tâta le dessein avec prudence, sauta sur son bâton en faisant claquer plusieurs fois le bec. C'est là, paraît-il, sa manière de saluer. On lui présenta ensuite un miroir; il se comporta de même. Il considéra longtemps son image, et ne bougea pas tant qu'il put le voir; on mit le miroir sur un autre bâton, il y sauta aussitôt; mais, lorsqu'on plaça le miroir sur le sol, il n'y voulut pas descendre. Il semblait regarder son image avec plaisir, et s'étonner de la voir répéter exactement tous les mouvements qu'il exécutait. On enleva l'instrument; il revint à sa place ordinaire et parut aussi indifférent que s'il avait vu seulement une chose tout ordinaire.

Voici, à propos d'un oiseau de paradis, le *manucaude royal,* les fables racontées par un ancien naturaliste et qui, aujourd'hui encore, ont cours parmi les Malais.

« Dans les îles Moluques, situées au-dessous de l'équateur, on ramasse mort, sur la terre ou dans l'eau, un oiseau que les gens du pays appellent dans leur langue *manucaudiata;* on ne peut pas le voir en vie, parce qu'il n'a pas de pattes, bien qu'Aristote dise qu'on n'a jamais trouvé un oiseau sans pattes. Celui-ci, que j'ai vu trois fois, n'en a pas; car il flotte continuellement dans l'air. Son corps et son bec ont la grandeur et la forme de ceux de l'hirondelle; les plumes de ses ailes et de sa queue surpassent en grandeur celles des éperviers et ressemblent à celles des aigles. Tu te feras facilement une idée de la grandeur des plumes d'après la grandeur et la taille de l'oiseau. Les plumes sont très délicates et ressemblent à celle de la paonne; on ne peut les comparer à celles du paon, car elles n'ont pas d'yeux. Le dos du mâle porte intérieurement un creux (ce qui échappe à l'intelligence vulgaire) où la mère dépose ses œufs..... Il n'y a rien d'étonnant que cet oiseau soit toujours en l'air; car, lorsqu'il étale ses ailes et sa queue, il n'y a pas de doute qu'il ne se soutienne en l'air sans aucun effort. Il ne prend, à ce que je crois, d'autre nourriture que la rosée du ciel, qui est pour lui le boire et le manger; aussi la nature l'a-t-elle disposé de façon à vivre dans l'air. Quant à ce qu'il ne vive que d'air, cela n'est pas exact parce que l'air est trop ténu. Il n'est pas possible qu'il mange d'autres animaux; car il ne vit ni ne dépose ses petits où il pourrait en rencontrer. On n'en trouve pas de débris dans son estomac, comme dans celui des hirondelles; il n'en a pas besoin; il ne meurt que de vieillesse et non des exhalaisons ou des vapeurs de la terre, et il est parfaitement vrai qu'il ne se nourrit que de rosée... Tous les savants modernes rapportent cette histoire véritable et certaine. Pigafetta, seul, avance fallacieusement et à tort, que cet oiseau a un long bec et des pattes de la longueur d'un travers de main; j'ai vu deux fois cet oiseau, et j'ai constaté que c'était là une erreur... Les rois des îles Moluques ont commencé il y a quelques années seulement, à croire que les âmes étaient immortelles; et, cela pour cette seule raison qu'ils avaient remarqué un superbe oiseau qui ne se perchait jamais, ni sur terre, ni sur quelque objet que ce soit, mais qui, de temps à autre, tombait des airs mort sur le sol. Les Mahométans, qui venaient vers eux pour faire le commerce, leur dirent que ces oiseaux venaient du paradis, qui était le lieu où se rendaient les âmes des morts; alors, ces rois se convertirent à la secte de Mahomet, parce que celle-ci leur annonçait et leur promettait mille merveilles de ce paradis. Ils appellent cet oiseau *manucaudiata*, c'est-à-dire l'oiseau de Dieu, et ils le regardent comme saint et sacré; de telle sorte qu'avec un de ces oiseaux, les rois se croient en sûreté dans leurs guerres quand, suivant leur coutume, ils se tiennent au premier rang. »

Nous n'en sommes plus, heureusement, à croire de pareilles histoires dont l'absurdité n'a même pas besoin d'être démontrée; mais le *manucaude royal* existe réellement : c'est un oiseau de la taille de la grive. Le mâle a le dos rouge-rubis, le front et le sommet de la tête oranges, la gorge jaune, le dessous du corps d'un blanc grisâtre; l'œil est surmonté d'une petite tache noire; la poitrine traversée par une bande verte à éclat métallique; les plumes des côtés sont grises et marquées de deux bandes transversales : une blanche et une rouge, et d'un vert émeraude à leur extrémité. C'est un charmant oiseau, toujours en mouvement, toujours occupé à faire admirer sa beauté. Lorsqu'il est excité, il étale comme un éventail les plumes d'un beau vert doré de sa poitrine. Sa voix ressemble au miaulement d'un jeune chat.

Il existe encore plusieurs autres espèces d'oiseaux de paradis dont le cadre de notre ouvrage ne nous permet pas de donner la description.

—

Une famille de canards sauvages prenait ses ébats (page 332)

CHAPITRE XX

Les promenades quotidiennes dans les jardins, le parc et les bois d'alentour, n'empêchaient pas les visites habituelles à la belle volière de la *Villa des Roses* dont les pensionnaires, entourés des soins les plus attentifs, prospéraient admirablement. De temps en temps, un couple d'oiseaux rares, venait s'ajouter à la collection déjà si remarquable; car Mlle Delmas et sa cousine, économes pour tout ce qui les concernait personnellement, devenaient plutôt prodigues quand il s'agissait de la volière. Et comme elles se trouvaient récompensées de leurs peines lorsqu'à chacune de leurs visites, elles étaient accueillies par des chants, des cris, des battements d'ailes témoignant que les charmants oiseaux ne souffraient pas trop de leur captivité. Un étourneau, bien stylé, ne manquait jamais de saluer leur présence par un bonjour retentissant, agrémenté de joyeux sifflements qui mettaient tout le peuple ailé en gaieté.

L'étourneau vulgaire est un oiseau voyageur : ce qu'il recherche, dans les pays où il s'établit, ce sont les plaines, et surtout celles qui sont arrosables, car il aime l'eau ; ou, tout au moins, les terrains humides. On peut facilement le déterminer à s'établir dans les localités qu'auparavant il ne faisait que traverser ; il suffit, pour obtenir ce résultat, de lui créer des endroits convenables pour nicher ; c'est ce que nous avons fait dans quelques-uns des grands arbres du parc.

Il n'est peut-être pas d'oiseau plus gai, plus vif, plus enjoué que l'étourneau vulgaire. Quand il arrive, le ciel est noir ; il neige encore; la bise souffle; l'oiseau ne trouve qu'une table médiocrement servie; pourtant, dès le premier jour, il se met à chanter, perché sur les plus hautes branches, exposé de tous côtés aux intempéries. Il supporte toutes les misères avec la sérénité du sage, et rien ne peut troubler sa quiétude et sa bonne humeur. Qui le connaît apprend à l'aimer; et, ceux qui ne le connaissent pas doivent tout faire pour apprendre à le connaître. Il est, pour l'homme, un bon et fidèle ami, qui lui rend au centuple les services qu'il en reçoit; aussi, est-il le favori de tous, grands et petits, l'hôte bien venu, partout où il se montre.

Le sansonnet n'est pas difficile à garder en captivité; même pris vieux, il s'apprivoise très rapidement et ne tarde pas à égayer la personne chargée de son entretien. Il montre certaines bonnes qualités dont il ne donne aucune preuve en liberté Aussi sage qu'un chien, il obéit au geste et à la parole, et comprend si son maître est bien ou mal disposé à son égard. Il vit en bons rapports avec les autres oiseaux, mais il les trouble par sa curiosité et son agitation continuelles.

— Les étourneaux de la volière, dit Renée, ont pris comme victimes de leurs innocentes malices, quelques-uns des oiseaux qui habitent le même compartiment qu'eux. Un jour, des cris et un bruit inaccoutumé m'attirèrent vers cette partie de la volière; je vis alors, à mon grand étonnement, un de mes étourneaux, tenant dans son bec un grand morceau de papier blanc qu'il s'était procuré, je ne sais comment; et qui, pouchassant les autres oiseaux avec cet épouvantail, prenait plaisir à voir leur terreur. Parmi toutes leurs qualités, celle qui les fait le plus estimer comme oiseaux de volière, c'est la facilité avec laquelle on les instruit. Les jeunes, surtout, apprennent à répéter tous les airs qu'on siffle devant eux, et le chant des autres oiseaux; ils parviennent aussi à apprendre des mots, de petites phrases.

Dans un compartiment de la volière, voisin de celui de l'étourneau, étaient réunies quelques grives devenues, comme leur voisin, très familières. Il y avait là la *draine* ou grande grive, si friande des petites baies du gui, et dont le chant lent et triste, emprunte, chez l'oiseau en liberté, un charme tout particulier au bruissement mélancolique des jeunes sapins et au frémissement des feuilles sèches des chênes. Et, tout à côté, la grive musicienne ou petite grive qui est, avec le rossignol et l'alouette, un des chantres les plus délicieux de nos campagnes; ses accents sonores et vibrants produisent une impression singulière quand ils sont répercutés par les échos des contrées montagneuses. Elle est très friande de raisins; et comme sa chair est extrêmement délicate, les chasseurs lui font une guerre acharnée. . . . .

Par une belle après-midi des premiers jours de juillet, nous retrouvons les deux familles en excursion au bord d'un étang situé à plus de vingt kilomètres de la *Villa des Roses*. Depuis longtemps cette partie de plaisir avait été préméditée; nos amis étaient sûrs de trouver autour de cette superbe nappe d'eau de nombreux et intéressants sujets d'observation. Bécassines et râles, marouettes, foulques et poules d'eau, avaient élu domicile dans les fourrés de roseaux, presque inaccessibles qui avaient envahi les abords marécageux de l'étang; une famille de canards sauvages prenait ses ébats au beau milieu de la pièce d'eau, hors des atteintes du fusil du chasseur; des martins-pêcheurs, aux couleurs éclatantes, exécutaient de rapides envolées, pendant qu'une nuée de bergeronnettes exploraient avec activité les petits cours d'eau qui s'échappaient du grand réservoir, faisant une guerre sans trêve ni merci à des insectes de toutes sortes.

— Ah! les mignons oiseaux, dit tout à coup Laura.

— Et comme tous leur mouvements sont gracieux, ajouta Jenny.

— En les voyant courir sur les feuilles de nénuphar, dit William, je ne puis m'empêcher de penser à un élégant oiseau de l'Amérique du Sud qui fréquente partout les eaux dormantes couvertes de grandes feuilles flottantes.

— Et dont vous allez nous parler? dit avec empressement Marguerite.

— Pas avant qu'on nous ait fait connaître les jolis oiseaux que nous avons sous les yeux, répliqua William.

Sur l'invitation de M. Johnson, tout le monde s'assit à l'ombre d'un bouquet de vieux saules, et Renée fut priée d'ajouter un court récit à tous ceux qu'elle avait fait jusqu'à ce jour.

— Nous réunirons toutes ces histoires d'oiseaux, dit Marguerite, et nous n'oublierons pas qu'elles ont pris naissance *autour de la volière* de ma cousine.

— Les intéressants oiseaux que nous avons sous les yeux, dit Renée, et qui chassent avec tant d'activité les éphémères et les libellules, sont des bergeronnettes; comme ils vivent d'insectes, ils recherchent naturellement les lieux où ils peuvent se les procurer le plus facilement. Aussi bien par gaieté que pour saisir au vol leur proie ailée, ils aiment à s'élancer à une petite élévation au-dessus des prairies, à tourner sur eux-mêmes, et à retomber ensuite pour recommencer un peu plus loin les mêmes évolutions.

— C'est, en effet, le spectacle qu'ils nous donnent, dit M. Delmas.

— On les voit ensuite, reprit Renée, courir avec grâce et agilité au bord des cours d'eau, voltiger sur les feuilles de nénuphar ou sur les roseaux inclinés. Ils se plaisent à visiter les bassins dans lesquels s'abreuvent les troupeaux, ou qui servent de lavoirs publics : et c'est cette habitude qui les a fait nommer lavandières. Le mouvement imprimé sans cesse de haut en bas à leur longue queue, et que Michelet a comparé à celui de battoir s'abattant sur le linge, leur a mérité l'épithète caractéristique de hochequeue. Quant à leur nom de bergeronnette, ils le doivent à leur habitude de suivre les cultivateurs et les bergers, et de s'attacher à leurs pas sans craindre leurs attaques. On les voit derrière la charrue qui trace les sillons, saisissant les insectes sous les mottes renversées, ne redoutant ni les animaux, ni ceux qui les dirigent. Dans les prairies, les bergeronnettes restent au milieu des troupeaux, suivant tour à tour les bestiaux et vivant des insectes ou des vermisseaux que les pas pesants des vaches ou des bœufs font sortir de leurs retraites. D'autres fois, comme les étourneaux, elles s'attachent au dos des animaux pour les débarrasser des insectes qui les tourmentent. Souvent on voit une ou plusieurs bergeronnettes, fixées sur un seul animal, le suivre dans sa course furieuse déterminée par les piqûres dont il ne comprend pas le motif, et ne l'abandonner que lorsque la visite générale est terminée.

La hoche-queue grise, la plus connue du genre, peut être regardée comme le type de la famille Elle se nourrit d'insectes de toutes espèces, de larves, de chrysalides; elle cherche sa proie le long des cours d'eau, dans la vase, sous les pierres, les tas de fumier, les toits des maisons. Aperçoit-elle un insecte, elle fond sur lui et le prend, sans jamais manquer son attaque. Elle suit le laboureur et mange les insectes que la charrue met à découvert; on la trouve, nous l'avons déjà dit, auprès de tous les troupeaux de bœufs, et elle demeure souvent des jours entiers dans les prairies. Elle chasse aussi les insectes au vol. Elle court le long du ruisseau; mais ses yeux regardent de tous côtés; un insecte vient-il à passer, aussitôt elle s'élance en l'air, le poursuit, et finit presque toujours par l'attraper.

Cette bergeronnette évite les hautes forêts; elle semble aimer l'homme et s'établit volontiers dans le voisinage de sa demeure Continuellement en mouvement, elle est vive, gaie, agile; ce n'est que lorsqu'elle chante qu'elle reste immobile à la même place; ce moment excepté, elle court sans cesse de côté et d'autre ou tout au moins agite sa queue; sa course est légère et rapide; elle l'exécute pas à pas tenant alors le corps et la queue dans une position horizontale et rentrant un peu le cou.

Au printemps, dès que les dernières neiges sont disparues; arrivent quelques bergeronnettes isolées; mais bientôt toute l'armée des émigrantes suit ces éclaireurs; elles arrivent par fortes bandes de quarante à cinquante individus. Quand toutes sont de retour, chaque couple se choisit un domaine, ce qui n'a pas toujours lieu sans querelles et sans combats.

William, à son tour, prit la parole :

— L'oiseau d'Amérique qui court sur les feuilles des plantes aquatiques, dit-il, s'appelle le *jacana* ou *parra-*

jacana; c'est un des oiseaux de marais les plus communs de l'Amérique du Sud; il est fort élégant et remarquable par l'excessive longueur de ses ongles.

Les oiseaux de cette famille sont caractérisés par leurs formes sveltes, leur bec long et mince, leurs tarses élevés; leurs doigts longs et grêles; leurs ailes étroites et pointues; leur plumage peu abondant mais vivement coloré; ils ont tous le même genre de vie : les feuilles flottantes sont leur terrain de chasse; ils ne le quittent qu'exceptionnellement, au moment de nicher, par exemple. Ils n'ont aucune peur de l'homme qu'ils laissent les approcher de très près; et quand ils prennent leur essor, ils ne font que voleter à la surface de l'eau pour s'abattre presque aussitôt. Par un préjugé inexplicable, on a fait de ces oiseaux des présages de malheur; ils sont, au contraire, gracieux et inoffensifs, et, ne constituent pas la moindre parure de la superbe végétation aquatique des tropiques; ils charment tous ceux qui les voient. Leur magie, c'est leur marche sur les feuilles flottantes qui ne pourraient supporter le poids d'aucun oiseau de même taille : c'est ainsi qu'ils ont pu frapper l'esprit des voyageurs, et c'est la cause des récits superstitieux qui ont cours sur leur compte. Enlevés à leur feuilles; ils paraissent maladroits au possible. Ils peuvent encore courir légèrement sur une vase peu solide, mais ils sont incapables de se mouvoir au milieu des herbes; et, chose curieuse, ils sont aussi inhabiles à nager qu'à voler. Chez la plupart des oiseaux de cette famille, la partie antérieure du front porte une callosité nue, et un ergot pointu se trouve à l'articulation de l'aile.

Aimé partout à cause de sa beauté, jouissant de la paix la plus complète, le *parra-jacana,* ou jacana vulgaire, s'établit au voisinage des habitations, dans les canaux de dérivations des plantations. On le voit dans tous les marais, auprès de la côte comme dans l'intérieur des terres, et jusqu'au milieu des forêts vierges. Il marche facilement sur les larges feuilles des plantes aquatiques; à l'approche d'un canot, il s'envole pour reprendre bientôt sa marche. C'est un charmant spectacle de le voir courir, avec la plus grande rapidité, sur les larges feuilles des nénuphars. Au moment de se poser, il lève dans les airs ses ailes élégantes, et étale aux rayons du soleil ses brillantes rémiges d'un vert jaune; il surpasse en beauté les superbes fleurs au-dessus desquelles il se meut. Au moment de s'abattre ou de se lever, il fait entendre son cri, une sorte de ricanement : c'est un avertissement pour ses compagnons; il crie encore lorsqu'il est surpris et qu'il cherche à fuir. Dès que l'un ou l'autre de ces oiseaux remarque quelque objet suspect, il étend le cou, fait entendre sa voix perçante; toute la bande lui répond et ils s'enfuient l'un après l'autre.

L'excursion au bord du grand étang fut peut-être la plus agréable de toutes celles entreprises par nos ornithologistes amateurs. Mais, c'était en quelque sorte la promenade des adieux. L'époque était arrivée où M. Johnson devait retourner en Amérique avec sa fille et ses neveux. Pendant de grands mois, les deux familles allaient être séparées. Ce long espace de temps, Renée et Marguerite l'utilisèrent de leur mieux en classant et mettant en ordre leurs propres observations et les récits attrayants de leurs amis. Et lorsque, l'année d'après, M. Johnson revient, avec ses charmantes nièces, reprendre possession du château, blotti dans la verdure, Mlles Delmas eurent la joie de leur offrir un exemplaire de l'ouvrage *Autour d'une Volière,* auquel tous avaient collaborés.

FIN.

Limoges. — Imp. E. Ardant et Cie.

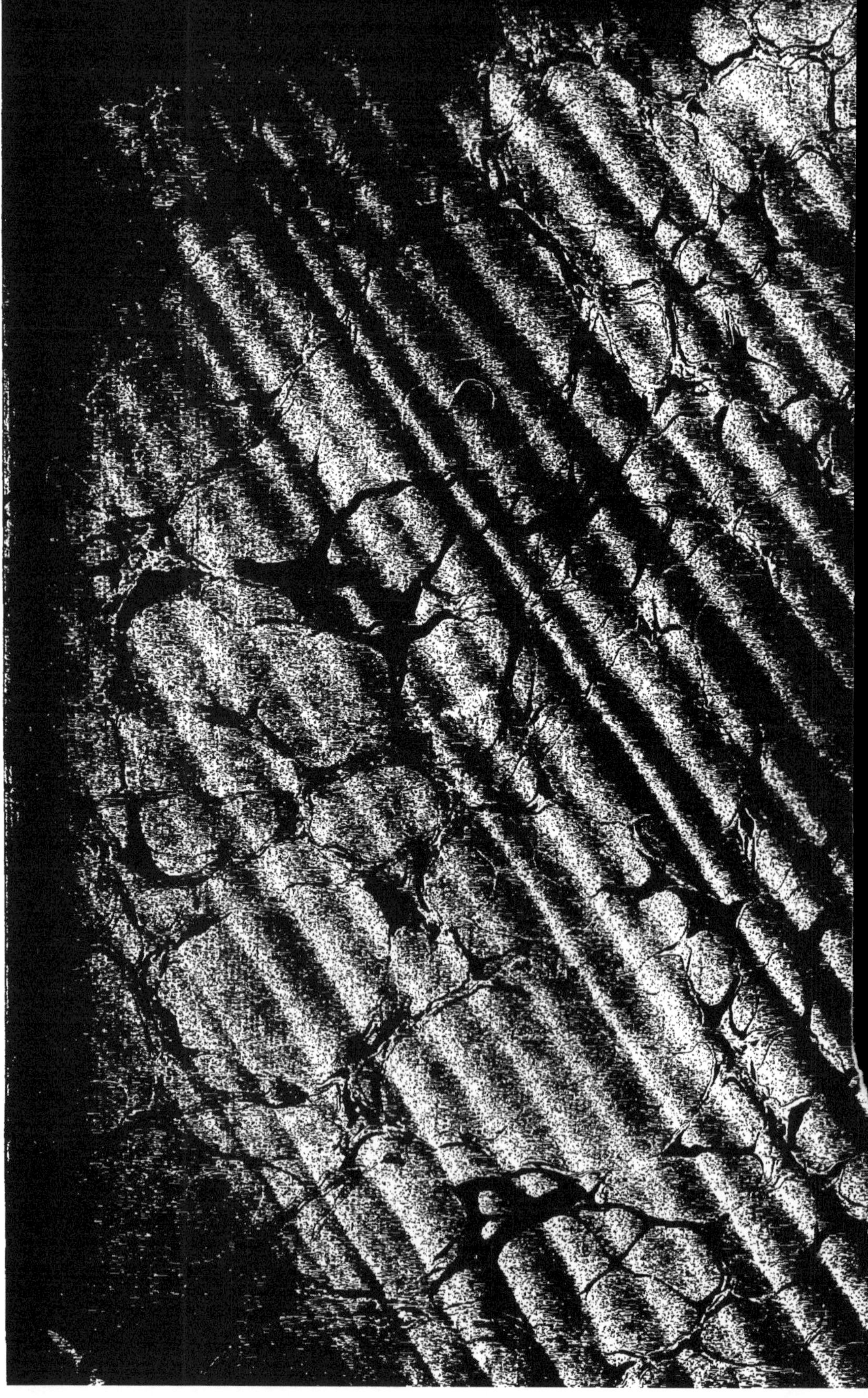

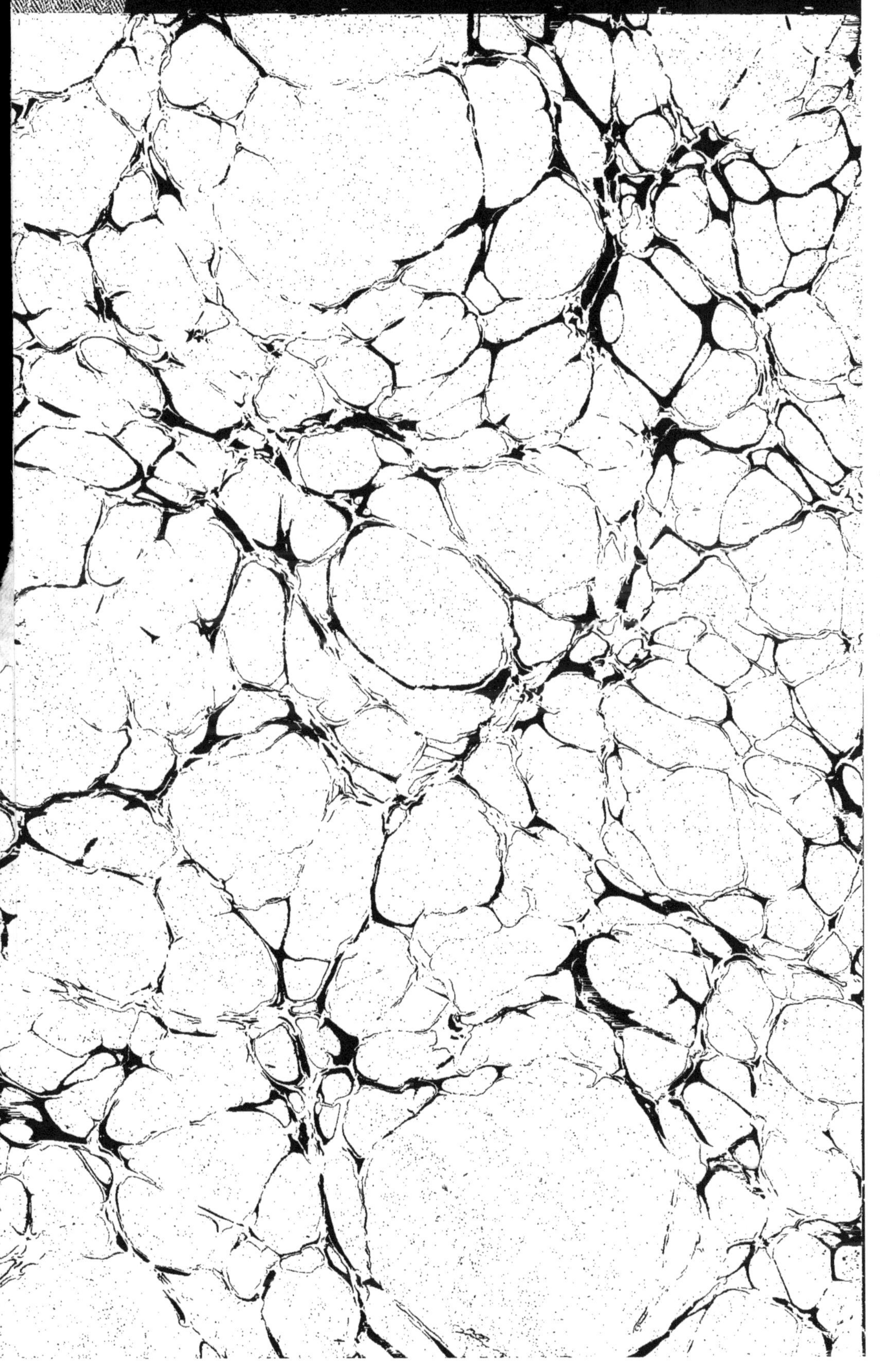

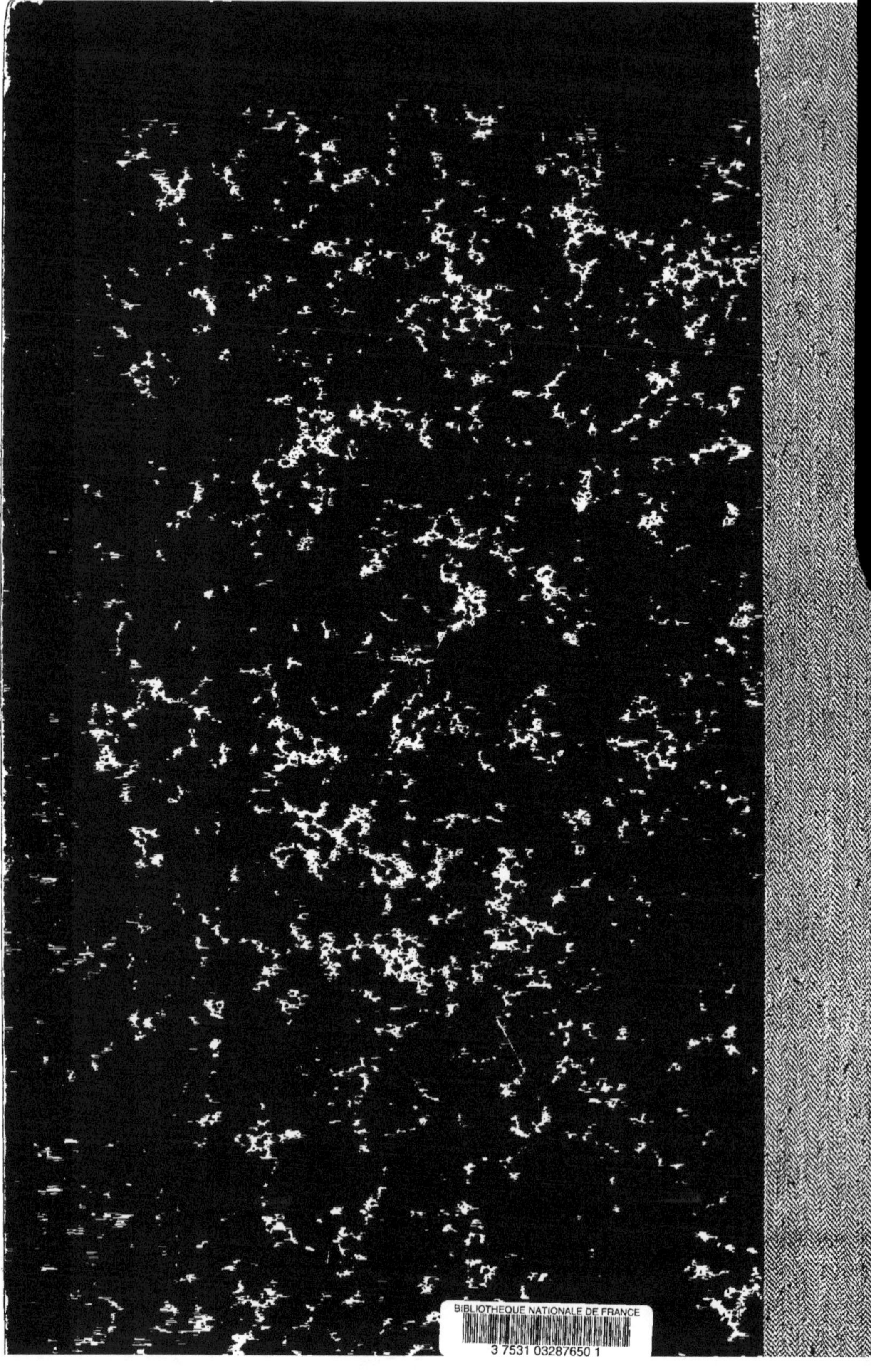

www.ingramcontent.com/pod-product-compliance
Ingram Content Group UK Ltd.
Pitfield, Milton Keynes, MK11 3LW, UK
UKHW020429200726
13857UKWH00002B/342

9 782012 876699